MEIKUANG KUANGJING SHUICHULI LIYONG
GONGYI JISHU YU SHEJI

煤矿矿井水处理利用
工艺技术与设计

崔玉川　曹昉　主编

化学工业出版社

·北京·

本书具体介绍了煤矿矿井水处理利用的原则、途径和水质标准，全面阐述了煤矿矿井水的水质特征、成因和类别，详细论述了有关各种处理的工艺技术方法和设施（澄清去浊、除盐降硬、中和去酸，去除铁、锰、氟等），并以设计举例的形式深入介绍了各类常用处理工艺设施（混凝、沉淀、过滤、消毒、曝气、离子交换、电渗析以及反渗透等）以及处理厂（站）的设计计算原则、内容、方法和要求。本书还列出了我国部分已建的煤矿矿井水处理利用工程的一些基本资料，供相关单位调研、考察、参观和设计建设参考。

本书内容系统全面新颖，资料翔实，方法适用。可供给水排水工程、资源与环境工程、水文水资源开发工程、环境工程、设备制造等领域的技术人员和管理人员阅读使用，也可供高等院校相关专业师生参考。

图书在版编目（CIP）数据

煤矿矿井水处理利用工艺技术与设计/崔玉川，曹昉
主编．—北京：化学工业出版社，2015.11（2023.4 重印）
ISBN 978-7-122-25175-6

Ⅰ.①煤…　Ⅱ.①崔…②曹…　Ⅲ.①煤矿-矿井水-
废水处理-研究　Ⅳ.①X752.03②TD743

中国版本图书馆 CIP 数据核字（2015）第 218706 号

责任编辑：董　琳　　　　　　　　　文字编辑：荣世芳
责任校对：王素芹　　　　　　　　　装帧设计：王晓宇

出版发行：化学工业出版社（北京市东城区青年湖南街 13 号　邮政编码 100011）
印　　装：北京科印技术咨询服务有限公司数码印刷分部
787mm×1092mm　1/16　印张 16¼　字数 400 千字　　2023 年 4 月北京第 1 版第 2 次印刷

购书咨询：010-64518888（传真：010-64519686）　　售后服务：010-64518899
网　　址：http://www.cip.com.cn
凡购买本书，如有缺损质量问题，本社销售中心负责调换。

定　　价：88.00 元　　　　　　　　　　　　　　　　版权所有　违者必究

前　言

FOREWORD

在煤炭开采过程中，必然要排放大量的矿井涌水。我国煤炭资源总量居世界第一。据统计，2010 年我国煤矿矿井水排放量约为 61 亿立方米，利用量为 36 亿立方米，利用率仅为 59％，与国外先进水平相比差距较大。我国属于贫水国家，人均水资源量只有世界人均值的 1/4，名列世界第 110 位。另外，在我国的 14 个大型煤炭基地中，除云贵、两淮、蒙东（东北）基地水资源相对丰富外，其余 11 个基地都存在不同程度的严重缺水，尤其是"晋、陕、蒙、宁、新"地区水资源尤为匮乏。同时，矿井水的排放又是煤炭工业的行业性污染源之一。

煤矿矿井水处理利用，不仅是对水资源开发的拓宽，也是缓解矿区缺水问题的最佳选择，同时是保护生态环境、防止水污染的重要途径。把矿井水作为水资源开发利用，是优化矿区水资源结构的首选方案：一方面可置换出大量地表水及地下水，从而促进水资源结构的优化，有利于保护地表及地下水资源，改善缺水地区的水环境；另一方面，有利于减少矿区内因过度开采地下水而造成地下水位下降和地面沉降等问题。同时，矿井水处理利用，避免直接排放，还可减少对水源和周边环境的污染。

近些年来，由于国民经济的迅速发展和水资源的严重不足，我国煤矿矿井水处理利用工程越来越多。但是，目前有关矿井水处理利用技术的专业书籍较少，尤其是有关工程设计的应用性参考书更为少见。这些情况，就是我们编写本书的因缘。

本书具体介绍了我国煤炭基地与矿井水的分布，以及煤矿矿井水处理利用的意义、原则、途径和水质标准；对煤矿矿井水的水质特征、成因和类别进行了全面阐述；详细论述了煤矿矿井水处理的各种工艺技术方法和设施（澄清去浊、除盐降硬、中和去酸，去除铁、锰、氟等）；并以设计举例的形式深入介绍了各类常用处理工艺设施（混凝、沉淀、过滤、消毒、曝气、离子交换、电渗析、反渗透等）以及处理厂（站）的设计计算原则、内容、方法和要求。同时，还列出了我国部分已建的煤矿矿井水处理利用工程的一些基本资料，以供相关单位调研、考察、参观和设计建设参考。

对于煤矿矿井水，达标排放的无害化处理和达标利用的资源化处理，其处理的技术方法都是相同的，所不同的是处理的程度标准及工艺流程。本书主要对各种常用处理方法进行全面介绍，并侧重于资源化处理方法的工艺技术与设计的讨论。

本书由崔玉川、曹昉任主编。陈宏平参加了部分章节的编写。冯锦和赵乐乐协助做了不少辅助性工作，特致谢意！还应说明的是，书中参考文献内容较多，未能一一注明，只在最后列出了主要参考文献的名目和作者，敬请谅解，并表示感谢！

本书可供从事给水排水工程、资源与环境工程、水文水资源开发工程、环境工程等相关专业的设计、研究、管理和设备制造业的工程技术人员，以及大专院校相关专业的师生学习参考。

限于编者水平和编写时间，书中难免会有不妥之处，敬请读者指正。

编者

2015 年 6 月

目 录

第3章　浑浊矿井水的澄清处理

第4章　高矿化度煤矿矿井水的除盐处理

第5章 酸（碱）性矿井水的中和处理

第6章 含铁（锰）矿井水的处理

第7章 矿井水中其他污染物的处理

第8章 煤矿矿井水处理工艺设施计算例题

第9章 煤矿矿井水处理厂（站）及其他设计

第10章　我国部分煤矿矿井水处理利用工程实例

附　录　煤矿矿井水利用的相关水质标准

参考文献

后记

第1章
煤矿矿井水的资源化利用

1.1 我国煤矿矿井水的分布

1.1.1 国家级煤炭基地分布

多年来，我国一直是煤炭生产和消费量的大国。2013 年，全国煤炭产量达 37×10^8 t 左右，仍居世界首位。煤炭资源仍是我国的主体能源，在一次能源结构中占 70% 左右。在未来相当长时期内，煤炭作为我国主体能源的地位不会改变。因而，煤炭工业是关系国家经济命脉和能源安全的重要基础产业。

我国幅员辽阔，煤矿资源分布较广，但不均匀。全国除上海外，其他省（自治区）、直辖市均有探明储量。从地区分布看，储量主要集中在山西、内蒙古、陕西、云南、贵州、河南和安徽，这七省总储量占全国储量的 81.8%。分布呈现出"北多南少"、"西多东少"的特点。

我国煤炭工业发展"十二五"规划指出，国家大型煤炭基地已成为综合能源基地的主体。在 2011 年的全国能源工作会议上，中央把新疆从煤炭储备基地正式列为"十二五"国家重点建设的第 14 个大型煤炭基地。14 个大型煤炭基地是：蒙东（东北）、神东、晋北、晋中、晋东、陕北、宁东、冀中、鲁西、黄陇、河南、两淮、云贵和新疆，其各自所属的矿区见表 1-1。2010 年，14 个大型煤炭基地的产量高达 28×10^8 t，约占全国煤炭总产量的 87%。

表 1-1　我国大型煤炭基地所辖矿区名录

序号	基地名称	所 辖 矿 区
1	蒙东（东北）	扎赉诺尔、宝日希勒、大雁、伊敏、霍林河、胜利、白音华、平庄、阜新、铁法、沈阳、抚顺、鸡西、七台河、双鸭山、鹤岗
2	神东	东胜、万利、准格尔、包头、乌海、府谷
3	晋北	大同、平朔、朔南、轩岗、河保偏和岚县
4	晋中	西山、东山、汾西、霍东、霍州、离柳、乡宁、石隰

续表

序号	基地名称	所 辖 矿 区
5	晋东	阳泉、武夏、潞安、晋城
6	陕北	榆神、榆横
7	宁东	石嘴山、石炭井、灵武、鸳鸯湖、石沟驿、横城、韦州、马家滩、积家井、萌城
8	冀中	开滦、蔚县、峰峰、邯郸、邢台、井陉、宣化下花园、张家口北部、平原大型煤田
9	鲁西	兖州、济宁、新汶、枣滕、龙口、淄博、肥城、巨野、黄河北
10	黄陇	彬长(含永陇)、黄陵、旬耀、铜川、蒲白、澄合、韩城、华亭
11	河南	鹤壁、焦作、义马、郑州、平顶山、永夏
12	两淮	淮南、淮北
13	云贵	盘县、普兴、水城、六枝、织纳、黔北、老厂、小龙潭、昭通、镇雄、恩洪、筠连、古叙
14	新疆	由吐哈、准噶尔、伊犁、库拜四大区组成,主要包括 36 个矿区

从水资源上看,全国 70% 的煤矿缺水,40% 的煤矿严重缺水,水资源不足已成为矿区经济发展的重要制约因素。在这 14 个大型煤炭基地中,除云贵基地、两淮基地、蒙东(东北)基地水资源相对丰富外,其余的 11 个基地都存在不同程度地缺水。尤其是晋、陕、蒙、宁、新等地区水资源最为匮乏,该地区 2010 年煤炭产量为 $19.45 \times 10^8 t$,占全国煤炭产量的 60%,而水资源占有量却不足全国总量的 20%。

1.1.2 矿井水资源量的分布

煤矿矿井的涌水量受多种因素影响,包括矿区的地质构造、水文地质、水动力学和气候条件、岩层的岩石构造及物理和化学性质、矿床的破碎程度、矿床的剥离方法、煤层厚度及开采方法、开采工艺等。其中矿区的地质构造、水动力学和开采技术是决定性因素。

根据中国煤炭工业协会和中国矿业大学(北京)水污染控制工程研究所对我国 22 个省、市、自治区的 136 个煤矿的调查统计(基准年为 2005 年),全国平均每采 1t 煤,排放矿井水 $2.1m^3$(2005 年全国煤炭产量约为 $20 \times 10^8 t$,矿井水排放量约为 $42 \times 10^8 m^3$)。2005 年全国矿井水排放情况见图 1-1。就地区而言,一般规律是东部和南部地区涌水量大,如开滦矿区平均

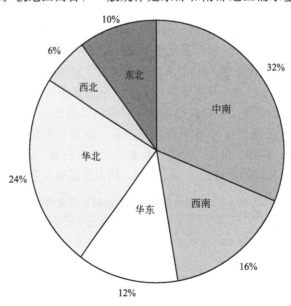

图 1-1 2005 年我国主要产煤地区矿井水年排水情况

吨煤涌水 4.8m³，峰峰矿区 7.6m³，双鸭山矿区 4.7m³；西部、北部地区涌水量小，如大同矿区平均吨煤涌水 0.45m³，晋城矿区 0.46m³，宁夏矿区 0.8m³。就地质条件而言，煤层位于奥陶纪石灰岩及第四纪含水层矿井水特别丰富。

2010 年我国煤产量为 32.4×10^8 t，煤矿矿井水排放量约 61×10^8 m³，利用量为 36×10^8 m³。这一年我国煤矿矿井水产量的分布参见图 1-2，涌水量最多的是华北地区占 45.9%，其次是西北地区占 17.44%，最少的是东北地区占 6%。

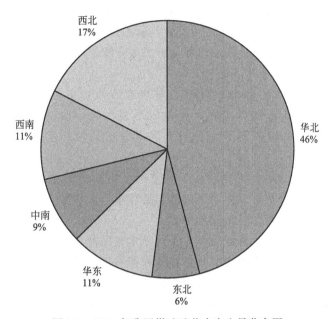

图 1-2　2010 年我国煤矿矿井水产生量分布图

1.2　我国矿井水利用的意义

1.2.1　我国水资源存在的问题

我国淡水资源贫乏，水资源的分布又极不平衡（表 1-2），而且水资源与其他资源的匹配也不平衡。全国水资源的 81% 分布在长江以南地区，而该地区耕地面积仅占全国的 36%，煤炭资源占 25%。淮河以北的广大地区水资源仅占全国的 19%，耕地面积占全国的 64%，煤炭资源却占全国总量的 75%。因此形成了北方地区的富煤贫水格局。北方国有重点煤矿的缺水现象更为严重，人均生活用水量每天不足 0.06m³，只有正常用水指标的 1/2，有些矿区每日供水不足 2h，严重制约了矿山生产和影响煤炭职工的日常生活。

表 1-2　我国水资源分布情况

分区	占全国/%				人均水资源/m³	亩均水资源/m³
	水资源	人口	耕地	GDP		
南方区	80.4	53.6	35.2	55.5	3481	4317
北方区	14.7	44.3	59.2	42.8	747	471
西北区	4.6	2.1	5.7	1.7	4876	1589
全国	100	100	100	100	2222	1888

1.2.2　煤矿开采对水资源的影响

我国水资源在时空的分布上极不均衡，特别是空间分布上有巨大的差异，形成了资源与矿业用水结构不相适应的格局，这在煤炭工业中尤为突出，表现为有煤的地方缺水，而有水的地方缺煤。我国北方煤炭基地大多位于水资源缺乏地区，且都属于资源型缺水和工程型缺水并存地区。煤炭资源丰富的地区往往水资源匮乏，形成了"煤多水少"的局面。其中，山西、陕西、宁夏、内蒙古和新疆五省区煤炭储量约占全国的76%，但水资源总量仅占全国的6.14%。煤炭资源分布和水资源配置形成呈显著的逆向性。14个大型煤炭基地中，仅云贵基地、两淮基地和蒙东（东北）基地的部分矿区水资源相对丰富，其余煤炭基地均严重缺水，生态环境先天不足。

煤炭开采产生的矿井水、洗煤水和矸石淋溶水若处置不当，废水中的少量重金属、有毒有害物质会对矿区地下水、地表河流造成严重污染，改变水质酸碱度。大量水资源的流失和破坏，会加重矿区地下水位的下降，促使风蚀和水土流失加剧，引起土地沙漠化。

对水资源影响较为严重的区域主要位于我国的干旱和半干旱地区，以神东、陕北、宁东、山西的晋北、晋中基地为代表，该区域的年均降水量大多在350mm以下，且蒸发系数较高，供水量与基地需水量矛盾呈加剧趋势。

煤炭资源的开采一般会对地表水资源以及地下水资源造成重大影响。对地表水资源的影响主要是：被污染的矿井水没有经过处理，任其长期外排，对地表水环境产生污染。而对地下水资源的影响主要是：过量的排放矿井水会使地下水位下降，造成地下水的含盐量和硬度升高，不适合饮用，同时地下含水层的覆岩垮落，地表沉陷。以山西省为例，由于多年来采煤对地下含水层的破坏，造成至少70多万人吃水困难。

1.2.3　矿井水排放对环境的污染

矿井水污染可分为矿物污染、有机物污染和细菌污染。在某些煤矿矿井水中还存在放射性物质污染和重金属污染。矿物污染主要有泥砂颗粒、矿物杂质、粉尘、溶解盐、酸和碱等；有机物污染主要有煤炭颗粒、油脂、生物生命代谢产物、木材及其他物质的氧化分解产物。受开采、运输过程中散落的粉矿、煤粉、岩粉及伴生矿物的污染，水体呈灰黑色、浑浊，水面浮有油膜，并散发腥臭、油腥味。水质分析检验结果，化学耗氧量高，细菌总数和大肠菌群含量大。矿井水不经处理外排，对环境会产生的不良影响主要有：

(1) 污染地表水体　矿井水中的悬浮物会影响地表水体的自净，使水质恶化。酸性矿井水排入地表水体，会降低地表水的pH值，抑制细菌和微生物的生长，妨碍水体自净，pH小于4时，鱼类会死亡；矿井水中某些重金属离子由不溶性化合物变为可溶性离子状态，毒性增大；煤矿的酸性矿井水中通常含有Fe^{2+}，氧化时消耗水中的溶解氧。高矿化度矿井水会严重污染地面环境，淤塞河流湖泊，破坏地表景观，抑制水生物的生长和繁衍。

(2) 影响工农业生产　在北方地区，矿井水排放破坏水资源会严重影响农业灌溉用水；矿井水的排放还会破坏土壤的团粒结构，使土壤板结或盐渍化，农作物枯黄死亡，土壤贫瘠化；酸性矿井水具有很大的危害性，它能腐蚀管道、水泵、钢轨等矿井设备和混凝土结构，影响工业生产。

（3）危害人体健康　长期接触酸性水可使手脚破裂，眼睛疼痒，危害人类健康。有的矿井水中含有有害元素，如淄博双沟煤矿矿井水和地下水，检出含有多种致癌的多环芳烃，且超过国家饮用水水质标准。贵州的高汞和高砷煤矿矿井水能将赋存于黄铁矿、硫酸盐、碳酸盐矿物中的有毒物质溶出，直接危害人类健康。

将矿井水作为一种潜在的水资源加以综合利用，即矿井水资源化。矿井水资源化具有重要的意义。矿井水经过处理后，可用于绿化、冲洗、工业用水。应该说我国矿井水的利用潜力巨大，前景广阔。

1.2.4　矿井水利用的重要性

当今，水资源不足已成为制约经济社会发展的重要因素，我国始终把发展水利，强化水资源管理，节约用水作为事关国家发展全局的大事来抓。煤炭是我国主要能源，煤炭工业的发展需要大量的水资源支撑，水资源不足是影响我国煤炭产业发展的重要制约因素，特别是煤炭资源主产区的华北和西北的缺水地区，需求更加迫切。

矿井水利用的重要性主要表现在以下方面。

① 矿井水利用是常规水资源不足的有效补充和替代，是缓解矿区缺水问题的最佳选择。

合理利用矿井水资源是解决矿区水资源短缺的最现实、最紧迫、最有效的措施。水资源缺乏是矿区发展的最主要制约因素。煤炭基地已把矿井水作为重要的补充水源开发利用，有效地促进了矿区经济的和谐发展。

② 矿井水利用是保护矿区水环境、节约水资源、减少水污染的重要末端治理措施。

矿井水直接排放会污染矿区水体和生态环境，使土地板结或盐碱化，做好矿井水净化利用工作，变废水为资源，化害为利，是煤炭企业贯彻落实我国有关水污染防治法律、法规应尽的义务和责任，也是建设资源节约型、环境友好型和谐社会的必然选择。

③ 充分利用矿井水是矿区发展循环经济，实现产业转型的重要供水保障。

我国煤矿水资源结构单一，大多过度依赖地表水和地下水；过度开采地下水，造成地面沉降，生态环境恶化；矿井水利用作为矿区第二水源，在优化矿区水资源结构中发挥独特的作用，对实现煤矿企业节能减排具有重要意义。

综上所述，煤矿矿井水处理利用不仅是对水资源的拓宽开发，也是缓解矿区缺水问题的最佳选择，同时是保护生态环境、防止水污染的重要途径。把矿井水作为宝贵的水资源开发利用，是优化矿区水资源结构的最佳方案。一方面可置换出大量宝贵的地表及地下水资源，从而促进水资源结构的优化，有利于保护地表及地下水资源，改善缺水地区的水环境；另一方面，有利于减少矿区内因过度开采地下水而造成的地下水位下降和地面沉降等问题。同时，矿井水处理利用，避免直接排放，减少对水源和周边环境的污染。

1.3　矿井水的利用现状

1.3.1　国内利用现状

矿井水是一种非常规水资源，矿井水的充分利用，是缓解矿区缺水的重要措施。随着我国煤炭开采业的持续发展，加之水资源不足的基本国情，近几年来，我国高度重视矿井水资源化利用工作，把矿井水利用列为水资源节约的重点工程和措施之一。随着我国节能减排工作的快速推进，矿井水利用也进入了快速发展期。

1.3.1.1 矿井水利用量

近年来随着我国经济的快速发展，水资源的需求越来越高，环境保护的力度也越来越大，我国矿井水利用取得了一些成绩。据不完全统计，2005 年煤矿矿井水排放量约 $46.3 \times 10^8 m^3$，利用量为 $16.3 \times 10^8 m^3$，利用率为 35%，2005 年我国主要产煤地区矿井水排放和利用情况见表 1-3。

表 1-3 2005 年我国各大区主要产煤地区矿井水排放和利用情况

地区	省(自治区)	矿井水排放量/×10⁸m³	吨煤涌水量/m³	矿井水利用率/%
东北	黑龙江	2.42	2.64	17.16
	吉林	0.625	2.41	25.83
	辽宁	1.09	1.8	21.97
	小计	4.14	2.348	22.6
西北	陕西	1.285	0.87	9.48
	甘肃	0.29	0.85	22.82
	宁夏	0.213	0.82	20.9
	青海	0.033	0.63	0
	新疆	0.641	1.59	12.6
	小计	2.47	0.984	21.98
华北	河北	3.556	4.93	21.77
	北京	0.185	2.26	21.17
	内蒙古	2.24	0.95	22.29
	山西	4.29	0.8	11.38
	小计	10.27	1.22	30.93
华东	山东	1.92	1.54	30.3
	江苏	1.02	4.09	38.03
	福建	0.148	1.00	29.9
	安徽	1.7	2.3	27.64
	江西	0.427	2.15	22.07
	小计	5.21	2.04	23.4
西南	四川	2.24	2.86	27.4
	重庆	0.72	2.36	28.5
	贵州	1.776	1.8	27.32
	云南	1.89	3.15	12.46
	小计	6.64	2.5	14.0
中南	河南	7.6	5.27	25.46
	湖北	0.7	6.35	22.2
	湖南	4.087	8.5	7.46
	广东	0.194	6	35.71
	广西	0.66	11	4.03
	小计	13.27	6.248	31.6
总计		42	2.10	26.2

虽然全国矿井水平均利用率较低，但是矿井水利用进入了一个较快的发展期，利用规模迅速扩大，矿井水利用技术水平也有较大提高，处理成本逐渐降低，促进了企业利用矿井水的积极性。例如，平顶山矿务局，从 20 世纪 70 年代起就开始了对矿井水资源化利用技术的研究开发，2005 年矿井水利用率达到 70%；一些严重缺水的单位，如山西晋城、阳泉，矿

井水利用率已达 90％以上；平朔矿区矿井水经处理后用于生产和生活用水，基本上做到了对矿井水的循环利用（表 1-4）。

表 1-4　2005 年山西各地区矿井水排放及利用情况

地区	年煤产量 /×10⁴t	涌水量 /×10⁴m³	排放量 /×10⁴m³	处理利用量 /×10⁴m³	吨煤涌水量 /(m³/t 煤)	吨煤排放量 /(m³/t 煤)	利用率 /％
太原市	1237.6	687.6	180.6	557	0.56	0.15	81
大同市	3873.5	1245.9	859.7	386.2	0.32	0.22	31
阳泉市	1933	456.7	173.5	283.2	0.24	0.09	62
长治市	3412	1682.6	1110.5	572.1	0.49	0.33	34
晋城市	5491	3013	1868.1	1144.9	0.55	0.34	38
朔州市	3013.2	1446.8	839.1	607.7	0.48	0.28	42
晋中市	2489	1319	870.5	448.5	0.53	0.35	34
运城市	263.4	145.7	69.9	75.8	0.55	0.27	52
忻州市	3179	1303.6	952.6	378	0.41	0.30	29
临汾市	2597.5	1546.9	804.4	742.5	0.60	0.31	48
吕梁市	2297	927.6	667.9	259.7	0.40	0.29	28

在国家"矿井水利用专项规划"的指导和推动下，全国各主要产煤省纷纷出台矿井水综合利用方面的政策法规，同时设立矿井水综合利用研究的专项基金，促进了矿井水的综合利用。矿井水利用规模不断扩大，装备技术水平不断提高，逐步向规模化、系统化、自控信息化发展。到 2010 年我国煤产量为 $32.4×10^8 t$，煤矿矿井水排放量为 $61×10^8 m^3$，利用量达到 $36×10^8 m^3$，比 2005 年新增加 $21.7×10^8 m^3$，利用率达到 59％。有效缓解了部分矿区的缺水问题，促进了矿区的经济发展。2005 年与 2010 年各大区煤矿矿井水利用的对比情况详见表 1-5。

表 1-5　全国各大区煤矿矿井水利用情况对比

地区	2005 年矿井水排放利用情况				2010 年矿井水排放利用情况			
	原煤产量 /×10⁴t	矿井水产生量/×10⁴m³	矿井水利用量/×10⁴m³	利用率/％	原煤产量 /×10⁴t	矿井水产生量/×10⁴m³	矿井水利用量/×10⁴m³	利用率/％
华北	89938	55400	27103	49.0	148700	133835	109924	82.1
东北	18783	53504	12228	21.0	19600	45490	31954	70.2
华东	28721	43290	17727	47.0	35000	55196	40186	73.0
中南	21815	150385	35483	24.0	27700	143421	73373	51.2
西南	28539	136773	41965	21.0	36500	189367	77982	41.2
西北	25940	23486	8291	35.0	56500	42917	26013	60.6
总计	213737	462838	142798	31.0	324000	610226	360104	59.0

到 2010 年，煤炭行业共完成矿井水利用重点工程 426 项，总投资约 78 亿元，新增矿井水年利用能力 $21.7×10^8 m^3$，其中 243 个项目的矿井水处理与利用能力超过 $100×10^4 m^3/a$，每年利用矿井水约 $16.8×10^8 m^3$。各煤矿对矿井水的处理，尤其是深度处理方面的工作也不断发展，有关的工程技术人员也积极研究矿井水处理工艺技术和合理利用的原则及途径，许多矿区都进行了不同程度的综合利用。

1.3.1.2　矿井水处理利用技术现状

矿井水处理的工艺技术，取决于矿井水的性质和处理后的用途。从水质成分上看，矿井水既具有地下水及地面水的特点，又具有污废水的性质。因此，对其处理方法，可按城市给水净化工艺、工业给水纯化工艺以及废水处理工艺进行。根据目前掌握的水处理技术对不同类型的矿井水进行处理，都可达到不同使用目的的水质标准和要求。主要的问题是经济上是否合理可行。因此，研究更有效、更经济、更适用的矿井水处理回用方法，仍是非常实际和重要的水处理技术课题。

目前，矿井水处理工艺普遍采用混凝、沉淀、过滤、消毒、反渗透等工艺技术。我国1968年就在北京大台煤矿进行了井下排水净化后供给生活饮用水的试验研究，主要采用了混凝、沉淀、过滤、消毒工艺，使井下排水净化后的水质达到了饮用水标准。20世纪80年代后，我国建立了许多矿井水净化站，例如在山西省高平市永录乡，在坑口附近筑坝拦水，将矿井水回灌到废旧矿井储存起来，供农村人畜用水；利用报废矿井，修建30多处地下水库，蓄水 $120 \times 10^4 m^3$，用于农田灌溉；大同市青磁窑煤矿采用超滤＋反渗透工艺处理矿井水，出水水质符合《生活饮用水标准》的规定，有效缓解了矿区职工饮用水严重短缺问题。

很多学者和工程师对矿井水净化处理的工艺技术进行了对比分析，针对我国目前矿井的排供水状况，提出了矿井水井下循环利用的方案、利用采空区过滤净化矿井水、采用混凝-微滤膜分离组合等处理矿井水的新思路和新工艺。

根据已有的矿井水处理技术和工艺，我国矿井水处理技术可以按处理构筑物的所处位置、原水水质状况、技术原理和处理目的进行分类。

① 按处理构筑物的地点分为井下处理和地面处理。

② 按原水水质特征分为洁净型矿井水处理和污染型矿井水处理［浑浊矿井水的澄清处理、高矿化度矿井水的除盐处理、酸性矿井水的中和处理、含铁（锰）矿井水的除铁（锰）处理、含特殊有害物矿井水处理］。

③ 按处理技术原理分混凝、沉淀、过滤等物理法；化学沉淀、化学中和、离子交换等化学法；电渗析、反渗透、纳滤的膜分离技术；其他方法，如湿地、微生物处理等。

④ 按处理的目的分为达标利用的资源型处理和达标排放的无害化处理。

我国矿井水的综合利用，由于煤矿矿井水成分的复杂性和地域特点等因素，矿井水净化利用途径是多种多样的。目前，国内对矿井水的利用主要为：一是矿区工业生产用水，包括煤炭生产、洗选加工、焦化厂、电厂、煤化工等用水，约占矿井水利用总量的70％；二是矿区生态建设用水，矿区绿化、降尘，矿区生态园区用水，约占矿井水利用量的15％；三是生活用水，在缺水矿区，矿井水经深度净化处理后，达到生活饮用水标准，供矿区居民生活饮用，约占矿井水利用10％；四是其他用水，如部分矿区进一步研发利用矿井水源热泵技术，为煤矿企业供暖、供冷、供热和生活用热水，少数矿区的矿井水，富含对人体保健有益的微量元素，已经加工成矿泉水等水产品，并创出了品牌。

另外，近年来我国的矿井水净化利用技术也渐趋成熟，根据煤矿矿井水水质情况和利用目的的需要，开发了一大批适应不同水质和用户要求的处理技术、工艺和设备，混凝、沉淀、过滤、中和、电渗析、反渗透、超滤、微滤、电吸附等技术日臻完善，正在得到广泛应用。

1.3.1.3　矿井水利用存在问题

我国在矿井水资源化利用方面做了大量的探索和实践，但也存在许多不容忽视的问题，亟待解决。主要表现在以下几个方面。

（1）矿井水利用发展很不平衡　矿井水利用虽然整体发展较快，但仍然有很多煤矿企业仅把矿井水利用作为解决缺水的临时措施，并没有把矿井水真正作为宝贵的水资源来开发利用，很多矿区没有把矿井水作为"第二水源"纳入用水计划。全国煤矿矿井水平均利用率只有 59%，整体利用率偏低。就全国范围看，对煤矿矿井水利用率差别较大，发展很不平衡，缺水地区矿井水利用发展很快，山西、内蒙古等地利用率较高，达到 80%，河北、山东、安徽、河南、黑龙江、陕西等省区利用率也达到 70% 左右；而水资源丰富的东南、西南矿区利用率低，只有 35% 左右。

（2）矿井水资源化利用的推广力度应加强　根据实际生产检测结果，不同水质的矿井水只要经过不同程度的工艺处理，都可达到生活饮用水和工业用水的标准。然而，大多数矿区职工认为井下排出的水黑、脏、臭，矿区用水宁肯远距离取水也不愿意就近利用矿井水。既没有把矿井水真正作为宝贵的水资源来开发利用，也没有把矿井水作为"第二水源"纳入用水计划。有些煤矿将矿井水与矿区生产、生活污水等混合排放，不但增加了矿井水处理难度，浪费了水资源，而且污染了周边环境。我国尚须积极倡导把矿井水作为宝贵的伴生资源进行产业化开发，尽快建立、完善有关促进和监督矿井水利用的政策和法规。

（3）矿井水利用的基础管理工作薄弱　目前，国家对矿井水管理尚停留在单纯的污水排放上，仅单纯地收取排污费甚至罚款；而对于煤矿企业积极采取措施处理矿井水，实现"零排放"没有相应的鼓励政策出台。

另一方面，矿井水利用牵涉各矿山开采行业、水资源管理、市政供水等多个部门，部门之间缺乏统一的监督检查、行业协调和数据信息统计服务等，基础数据不全，规章制度和标准规范亟待制定。

（4）矿井水处理净化技术需进一步完善和提高　矿井水的处理净化技术主要存在两方面的欠缺：一是由于对矿井水资源管理方面投入不够，对于矿井水水质、水量及其变化特点没有详细的测试统计和深入的研究资料，更加缺乏根据矿井水水质特点按不同用途进行分别处理、分质利用的统筹规划，致使矿井水净化厂在设计或建设时处理工艺设计不合理，从而导致工艺运转不正常，或投资过大、处理成本高等。一些矿井水处理厂刚竣工投产不久，就感到处理规模太小，有的则出现矿井排水量远低于设计处理量，造成人力和财力的巨大浪费。另一方面，由于部分企业矿井水处理利用技术较落后；选用设备与水质不配套；或者负责操作的职工专业水平不足，未经培训上岗；处理设施系列化、自动化程度较低等原因，致使处理后的矿井水水质不稳定。

1.3.2　国外利用现状

全球煤炭资源储藏最丰富的国家为美国、俄罗斯、中国、印度、澳大利亚和南非，上述 6 个国家的煤炭储藏量之和占全世界煤炭储藏量的 80% 以上。在全球水资源日益紧张的今天，开展矿井水的综合利用，已经是各产煤大国的共识。世界上许多国家都对矿井水处理利用进行了深入的研究和实践，取得了很多理论成果，并积累了许多丰富的经验。

由于矿井水成分的复杂和地域的差异，对矿井水的处理利用工艺一般根据其水质特征和回用目的而定。在国外水资源相对丰富地区的煤矿，矿井水不做资源化处理，一般只经简单的无害化处理达到排放标准后，直接排入地表水体；而对于水资源相对较少的矿区，矿井水被视为一种煤矿开采的伴生资源得到了很好开发和利用，其综合利用率较高。据有关资料显示，美国早在 20 世纪矿井水的利用率就已经达到 81%。另外，联邦德国以立法的形式规定矿井水必须处理，美国详尽规定了矿山排水必须达到的水质标准，日本对煤炭的利用已经形成一整套完整的法律体系，并采用了相应的技术对策。这些法规的制订，对煤矿废水的处理与回用起到了积极的促进作用。

在国外，由于对矿井水处理和利用技术的研究应用较早，许多成熟的技术值得我们去学习和借鉴。

（1）浑浊矿井水处理　对于矿井水中的造浑物质（悬浮物等）处理技术的研究与应用方面，前苏联起步较早，全苏煤矿环保研究院研制了用压力气浮法净化矿井水，采用净化水部分循环工作方式，循环水在压力箱中剩余压力作用下充满空气，较好地形成气浮选剂。前苏联采煤建井和劳动组织研究所研究的电絮凝法，是以直流电通过金属电极处理矿井水，在电化学、电物理综合作用下，使矿井水杂质颗粒、水和微气泡形成松散团粒，凝聚后漂浮在水面上，形成一层泡沫后用刮板排除。此法可使杂质团粒的上浮速度提高数倍，并对排除乳化于水中的石油产物及其污物有效。

（2）高矿化度矿井水处理　前苏联采用蒸馏法对高矿化度矿井水进行热力脱盐淡化处理，取得了很好的效果。前苏联煤炭环保研究院曾试验研究出一种供矿井水淡化处理的蒸馏装置，用于含盐量超过 5g/L 的矿井水处理，其出水可供煤矿生活和生产用。捷尔诺夫斯克矿井建成的绝热式蒸发器，可将矿化度为 7800～9000mg/L 降至 25～200mg/L。波兰杰别尼斯卡矿井建成一套生产能力为 100m³/h 的绝热蒸发式淡化装置，可将原料水含盐量从 100g/L 降至 100mg/L。前苏联 1991 年已在顿涅茨等煤矿应用电渗析法淡化矿井水，也取得了很好的效果。

对于矿井水的高硫酸盐问题，美国 M. 凯特（1997 年）提出了硫酸盐还原菌法。

（3）酸性矿井水处理　用生物化学处理法处理含铁酸性水是目前国内外研究比较活跃的处理方法。在美国、日本等国已进行了实际应用。其原理是：利用氧化亚铁硫杆菌，在酸性条件下将水中 Fe^{2+} 氧化成 Fe^{3+}，然后再用石灰石进行中和处理，以实现酸性矿井水的中和及除铁。此法的优点是：对二价铁具有很高的氧化率；二价铁氧化细菌无需外界添加营养液，处理后的沉淀物可综合利用。日本于 1976 年已建成两座利用此法的生物转盘工艺处理站。其缺点是：反应器体积大，投资高；煤矿矿井水成分复杂，常含有一些不利的重金属（如 Pb、Zn 等），对微生物具有抑制作用。

对于酸性矿井水，加拿大拉瓦尔大学的 K. 法陶斯（1997）提出利用慢速释放丸剂形式施加杀菌剂，控制黄铁矿的氧化，从源头抑制酸性矿井水的产生。

人工湿地生态工程处理法是 20 世纪迅速发展起来的一种污水处理技术，从 20 世纪 70 年代末开始，美国一些煤矿就尝试用人工湿地处理酸性矿井水。美国俄亥俄莱特州立大学的研究人员发现鲍威尔逊野生生物区的水藓在高酸性水（pH 值 2.5 左右）条件下长得很好。矿井水流过该酸性沼泽后，其 pH 值从 2.5 升至 4.0 左右，同时对铁、锰、硫酸根、钙、镁等具有一定的去除作用。后来发现，这些湿地上主要生长着嗜酸性植物，如香蒲等，这些植物耐一定浓度的硫酸及其他金属。酸性矿井水流经人工湿地后，pH 值可上升，并可去除 50% 以上的污染物（如铁可降低 80% 左右）。与传统的中和法相比，人工湿地处理方法具有出水水质稳定，对氮磷等物质去除能力强，基建和运行费用低、技术含量低、维护管理方便、耐冲击负荷强等优点，因而在北美、欧洲的许多国家得到了广泛应用，美国已经在煤矿系统建设了 400 多座人工湿地处理系统。但此法处理效果并非都很理想，有些酸性矿井水还需要进行其他化学处理。

美国环保局于 1982 年提出的可渗透反应墙法（PRB 法），是一种原位去除污染地下水中污染组分的新方法。加拿大滑铁卢大学在 1989 年进一步开发，于 1992 年在世界上许多国家申请了相关专利，并在安大略省的 Borden 成功地进行了现场演示。PRB 法处理酸性矿井水始于 1995 年，加拿大 Nickel Rim 矿附近建立的 PRB 系统；为处理美国 Success 矿的尾矿库排水，J. L. Conca 等于 2001 年在该矿附近修建了 PRB 系统；L. I. Bowden 等于 2002 年夏季在英国 Shibottle 地区修建了 PRB，用于处理 Shibottle 尾矿渗滤液。PRB 法现已成为矿山酸性水处理研究的热点。

（4）含重金属和放射性污染物的矿井水处理　由美国 Don Heskett 教授 1984 年发明了 KDF，是一种新型的水处理材料。KDF 是一种高纯度的铜合金，能够完美去除水中的重金属与酸根离子，提高水的活化程度，更有利于人体对水的吸收，保护人体健康，促进人体新陈代谢。用这种材料制成的 KDF 滤芯，用在净水器中是一种最好的配置。此发明开辟了水处理的新纪元，即用金属去除水中的重金属与氯，是和传统的通过离子交换去除水中金属的思路背道而驰的。1992 年，此法发展出的 KDF85 与 KDF55 处理介质通过了美国国家卫生基金会（NSF）认证，符合饮用水的 61 项标准；KDF55 处理介质通过美国国家标准化组织（ANSI）和 NSF 的饮用水 42 项标准。KDF 水处理介质是一种新颖的、符合环保要求的水处理介质，是目前较为理想的水处理方法。

磁性离子交换树脂（MIEX）是近几年快速发展起来的一种水处理技术，主要用于去除水中的天然有机物（NOM），是澳大利亚 ORICA 公司开发的一种新型树脂，它带有磁性，具有连续操作性，动力学反应速率高，有较大的比表面积，对带负电集团的有机污染物具有显著的去除效果。能有效地控制消毒副产物的产生，并可大大节省絮凝剂投加量，提高常规工艺处理能力。

总之，世界上不少国家在矿井水的处理和利用方面进行了广泛的研究和实践，已取得了许多成果，积累了不少经验。但由于煤矿矿井废水成分的复杂性和地域的特点等因素，现有的处理与回用工艺技术还不够完善和成熟。因此，针对不同的水质情况和回用的具体要求，开发研究工艺简单、技术可靠、管理方便、经济合理的新工艺、新设备和新药剂，仍是矿井废水处理和利用的重要课题。

1.4　矿井水利用的原则和方向

1.4.1　利用的基本原则

（1）优先考虑井下直接处理和利用　矿井水的井下处理，主要是利用井下集水构筑物（如水仓）进行，即在井下进行矿井水的絮凝、沉淀处理。经过处理后的矿井水一部分直接进入井下工业用水系统，做消防洒水和采掘机械用水，剩余部分排至地面，进入选煤厂和煤泥热电厂作为工业用水。水处理过程中产生的煤泥进入贮泥池、泥浆浓缩塔，再注入厢式自动板框压滤机，将煤泥压成煤饼后装车升井。

此法与先将全部矿井水由井下水仓提升至地面，经地面调节池以及各种处理构筑物处理，达到复用水质要求后，部分再返回到井下利用的传统处理方法相比，具有可节约土地、节省投资，节能、运行费用低等优点，具有良好的经济效益和环境效益。

（2）优先工业，然后生活，最后生态环境、农业灌溉　对于污染物含量较高的矿井水，如高氟矿井水、含放射性物质的矿井水等的处理成本较高，一般不考虑回用，处理后达到国家排放标准后直接排放即可。

对于水质较好的矿井水，在其利用方向上，优先考虑将矿井水回用于煤矿生产用水。工业用水对水质要求不高，矿井水一般不需进行净化处理，只需经简单沉淀，降低悬浮物含量后即可。

对缺水严重、生活用水严重短缺的矿区，对矿井水进行净化处理，出水水质达到《生活饮用水卫生标准》的要求，回用于矿区生活用水。

在满足生产回用，同时水资源相对丰富的矿区，如果矿井水水质较好，可考虑将矿井水处理后回用于生态建设和农业灌溉用水。

（3）统筹规划，考虑矿井水分质处理和利用　根据矿井水水质的特点开发不同用途，同时根据不同的用途，采用不同的处理工艺。如优先考虑井下利用，矿井水在井下经絮凝、沉淀等简单处理后直接用于井下消防洒水和采掘机械用水，剩余部分排至地面，再进行净化处理，若用于农业灌溉，则无需进行消毒处理。如矿井水满足矿区生产、生活用水后还有大量余量，则可以规划向比邻城市供水，解决城市的缺水问题。

（4）因地制宜选择矿井水利用发展方向和利用重点，最大限度地利用矿井水　基于各地区矿井水资源及利用的基础和条件不同，分别采取区域统筹规划和重点建设的方针，不同矿区应因地制宜地选择适合当地矿井水水质的利用方向和利用重点，最大限度地提高矿井水利用率。

华北地区，包括北京、山西、河北、内蒙古自治区，是我国最大的产煤地区。该地区大部分矿区属于缺水乃至严重缺水地区，应把矿井水作为重要的水资源加以利用，切实缓解矿区用水紧张。该区域矿井水水质大部分为苦咸水，处理工艺的选择上要注意降低处理成本。

东北地区和西南地区，包括黑龙江、吉林、辽宁三省和贵州、四川、重庆、云南等省。这两个地区煤矿矿井水水质较好，经常规处理即可作为生产、生活用水。东北地区的部分煤矿企业已实施了矿井水深度净化，完全达到生活饮用水水质标准，并入市政供水系统。

华东地区，包括山东、安徽、江西、江苏、福建等省区，是我国东部重点产煤区。山东龙口、新汶，江苏大屯、徐州，安徽淮北等矿区的矿井水多为苦咸水，应针对苦咸水的处理利用开展工作。

中南地区，包括河南、湖南、湖北、广西等省区，其中河南、湖南是该地区的重要产煤省份，属于涌水量大的矿区，矿井水利用发展也很不平衡。该地区应合理规划，并结合经济效益与环境效益分析，统筹考虑矿井水的处理和利用方向。

西北地区，包括陕西、甘肃、宁夏、新疆、青海等省，是我国未来煤炭生产战略西移的主要产煤区。该地区严重缺水，生产生活用水困难，应加大矿井水的利用。该区域矿井水多属于苦咸水，处理工艺选择重点为苦咸水的淡化，回用于生产、生活用水，缓解矿区用水紧张的局面。

1.4.2　利用的主要方向

矿井水的资源化利用主要表现在四个方面：一是经简单处理作为矿井生产用水；二是通过深度净化作为居民生活用水；三是农业灌溉；四是其他用水。

（1）煤矿生产用水　解决煤矿开采、洗选加工、煤化工、机修厂、辅助工厂、矿区附近电力、化工、冶金等耗水企业用水。煤矿生产用水对水质要求不高，是矿井水利用的重点。矿井水经适当处理可用于井下采煤用水：灌浆，降尘（煤层注水、工作面回采洒水、井下水幕、掘进洒水、装用点洒水、运输机洒水、转载点洒水），消防，设备冷却（采掘机械运转、液压支柱、空压机、调节器、瓦斯抽风装置），空气调节（井下暖风），运输机具保养等用水。也可用于煤矸石山降温降尘、选煤厂补充水、矿区建筑施工用水等。

（2）生活用水　特别是缺水矿区，与地方协调和联合建设一批公益性、社会性矿井水生活用水工程，纳入矿区和市镇供水系统，缓解居民生活用水紧缺。可用于矿区生态建设用水，矿区地面绿化、道路浇洒、冲厕，消防用水，游泳池用水等。

（3）农业用水　矿井水可作为农业灌溉、农村生活及林牧渔业的供水水源。

（4）其他用水　利用矿井水水源热泵技术，为矿区提供供暖、供冷、供热和生活用热水。少数矿区的矿井水，富含对人体保健有益的微量元素，可加工成矿泉水等水产品。另外，还可作地下水补充回灌水和水库补充水等。

1.5　矿井水利用的相关水质标准

煤矿矿井水的科学合理利用，必须使其水质达到国家规定的有关标准要求，这些水质标准正是矿井水处理后的出水标准条件。本书只汇列出有关水质标准主要有：①洒水除尘用水水质标准；②选煤用水水质标准；③水力采煤用水水质标准；④设备冷却用水水质标准；⑤洗车及机修厂冲洗设备用水水质标准；⑥煤炭工业废水有毒污染物排放限值；⑦采煤废水污染物排放限值；⑧污水综合排放标准；⑨农田灌溉用水水质标准；⑩景观环境用水水质标准；⑪绿地灌溉水质标准；⑫地下水回灌水质标准；⑬冷却用水的水质标准；⑭工业用水水源的水质标准；⑮城镇杂用水水质控制指标；⑯生活饮用水水源水质标准；⑰生活饮用水卫生标准。其具体条款内容详见附录。

第2章

煤矿矿井水的
水质与类别

2.1 煤矿矿井水的水质特征

2.1.1 煤矿矿井水的内涵

煤矿矿井水，是指在煤矿开采过程中所有渗入采掘空间的水。这种与煤层伴生的矿井排水，原本属于地下水的性质，因在开采过程中混入煤粉和岩尘以及受到人为的污染等，使它已失去其原来的地下水的物理性状，而被列入污废水范畴。

煤矿矿井排水的组成与煤炭的开采有着密切的联系，我国煤炭资源一般埋藏较深，以地下开采为主。根据矿山的地质特征和技术条件，矿井水可能包含着：岩层的层间水、层间裂隙水和溶洞水；上部煤层的潜水、地表裂痕渗入井下的地表水；煤矿生产废水（采煤过程中，地面输入的生产用水用于液压支柱、机电设备、防尘降尘等生产的废水）。其中地下水含量一般占到矿井排水量95%左右。所以，也可以说煤矿矿井水是被采煤活动所污染的地下水。

2.1.2 煤矿矿井水的水质

煤矿矿井水未被采煤活动污染时的水质与当地地下水水质基本相同，主要受当地岩层的地质年代、地质构造、岩石性质、各种煤系伴生矿物成分、所在地区的自然环境条件等因素影响。全国煤矿矿井水检测分析表明：我国矿井水水质污染物成分主要是以煤粉、岩粉为主的悬浮物和可溶性无机盐类；有机污染物较少；汞、镉、六价铬、砷、铅等元素很少检出或含量较低；放射性指标属于低放水平，但亦有超过《生活饮用水卫生标准》的；矿井水大多呈中性，北方地区的矿井水多呈中性或弱碱性（pH值为7～9），碱性水不多见；西南及北方少数地区存在一定数量的酸性矿井水，多见于高硫矿区。

煤矿矿井水的污染主要是由于采煤活动造成的。煤矿在生产过程中，由于地下水在流经采煤工作面时会携带大量的煤粉、岩粉等悬浮物杂质，使矿井水浑浊，颜色多呈灰黑色。若煤层中含有硫、苯、酚、磷、焦油等杂质时，矿井水中有害物质的含量也随之增高。有的煤矿煤层与碳酸盐矿物、硫酸盐、石灰岩等可溶性岩石共生在一起，地下水与岩石发生氧化作用，使矿井水呈高矿化度。当受到井下生产及生活活动的影响，矿井水往往含有较多的细菌。对于开采高硫煤层的矿井，由于煤层及其围岩中硫铁矿的氧化作用，使矿井水呈现酸性和高铁性等（表 2-1）。

表 2-1　华东地区部分煤矿区矿井水水质特征

矿区	水质特征
淄博	充水来源为石炭纪灰岩，砂岩，奥陶纪灰岩。pH 值的变化范围大（3.00～7.89），硫酸根、硬度、TDS 均较高，氯离子浓度较低，可溶性 SiO_2 含量较高，铁离子（Fe^{2+}，Fe^{3+}，$Fe^{2+}+Fe^{3+}$）含量与 pH 值呈负相关
莱芜	水质相对较好，与生活饮用水卫生标准比较，常规化学组分、悬浮物、浑浊度、硫酸盐、总硬度轻微超标，其中硫酸盐超标 0.2～0.92 倍，总硬度超标 0.03～0.29 倍。氟化物含量较高，COD 及"三氮"略有超标。重金属及 5 项毒物无检出或含量较低，细菌学指标普遍严重超标
兖州	3 煤层充水来源为煤系砂岩、侏罗纪砂岩，16、17 煤层充水来源为石炭纪砂岩、灰岩。矿井水以 HCO_3-Ca、HCO_3-CaMg 型为主；汞、砷、铬、镉等有害有毒物质的含量均不超标。矿井水中主要含较多的煤粉、岩粉等，SS、COD 超标
新汶	充水来源为煤系砂岩、侏罗纪砂岩。矿井水水质以 HCO_3-Ca、HCO_3-CaMg 型为主，主要含煤粉、岩粉等，部分煤矿矿井水矿化度高
徐州	充水来源为煤系砂岩水、太原组岩溶水、第四系孔隙水、奥陶系岩溶水。矿井水可分为三类：Ⅰ类为洁净水，水质标准基本符合生活饮用水的卫生标准；Ⅱ类为含有悬浮物的矿井水，除悬浮物超标外，其他指标基本符合要求；Ⅲ类为高矿化度、高硬度的矿井水，溶解性总固体量、总硬度和硫酸根等均超标Ⅰ、Ⅱ类矿井水占全矿区总涌水量的 55% 左右
淮南	充水来源为煤系砂岩水、岩溶水。矿井水以无机煤粉、岩尘污染为主，并受到一定程度的有机腐烂坑木及很少量机油、焦油污染，基本上属于无机无毒、污染不太重的生产废水
淮北	充水来源为煤系砂岩水、太原组岩溶水、第四系孔隙水、奥陶系岩溶水。矿井水中的主要污染物为煤粉和岩粉的悬浮物，以及可溶性的无机盐类，有机污染物极少，不含有毒物质

从矿井水的物理、化学及细菌学性质上看，矿井水常具有以下几方面的水质特征。

① 矿化度（含盐量）高。我国矿井水的含盐量一般多在 1000mg/L 以上，其盐类成分主要是硫酸盐、重碳酸盐、氯化物等。而且含盐量将随开采深度的加大而增加，煤炭大省山西高矿化度的矿井水约占 50%。

② 硬度大。其总硬度一般多在 500mg/L（以 $CaCO_3$ 计）以上，属极硬水范畴。例如山西的水峪、管地坑口、柳湾、黄甲堡等矿井，总硬度为 700～800mg/L（以 $CaCO_3$ 计）以上。同时一般情况下，总硬度与矿化度成正比；硬度中永久硬度所占比重远大于暂时硬度。

③ 部分为酸性水。其 pH 值在 3～6 之间，例如山西柳湾矿，pH=3.1～3.5，而且常随开采深度的加大 pH 值逐渐变小，同时含铁量也逐渐增加。酸性水中铁含量一般偏高。

④ 水浑浊，色度明显。悬浮物含量一般多在 500mg/L 以下，悬浮颗粒组成主要是煤粉、煤质腐殖质类和岩尘，以及胶态氢氧化铁，即使有时矿井水悬浮物含量不算很高，水呈灰黑色却十分明显，感官性状很差。酸性矿井水，多为黑色和黄褐色。

⑤ 含有一定的石油产品。其来源是综合机械化的液压系统、机械的润滑系统和冷却系统。当岩层中含油页岩时，其对矿井水的污染则另作别论。

⑥ 化学需氧量（COD）高于地下水。一般地下水的 COD 为 2～5mg/L，而矿井水为 10mg/L 左右，甚至更高。主要是由于煤粉所致，其次是由于井下人员的便溺以及水中落入各种动植物残骸所造成。

⑦ 常含有多种微量元素。例如前苏联顿巴斯的一些矿井水含有约 30 种的化学元素。

从矿井水的来源和污染机理可以看出，矿井水水质具有很强的地域性，如产煤大省山西，通过对 57 个矿井的水质进行分析化验，得出山西矿井水的水质情况：矿井水的硬度较大，而且总硬度与矿化度成正比相关；pH 值与硫及锰、铁的含量成反比相关；悬浮物（SS）含量多在 40～200mg/L 之间；BOD_5 远比 COD 小。山西的酸性矿井约占 8%，主要分布在汾西和西山。

矿井水的地域性差异，决定不同地区的矿井水水质各不相同（表2-2）；即使同一地区的不同矿区的矿井水也存在水质差异，如贵州（表2-3）；同一矿区的不同井田的矿井水也可能存在水质差异，如河北省唐山市境内的开滦矿区（表2-4）、安徽淮南矿区（表2-5）、河南的鹤壁矿区（表2-6）、山东兖州矿区（表2-7）。

表2-2　我国部分煤矿矿井水的水质参数

项目	华北				东北		华东		西北		中南	西南
	山西吕梁	山西介休	大同左云县	河北秦皇岛	辽宁阜新	辽宁铁煤集团	安徽省淮南市	山东龙口	陕西榆林	陕西	河南平顶山	贵州水城县
	汾西双柳煤矿	大佛寺矿	鹊儿山煤矿	柳江煤矿	五龙矿	大兴矿	谢一矿	洼里矿	金鸡滩矿井	榆家梁煤矿	平煤八矿	桑达煤矿
色度/度		65	48		35	45	33.3				64	
浑浊度/NTU	7.6	100	130	277	100	182	25.4	850		95	1152	
悬浮物/(mg/L)			258.07	150					400～1500			343
pH 值		6～8	7.1	7.48		8.5	7.85	8.35	7.8	7.17	8.56	6.9
COD/(mg/L)		73	24.8	1.65	59		28	107.2				46
总硬度/(mg/L)	716	0.22	680	360	740	108	285.45	87.51	56.1	361	506.7	
铁/(mg/L)	2.3	0.22	0.78		0.75	0.71	0.62	0.23		6.5	1.93	2
锰/(mg/L)		0.08	0.2		0.2	0.92	0.31			0.65		4.5
铜/(mg/L)		<0.06					0.02	0.0004				
锌/(mg/L)		<0.03					0.36	0.12				
硫酸盐/(mg/L)	324	170			270		52.6			111	663	
氯化物/(mg/L)	630		280			211.13		930.1	8.93			
氟化物/(mg/L)	1.36	0.6		7.4	1.6	0.12	0.74	0.62	1.36		1.97	6.07
硝酸盐/(mg/L)								0.81	21.5			
溶解性总固体/(mg/L)	1952		1300	697	1364	846.4	2377.8		472	550	1450	
菌落总数/(mg/L)	>200			215	550	1300	160000	36000				
总大肠菌群/(mg/L)	>23		18	86	160	230000	550	4×10^6				
总 α 放射性/(Bq/L)	0.73											
石油类/(mg/L)												0.06

表 2-3 贵州部分煤矿的矿井水水质　　　单位：mg/L，pH 值除外

煤矿名称	pH 值	SS	COD	Fe	Mn	As	F⁻	石油类	矿井水类型
盘县祥兴	7.7	486	85	未检出	—	—	0.15	0.23	浑浊矿井水
纳雍狗场	7.8	114	128	0.45	2.40	0.005	0.2	2.50	
盘县响水	8.3	708	27	1.73	0.05	0.01	—	0.57	
水城县桑达	6.9	343	46	2.0	4.5	0.0007	6.07	0.06	非酸性含铁锰矿井水
大方县安宏	6.7	108	91	8.02	4.33	0.011	5.29	4.64	
金沙县龙宫	6.9	151	136	10.99	3.92	0.0007	8.94	0.11	
六枝三家寨	6.2	66	37	5.33	0.58	0.0055	0.25	0.05	
晴隆县中田	8.3	388	66	3.65	0.92	0.0007	1.95	0.95	
纳雍县中岭	6.9	727	259	10.50	0.46	0.01	0.55	0.08	
黔西耳海	7.2	55	66	3.96	2.16	0.0016	0.23	0.90	
铜梓县鑫源	6.6	117	17	19.60	2.08	0.0014	1.27	0.01	
平坝县大源	6.7	476	119	31.23	5.02	0.0007	2.96	0.05	
织金县凤凰山	3.2	114	22	126.87	2.62	—	0.74	—	酸性矿井水
普安县兴贵	3.7	477	92	167.23	11.08	0.005	0.24	3.2	
兴仁县益发	2.6	141	48	355.46	2.31	0.003	5.31	0.04	
威宁县齐拖	2.8	224	11	196.20	1.73	0.002	0.33	0.01	
都匀市茶山	3.2	315	70.5	102.32	3.20	0.0003	0.83	0.33	

表 2-4 开滦矿区各矿井的水质

序号	项目	东欢坨矿	范各庄矿	荆各庄	林西矿	马家沟矿	唐山矿	赵各庄
1	色度/度	2	2	3	3	12.5	2	2
2	浑浊度/NTU	0.5	2	275	670	13.1	2	2
3	pH 值	7.46	7.7	8.4	8.1	7.8	7	7
4	悬浮物/(mg/L)	无	无	46	581	9961	46	1430
5	总硬度/(mg/L)	156	234.8	171.96	708.93	569	680	320
6	铁/(mg/L)	0.039	0.0175	1.23	0.0443	0.0606	0.0441	未检出
7	锰/(mg/L)	0.0181	未检出	0.025	0.0386	0.0309	35.6175	0.006
8	铜/(mg/L)	0.0013	未检出	0.01	0.0355	0.0009	0.0014	0.029
9	锌/(mg/L)	0.0016	未检出	未检出	0.0355	0.0011	0.0012	0.023
10	硫酸盐/(mg/L)	16	14.305	57.7	574	116	59.5	0.009
11	硝酸盐氮/(mg/L)	1.7	0.88	0.6	6.35	2.6	0.992	2.98
12	重碳酸盐/(mg/L)	143.39	336.65	255.6	296.12	342.88	374	364.7
13	总盐量/(mg/L)	120	757	273	1014	1084	515	1118
14	氯化物/(mg/L)	6	35.45	2.6	11.8	7.7	3.1	8.4
15	氟化物/(mg/L)	0.15	0.25	0.6	0.15	0.2	0.32	0.03
16	细菌总数/(CFU/mL)	2	230	2	2	2	180	150
17	大肠菌群/(CFU/mL)	1	27	2	1	2	1	1
18	总残渣/(mg/L)	120	762.5	319	1595	11002	581	2548
19	COD$_{Cr}$/(mg/L)	11.4	14.1	4.2	568	1000	292	1008
20	钙/(mg/L)	32.0977	89.88	11.95	112.27	107.4135	58.449	127.34
21	镁/(mg/L)	34.7155	65.14	20.2702	7.06	46.2982	35.6175	78.6
22	钠/(mg/L)	23.836	22.04	36.2812	81.76	34.9535	65.3681	127.34

表 2-5　安徽淮南矿区各矿井的水质

序号	项　目	孔集矿	李嘴孜矿	新庄孜矿	谢一矿	谢二矿	李一矿	李二矿	潘一矿	潘三矿
1	色度/度	<10	浅灰	浅灰	浅灰	浅灰	<10	<10	15,灰黑	
2	浑浊度/NTU	8	62	60	55	28	77	20	91	620
3	pH 值	8.32	8.32	8.48	8.22	8.30	8.94	8.08	8.70	8.76
4	悬浮物/(mg/L)	24	98	152	273	—	30	40	78	274
5	总硬度/(mg/L)	338.34	226.23	242.24	276.51	296.3	174.17	486.49	82.08	118.12
6	硫酸盐/(mg/L)	43.16	176.9	327.93	112,62	93.45	248.62	358.97	198.03	256.55
7	溶解性总固体/(mg/L)	582	650	976	750	554	796	908	2538	1912
8	COD$_{Cr}$/(mg/L)	4.74	76.5	57.48	180.71	—	107.42	13.87	24.18	376.58
9	石油类/(mg/L)	0.8	0.8	2.4	2	2.4	1.2	1.2	2.8	1.6
10	氯化物/(mg/L)	<115.16	41.82	33.74	42.97	44.51	42.71	29.26	799.52	673.46
11	硫化物/(mg/L)	0.16	0.48	0.32	0.96	0.8	0.16	0	0.16	0.8
12	硝酸盐/(mg/L)	6.71	12.13	13.16	20.56	25.3	15.46	9.24	6.16	4.41

表 2-6　河南鹤壁矿区各矿井的水质

序号	项　目	一矿	二矿	三矿	四矿	五矿	六矿	八矿	九矿	十矿	寺湾矿
1	浊度/NTU	1	1	24	53	115	92	210	159	445	47.9
2	pH 值	7.99	7.9	7.98	8.13	8.22	8.38	8.8	7.48	8.3	7.74
3	悬浮物/(mg/L)	10	13	18	24	98	50	143	49	153	130
4	总硬度/(mg/L)	410	928	355	384	264	293	577	730	118	740
5	硫酸盐/(mg/L)	180	483	154	195	105	72	117	653	47.5	213
6	TDS/(mg/L)	710	1965	589	765	641	851	1078	1286	547	7641
7	COD/(mg/L)	<10	<10	<10	18.4	55	16.9	31.4	17.6	20.8	<10
8	氟化物/(mg/L)	0.34	0.38	0.37	0.7	0.9	1.87	4.59	1.27	1.87	0.38
9	氯离子/(mg/L)	38	29.2	22.1	39.4	31.5	45.3	62.1	31.5	22.7	18.7
10	氨氮/(mg/L)		0.5		0.58	0.36	1.15	1.18	0.4	0.55	0.25
11	总铁/(mg/L)		0.74	0.51	2.97	0.87	4.91	32.1	2.38	13.7	
12	重碳酸盐/(mg/L)	256	493	273	271	368	347	736	249	387	266
13	锰/(mg/L)		0.37	0.06	0.01	0.04	0.01	0.024	2.35	0.023	2.234

表 2-7　山东兖州矿区各矿井的水质

序号	项　目	鲍店矿	南屯矿	北宿矿	东滩矿	兴隆矿
1	pH 值	9.18	3.45	3.2	8.9	8.55
2	悬浮物/(mg/L)	23	150	34	146	276.3
3	总硬度/(mg/L)	1.44	10	22.38	2.59	—
4	BOD$_5$/(mg/L)	1.47	27.9	—	—	—
5	COD/(mg/L)	5.79	290.04	34.4	61.12	259.7
6	氨氮/(mg/L)	0.06	0.09	0.05	0.8	
7	硫化物/(mg/L)	0.08	未检出	0.601	0.011	0.17
8	汞/(mg/L)	未检出	0.0001	未检出	未检出	0.00017
9	铁/(mg/L)	0.111	0.094	0.02	—	
10	六价铬/(mg/L)	0.005	0.003	未检出	0.002	0.003
11	砷/(mg/L)	未检出	未检出	未检出	0.006	未检出

全国各地，由于含水层、地理和气候等条件的差异，矿井水的矿化度（含盐量）存在着

显著的差别。例如，缺水的西北和北方地区矿井水矿化度较高，陕西、甘肃、宁夏、新疆、内蒙古、山西以及两淮、徐州、新汶、抚顺、阜新等地煤矿矿井水的矿化度大多在 4～150g/L 之间，参见表 2-8 和表 2-9。

表 2-8　我国部分煤矿矿井水的离子组成和含盐量

煤矿名称	pH 值	阳离子/(mg/L)			阴离子/(mg/L)				含盐量/(mg/L)	矿化度/(mg/L)
		$K^+ + Na^+$	Ca^{2+}	Mg^{2+}	SO_4^{2-}	HCO_3^-	Cl^-	F^-		
内蒙古乌素矿	9.0	430.3	240.5	110.7	1026.3	421.6	412.7	1.2	2620.4	
徐州张集矿	7.5	475.0	104.0	56.7	472.0	416.0	250.4	0.9	1785.0	
淄博双沟矿	7.7	302.6	192.0	76.0	882.0	257.0	182.0	0.9	1898.0	
淮北临涣矿	8.1	747.4	441.7	63.3	1589.6	320.3	213.0	2.3	3077.6	
新汶全沟矿	8.0	187.2	242.9	28.1	1094.5	98.8	107.7	2.9	2007.6	
宁夏灵新矿	8.2	949.0	124.0	143.0	884.3	391.8	1193.6	0.8	3886.5	
淮北海孜矿	8.5	647.5	78.6	41.0	1028.0	355.0	146.0	1.8	2162.0	
宁夏石槽村矿	8.55	3263.8	441.0	407.2	3879.4	144.6	4099.1			12293.1

表 2-9　阜新矿区各矿井的水质

井号	监测点	总硬度	Cl^-	SO_4^{2-}	NO_3^-	F^-	总 Fe	Mn	矿化度	pH 值
1	海州立井	640.1	132.3	260.0	1.0	0.6	0.753	0.1	1200	8.2
2	海州三坑	406	124	176	14.5	0.8	<0.1	0.06	726	7.4
3	海州四坑	520	48	268	18	0.6	<0.1	0.075	425	7.3
4	清河门	266	111	173	22	0.58	0.28	0.25	1364	7.6
5	清河门井下水	89.9	352	78	0.28	1.6	0.5	0.045	356	6.8
6	平安	618	55	324	5.0	1.0	0.16	0.1	1029	7.9
7	五龙	327.4	142.9	406	14.39	0.76	0.5	0.2	1444	7.0
8	乌龙	262	60	238	0.84	1.2	0.08	0.12	504	7.6
9	高德	455	43	216	1.16	1.2	0.85	0.3	744	8.1
10	艾友	760	110	253	22	0.76	0.254	0.24	1500	8.0
11	伊马-78	395	97	196	3.2	0.3	0.25	0.00	1200	7.2
12	伊马井下	79	166	266	17	9.0	3.04	0.00	2266	8.4
13	王营	180	141	210	11.9	1.4	0.26	0.24	403	7.1

2.2　煤矿矿井水的类别

从《生活饮用水水源水质标准》（CJ 3020—93）出发，可把煤矿矿井水分为洁净型和污染型两大类。

2.2.1　洁净型矿井水

洁净型矿井水的微生物指标、毒理指标、感官性状和一般化学指标以及放射性指标等各项水质指标一般均符合《生活饮用水水源水质标准》中一级标准限值的要求，只需消毒处理

（为保持水中余氯）即可作为生活饮用水使用。

洁净型矿井水，多指来自石炭系和奥陶系的灰岩水、砂岩裂隙水、第四系冲积层水和老空积水等，主要分布在我国的东北、华北等地。这类矿井水通常情况下 pH 值呈中性，矿化度低，不含有毒、有害离子（或含量低于相关标准值），浑浊度低（基本不含悬浮物），有的还含有对人体有益的微量元素。该类矿井水是未被煤矿开采污染的干净、优良的地下水，其所占比例较小，需要在煤炭开采之初妥善规划，源头截流，通过井下单独布置专用管道将其排出，消毒后即可饮用，也可开发为矿泉水（如北京"九龙山"牌矿泉水、"徐州"矿泉水等）。

洁净型矿井水属于特殊性质的矿井水，其水质好，处理工艺单一、技术简单，故不是本书讨论的主要内容，本书不再立题专述。

2.2.2 污染型矿井水

污染型矿井水的水质成分较复杂，其水质都达不到《生活饮用水水源水质标准》的要求。污染型矿井水的类别，可根据其所含重点有害物的种类和性质划分为如下几种：浑浊矿井水、高矿化度矿井水、酸（碱）性矿井水、含铁（锰）矿井水和含特殊有害物质矿井水等。

2.2.2.1 浑浊矿井水

此处的浑浊矿井水，是指除感官性状指标（色度、浑浊度、肉眼可见物、臭和味）及微生物指标（总大肠菌群、耐热大肠菌、菌落总数等）外，其余各项指标（毒理指标、一般化学指标、放射性指标等）均符合有关使用标准的矿井水。

水浑浊的表征参数是"浑浊度"。过去，其量度单位是"度"，1 度也叫 1mg/L（系质量浓度的单位，即 1L 水中含有 1mg 白陶土或 SiO_2 所产生的浑浊程度）。现在，浑浊度的单位用 NTU（为散射浊度单位——反映水中悬浮杂质对光线的散射性能，而和杂质的质量没有严格的关系）。另外，由于污染型矿井水是属于污（废）水范畴的水质类型，故悬浮物含量（以 mg/L 计）也是其水质性质的重要表征参数之一。而且一般情况下，含杂质量多的水，其浑浊度也高。

（1）成因 引起感官性状指标超标的污染物主要是来自采掘工作面的煤粒、煤粉、岩粒、岩粉等悬浮物，因此矿井水多呈现灰黑色，并带有异味，浑浊度也比较高。而水质一般呈中性，矿化度小于 1000mg/L，含有微量金属离子，基本不含有毒、有害离子。另一方面，由于受到井下工作人员的生活与生产活动的影响，矿井水往往含有较多的菌群，使微生物含量超标。

（2）特性 浑浊矿井水中的悬浮物含量变化较大，低时每升几十至几百毫克，高时每升可达数千毫克。悬浮物含量的主要影响因素是：采煤和掘进的机械化水平、巷道的长度、煤层产生煤尘的能力及清除水仓、水沟和其他矿井水流设施内沉渣的方式等。悬浮物主要成分为煤粉微粒，其平均密度只有 $1.5g/cm^3$，是地表水中悬浮物平均密度的一半左右（地表水悬浮物主要成分为泥砂颗粒物，平均密度一般为 $2.4 \sim 2.6g/cm^3$）。矿井水中所含固体颗粒细，灰分高，颗粒表面多带负电荷。由于颗粒多带同号电荷，它们之间产生斥力阻止颗粒间彼此接近聚合成大颗粒而下沉。同时颗粒同周围水分子发生水化作用，形成水化膜，也阻止颗粒聚合，使颗粒在水中保持分散状态。此外，煤泥颗粒在水中还受颗粒的布朗运动的影响，颗粒界面间的相互作用使得矿井水性质复杂化，不但有悬浮物的特性，还有胶体的某些性质。

矿井水中最细的悬浮物是黏土微粒。粒径大于 $50\mu m$ 微粒，不须加药即可自然沉淀去除；$10\sim15\mu m$ 的微粒，可用加药混凝沉淀去除；$5\sim10\mu m$ 微粒，不用加药，可直接过滤去除；小于 $5\mu m$ 的微粒，须经加药混凝沉淀和过滤处理去除。

（3）分布　调查资料显示，我国北方的一些矿区（如平顶山、焦作、开滦、峰峰、郑州、邯郸及华东、华北的大部分矿井）的外排矿井水，均属浑浊矿井水，其水量约占我国北方重点国有煤矿矿井涌水量的 60%。

2.2.2.2　高矿化度矿井水

高矿化度矿井水也称高含盐矿井水，一般是指含盐量大于 $1000mg/L$ 的矿井水。

关于水的含盐量、矿化度、总固体、悬浮固体、总溶解固体、总硬度等专有技术名词的含义概念以及彼此的关系，详见本书第 4 章。

（1）成因　高矿化度矿井水形成的主要原因如下。

① 由于矿区气候干旱，降雨量少，蒸发量大，蒸发浓缩作用强烈，地层中盐分增高，地下水补给、径流、排泄条件差，从而使地下水本身矿化度较高，故矿井水的矿化度也高。

② 煤系地层中含有大量的碳酸盐类岩层及硫酸盐薄岩层时，矿井水随煤层开采，广泛与煤系地层地下水接触，从而加剧可溶性矿物溶解，使矿井水中 Ca^{2+}、Mg^{2+}、CO_3^{2-}、HCO_3^-、SO_4^{2-} 等盐类离子增加。

③ 当开采高硫煤层时，因硫化物氧化产生游离酸，游离酸再同碳酸盐矿物、碱性物质发生中和反应，使矿井水中 Ca^{2+}、Mg^{2+}、SO_4^{2-} 等离子增加。

④ 有些地区地下咸水侵入煤田，使矿井水呈高矿化度，如山东龙口一些矿井，因海水入侵，使矿井水呈高矿化度。

（2）特性　这类矿井水的水质多数呈中性或偏碱性，水中 Ca^{2+}、Mg^{2+}、K^+、Na^+、CO_3^{2-}、HCO_3^-、SO_4^{2-}、Cl^- 等离子浓度较高，硬度较大。矿化度大多为 $1000\sim3000mg/L$，少量达 $4000mg/L$ 以上，最高可达 $15g/L$。因高矿化度矿井水含盐量大，带苦涩味，因此也称苦咸水。

高矿化度矿井水不仅含盐量高，而且总硬度往往也较高，受采掘等作业的影响，这类矿井水还含有较高的煤、岩粉等悬浮物，浑浊度大。

（3）分布　高硫酸盐硬度矿井水分布范围较广，其主要水质特点是硫酸盐、总硬度和含盐量较高。

据不完全统计，中国煤矿高矿化度矿井水的水量约占中国北方国有重点煤矿矿井涌水量的 30%，主要分布在我国西北、东北、华北的部分矿区及华东沿海地区。例如我国甘肃、宁夏、内蒙古西部、新疆的大部分矿区，陕西的中部、东部，河南的西部，安徽的淮北，江苏的大屯、徐州，山东的龙口，辽宁的抚顺、阜新，山西大同等。

2.2.2.3　酸（碱）性矿井水

（1）酸性矿井水　煤矿酸性矿井水一般是指 pH 值小于 6.0 的矿井水。

判断矿井水酸碱性质的指标参数是 pH 值而不用酸碱度，这是因为水的酸（碱）度与pH 值不是一回事。水的酸碱度是指水中所含能与强碱发生中和作用的物质总量（能放出质子 H^+ 或者经过水解能产生 H^+ 的物质总量）。而 pH 值则表示水中呈离子状态的 H^+ 的数量。因此，有时某种溶液的酸度大时，而 pH 值不一定低。

① 成因。在煤层形成过程中，由于受到还原作用，使煤层及其围岩中含有硫铁矿

（FeS_2）等还原态硫化物，这些含硫物在封闭的体系中是稳定的。而在煤矿开采过程中，破坏了煤层原有的良好还原环境，煤层暴露在空气中，加之地下水的渗入，使原来处于强还原环境的硫化矿物（主要是黄铁矿 FeS_2）在微生物作用下经过一系列氧化、水解等物理化学反应，形成游离的硫酸或硫酸盐，从而使矿井水呈酸性。酸性矿井水的形成除和煤的存在状态、含硫量有关外，还和矿井的涌水量、密闭状态、空气流通状况以及微生物的种类和数量等有密切关系。

酸性矿井水的形成是一个复杂的过程，是物理、化学和生物作用的综合结果，对其具体的形成过程有着各种不同的看法。以黄铁矿的氧化为例，有以下三种代表性的观点。

第一种观点认为，酸性水的产生是黄铁矿连续氧化的过程，具体过程为：在水和氧存在的条件下黄铁矿（FeS_2）被氧化为 $FeSO_4$ 和 H_2SO_4；在游离氧存在的条件下 $FeSO_4$ 不稳定，连续氧化为 $Fe_2(SO_4)_3$；$Fe_2(SO_4)_3$ 在水中水解产生游离酸和沉淀物。

第二种观点认为，酸性水的形成反应并非单一过程，其中还有三价铁的还原及黄铁矿的水解过程。

第三种观点认为，除了化学反应造成酸性矿井水以外，还有微生物（硫酸细菌）的作用。例如，在亚铁氧化过程中，当其含量达到 200mg/L 时，只需要三昼夜时间就可把它氧化成高铁；而若用空气中的氧去氧化同样的无菌铁时，就需要两年以上的时间。

酸性水的形成是在微生物的参与下完成的。这个过程分为三个阶段：黄铁矿发生氧化反应；细菌大量繁殖增多，使 pH 值急剧下降；在细菌作用下，氧化反应速度大大加快，使产酸速度加快。

② 特性。由于酸性矿井水对围岩有很强的侵蚀性，酸性矿井水还具有矿化度高、总硬度大的特点。煤矿酸性矿井水中含有大量的 SO_4^{2-}、Fe^{2+}、Fe^{3+}、Ca^{2+}、Mg^{2+} 及其他金属离子（如 Al^{3+}、Zn^{2+}、Mn^{2+}、Cu^{2+} 等）。酸性矿井水除呈酸性外，还含有较高的铁、悬浮物、细菌等。

煤炭中一般都含硫，主要以黄铁矿的形式存在，硫铁矿硫约占煤含硫量的 2/3。在我国各成煤年代地层单位中，以石炭系太原组煤层和上二叠统乐平组煤层的平均含硫量为最高，分别为 3.5% 和 4.43%。长江以南乐平组煤层分别占各省区全部含煤量的 50%～90%，煤中含硫量达 2%～9%。

当矿井水的硫含量＞5%～7%时，矿井水的 pH 值为 6～5.5；硫含量＞7%～9%时，pH 值为 5.5～3.5；硫含量＞9%～11%时，pH 值为 3；硫含量＞12%时，pH 值降至 2.5 以下。

矿井水的酸性化学组成极不稳定，有的随季节变化，有的随昼夜变化。

③ 危害。煤矿酸性矿井水 pH 值低，对煤矿机电设备均有较强的腐蚀性，它腐蚀管道、水泵、钢轨等矿井设备和混凝土结构等；排至地表，流经的土壤板结，农作物枯黄；排入水系，因其含有 Fe^{2+}，在氧化时会消耗水中的溶解氧，降低水的自净能力，妨碍水生生物生长（当水质 pH 值小于 4 时，会使鱼类死亡）；危害矿工的身心健康，矿区职工若长期接触此类水可使手脚破裂、眼睛疼痒，严重影响了井下采煤生产；污染水体，废水中含有大量重金属离子，会对地表水和地下水产生严重的污染。

④ 分布。在煤矿矿井水总数中，大约有 10% 的水是酸性水。酸性矿井水主要分布在我国南方，北方只有少数的矿井排水呈酸性。

我国西南和南方部分矿区（如浙江、福建、广东、湖南、湖北、广西、四川、贵州等省矿区）许多煤矿矿井水 pH 值介于 2.3~5.7 之间，均属酸性矿井水。特别是川、贵、桂等省区，pH 值低至 2.5~3.0，其硫酸盐含量高达 3000mg/L，这与南方的煤含硫量普遍高于 2%有关。

在西北和北方部分矿区（如陕西、宁夏、内蒙古、山东等省矿区），一些开采海陆交互沉积或浅海相沉积的石炭二叠系煤层的煤矿，因煤层含硫量高，故其矿井水往往也呈酸性。乌达、铜川、枣庄、淄博、义马、柳湾等北方矿区酸性矿井水比较普遍。

（2）碱性矿井水　碱性矿井水是指 pH 值大于 9.0 的矿井水。碱性矿井水往往含有较高的溶解性总固体及悬浮物。

我国南方煤矿矿井水大部分呈酸性，但也有个别的矿井水由于受地质因素的影响，矿井水 pH 值较高，呈碱性。这主要是由于矿井水在渗透过程中，与岩层的长石、方母、白云石、高岭石等发生化学反应，使得 pH 值升高，呈碱性化。

碱性矿井水经常采用的处理方法是利用废酸或烟道气进行中和处理，但运行费用较高；还有的用"CH"混凝剂（一种碱性物质）进行混凝处理，以及采用生态处理系统处理。

2.2.2.4　含铁（锰）矿井水

此处的含铁（锰）矿井水，主要指其含量超过使用或饮用水水质标准要求的矿井水。由于铁和锰的性质十分相近（如铁和锰的原子序数为 25 和 26，相对原子质量为 54.94 和 55.85，二价离子半径为 0.8Å 和 0.75Å 等），故铁和锰常在水中共存。

（1）成因　煤矿含铁（锰）矿井水中，主要是地层中含铁（锰）地下水渗入矿井形成的。

地壳中的铁质多分散在各种晶质岩和沉积岩中，它们都是难溶性物质，这些铁质主要通过以下途径进入地下水。

① 含碳酸（土壤中的有机物被微生物分解产生 CO_2 溶于水）的地下水，能溶解岩层中的二价铁氧化物而生成可溶性的重碳酸亚铁，并在碳酸作用下溶于水。

② 三价铁的氧化物在还原条件下被还原而溶解于水。

③ 有些有机酸能溶解岩层中的二价铁，或把三价铁还原成二价铁而溶于水，或和铁生成复杂的有机铁溶于水。

④ 铁的硫化物可被氧化而溶于水中，这常是酸性矿井水中铁质的主要来源。酸性矿井水中的含铁浓度可达数百 mg/L。

由于地层的过滤作用，地下水中一般只含溶解性铁的化合物，含硫酸亚铁十分少见。二价铁在矿井水中主要以二价铁离子 Fe^{2+} 的形式存在。三价铁在 pH>5 时水溶性很小，地下水中含量甚微。

地下水中的锰，是岩石和矿物中锰主要的氧化物、硫化物、碳酸盐、硅酸盐等溶解于水所致。天然地下水中的溶解态锰主要是二价锰。含锰地下水的 pH 值在 5~8 之间。

（2）特性　水中溶解氧与铁或锰的氧化还原电位差，随 pH 值的升高而增大，故提高水的 pH 值，有利于铁或锰的氧化。另外，在相同 pH 值条件下，二价锰的氧化要比二价铁慢得多。

由于铁的氧化还原电位比锰低，二价铁对高价锰（3 价、4 价）便成为还原剂，故二价铁能大大阻碍二价锰的氧化，只有在水中基本不存在二价铁的情况下，二价锰才能被氧化。所以，水中铁、锰共存时，应先除铁后除锰；当矿井水中铁和锰的含量较低时，铁、锰可在同一滤层中被去除（滤层上部为除铁带，下部为除锰带，仍为先除铁后除锰）。试验指出，水中二价铁为 2mg/L 时，锰质滤膜对二价铁的吸附不会对除锰产生显著影响。用以除三价铁的滤层，一般除锰效果较差，三价铁絮凝体的除锰效果随 pH 值的升高而提高。

（3）分布　我国含铁（锰）地下水分布甚广，比较集中的地区是松花江流域和长江中、下游地区。此外，黄河流域，珠江流域等部分地区也有含铁（锰）地下水。我国的东北、华北北部，淮南等矿区的矿井水中含铁、锰离子较多。

我国地下水的含铁量，多数在 10mg/L 以下，少数超过 20mg/L，一般不超过 30mg/L。地下水含锰量，多数在 1.5mg/L 以下，少数超过 3mg/L，但一般不超过 5mg/L。我国含铁（锰）地下水的 pH 值，绝大多数在 6.0～7.5 之间，其中多数低于 7.0，少数高于 7.0。在黄河流域的含铁（锰）地下水中，pH 值多高于 7.0，相应的含铁量和含锰量则较低。

2.2.2.5　含特殊污染物矿井水

主要是指矿井水中放射性指标或毒理学指标（如重金属、氟、砷等）超过国家有关标准和规定的矿井水，例如含氟矿井水、含重金属矿井水、含放射性元素矿井水、含油类矿井水等。

（1）放射性矿井水　地球上多数水体都有放射性，地下水放射性普遍高于地表水。

① 来源。大多数土壤和岩石都具有一定的放射性。煤炭及其顶底板岩层均不同程度地含有原生放射性核素及其子代核素，由于煤炭开采破坏了原有的岩石结构，使得岩石裂隙增多，而地下水会经过岩石裂隙到达煤系地层，在与煤层及岩体接触过程中，放射性核素能以反应、溶解、解吸、核反冲作用等不同的途径和方式完成从固相到液相的迁移过程，进入到矿井水中，导致矿井水具有放射性。

影响矿井水放射性水平的因素比较复杂，除主要由煤层和周围岩层原生放射性核素含量决定外，水文地质条件、地下水的酸度、水中络合离子含量、岩石结构及水力联系等因素均可对其含量产生影响。

② 分布。目前，在我国已发现含放射性污染物的矿井水，如四川省南桐矿务局砚台煤矿和南桐煤矿矿井水中均发现 α、β 放射性物质，淮北某矿矿井水中总 α、山东某矿矿井水中 β 均超过饮用水标准。

放射性水平的高低有一定的地域性，西部地区，特别是西南矿区放射性水平相对较高，这可能与当地地质组成中原生放射性核素的含量较高有关。

1993 年和 1994 年，全国重点煤矿（共 90 个矿务局、煤矿，其中 77 个属于国有重点矿），对矿区矿井水和饮用水的天然总 α 放射性和总 β 放射性水平调查显示：矿井水总 β 放射性水平不高，大部分都未超过《生活饮用水卫生标准》（GB 5749—2006）的要求，而总 α 放射性超标的情况较多，有将近 50% 左右的矿区超标，有的甚至超标数十倍。

全国各地区矿区水质总 α 放射性超标情况见表 2-10。煤矿矿井水（地下水）总 α 放射性的总体水平较高，各地区总 α 平均值均比国家标准 0.1Bq/L 要高。相对来说，西部矿区水质总 α 水平更高一些，尤其是西南地区，总 α 平均值高达 0.4Bq/L，是国家标准允许值的 4 倍多。重庆地区某矿矿井水经净化处理后测得的总 α 有 4.7Bq/L，是所有样品中浓度最高的一个。

表 2-10　各地区矿井水（地下水）总 α 放射性浓度比较

地区	所含省、市、自治区	水样数量/只	总 α 算数平均值/(Bq/L)	总 α 范围/(Bq/L)
西南	云南、贵州、四川	20	0.41	0.04～4.7
西北	陕西、甘肃、青海、宁夏、新疆	30	0.29	0.06～1.8
华南	广西	5	0.29	0.09～0.43
华北	北京、河北、山西、内蒙古	20	0.28	0.06～2.43
华东	江苏、浙江、安徽、福建、江西、山东	43	0.24	0.04～1.0
华中	湖北、湖南、河南	27	0.27	0.04～1.97
东北	辽宁、吉林、黑龙江	35	0.17	0.04～0.70

③ 危害。我国煤矿矿井水与矿区饮用水的放射性污染主要同总 α 放射性有关，总 β 放射性不是治理矿区饮用水放射性污染时考虑的主要水质指标。这主要是由于：一方面矿井水总 β 放射性水平不高，全国重点煤矿的全部水样中总 β 放射性大部分都在 0.1～0.4Bq/L 范围内，仅有两处矿井排放水超过国家标准（1.0Bq/L）；另一方面，矿区地下水中总 β 放射性的最主要的来源是天然钾，而不是某些对人体危害性较大的人工放射性核素。而对天然钾，人体本身就有一定量的需求。

放射性矿井水因含有放射性元素或裂变产物，会对人体健康产生影响，一旦进入人体，极易在器官内沉积，给人体造成内照射，从而造成放射性疾病。

长期饮用放射性超标的饮用水，可诱发癌症、白血病等严重疾患，对生活饮用水的放射性超标必须引起足够的重视，尤其煤矿在将矿井水资源化作为生活饮用水时切不可对放射性指标掉以轻心。

（2）含氟矿井水　我国绝大部分煤矿矿井水中均含有一定量的氟，但含量一般比较低，不超过 1mg/L。含氟矿井水是指氟含量超过国家污水综合排放标准限值（10mg/L）的矿井水，也叫高氟矿井水。

氟是广泛存在的一种元素，在地壳中的含量约为 0.03%，以氟化物形式存在于多种矿物中。产生高氟矿井水的条件比较复杂，通常认为主要受地理环境、地质构造等因素影响，如地下水流经氟磷灰石、水晶石、萤石（氟石）等含氟矿物时，经过长时间的物理、化学作用，使氟由固态迁移入水中。

高氟矿井水主要来自含氟量较高的地下水区域或附近有含氟火成岩矿层。

我国北方一些煤矿矿井水含氟量较高，例如：阜新矿务局有部分矿的矿井水氟含量高达 13mg/L，白沙矿务局三个矿的矿井水氟含量达 10～15mg/L。考虑到处理技术和成本，目前对高氟矿井水一般是处理至符合排放标准即可，很少作生活水源。

（3）含重金属矿井水　所谓重金属，一般是指密度比较大的金属，具体是指元素周期表中原子序数在 24 以上的金属，主要有 18 种，如表 2-11 所列。

含重金属矿井水是指在矿井水中，Cu、Zn、Pb 等元素的一种或者多种含量超过我国工业废水排放标准的矿井水。

矿井水的重金属污染常出现在酸性矿井水中，在酸性条件下矿井水会溶解大量的重金属，从而使重金属含量超标。目前，对含重金属矿井水的具体成因还不清楚，可能是煤层及其围岩中 Cu、Pb、Zn 等元素富集程度较高，当煤层、围岩中 FeS_2 被氧化成 H_2SO_4 过程中，这些重金属受 H_2SO_4 的浸溶作用从岩石中释放出来，进入矿井水。

表 2-11 主要重金属

重金属	摩尔质量/(g/mol)	密度/(g/cm³)	重金属	摩尔质量/(g/mol)	密度/(g/cm³)
钒(V)	50.924	6.11	银(Ag)	107.87	10.49
铬(Cr)	51.996	7.14	镉(Cd)	112.4	8.65
锰(Mn)	54.938	7.43	锡(Sn)	118.69	7.31
铁(Fe)	55.847	7.25~7.86	锑(Sb)	121.75	6.68
钴(Co)	58.933	8.92	铂(Pt)	195.09	21.45
镍(Ni)	58.71	8.9	金(Au)	196.967	19.3
铜(Cu)	63.54	8.94	汞(Hg)	200.59	13.59
锌(Zn)	65.37	7.14	铅(Pb)	207.19	11.34
砷(As)	74.921	5.73	铋(Bi)	208.98	9.78

含重金属废水是一种对环境污染最严重和对人类危害最大的工业废水，震惊世界的日本水俣病和骨痛病就分别是含汞废水和含镉废水污染环境所造成的。此外，由于铬、镍、砷等重金属有致癌作用，含有这些重金属的废水、废渣、废气等排放于环境，通过土壤、水、空气尤其是某些重金属及化合物能在鱼类及其它水生物体内以及农作物组织内累积富集，通过饮水和食物链的作用，对人类产生更广泛和更严重的危害。

目前，我国的东北、华北北部、淮南等矿区有些矿井水在含铁、锰离子较多的同时，还含有少量的其他重金属离子，其含量大部分超过我国生活饮用水标准的规定值。

2.3 污染型矿井水的处理类型

污染型矿井水由于含有超过国家标准的有害物质，而不能直接使用或排放，故必须进行处理。对这种矿井水的处理，可分为达标排放的无害化处理和达标利用的资源化处理两类。二者的处理方法是相同的，不同的是处理程度标准及工艺流程长短。因此，处理的必要性、经济性和技术可行性，将是选择处理方案的重要影响因素。

污染型矿井水的处理方法，主要分为如下几类。

2.3.1 浑浊矿井水的澄清处理

去除水中的造浑物质（悬浮物、胶体、有机物等），使浑水变清，即所谓"澄清"。澄清处理包括水的混凝、沉淀（浮升）、过滤等单元处理工序。浑浊矿井水的澄清处理是各种用水处理（含矿井水）必不可少的基础性处理。

2.3.2 高矿化度矿井水的除盐处理

除盐是对水的一种特殊处理方法，所需工艺设备较为复杂，技术要求较高，所需投资和运行费用也是较多的，即使是排放水也对含盐量有标准限制。故在水资源紧缺而煤炭储备量丰富的矿区，将不得不使用此法来制备生活与生产用水。

2.3.3 酸（碱）性矿井水的中和处理

对酸（碱）性矿井水进行处理的实质原理是中和作用。

煤矿酸（碱）性矿井水主要分布在我国南方，而南方矿区普遍雨量较大，矿区的水资源比较丰富，同时酸（碱）性水成分一般较复杂，制成生活用水成本较高，故此种矿井水一般以处理达标排放为主。

2.3.4　含铁（锰）矿井水的除铁（锰）处理

含铁、锰矿井水通常采用曝气充氧、锰砂过滤法去除。

在水的深度处理工艺设施中（如离子交换法，膜法等），常对水中的铁（锰）含量有严格限制，故除铁（锰）法多用来作这些工艺技术的前（预）处理方法。

2.3.5　含特殊有害物矿井水的处理

主要指对矿井水中的放射性物质、氟、重金属及油类等物质处理。

含特殊污染物矿井水的煤矿很少，但必须认真对待，进行净化处理，确保用水安全。含氟矿井水可用活性氧化铝吸附去除，也可用电渗析法除盐、除氟；含重金属和含放射性元素的矿井水，可采用沉淀、吸附、离子交换和膜技术等方法处理；含油矿井水可采用重力分离、上浮等方法处理。

本书将对各种常用处理方法进行全面介绍，并侧重于资源化处理方法的工艺技术与设计的讨论，最后还给出了一些具体的工程性设计计算例题。

第3章

浑浊矿井水的澄清处理

水的澄清处理即去除水中的悬浮物等造浑杂质，使浑水变清的处理。去除的方法主要有混凝、沉淀（浮升）和过滤等。它是对水（包括煤矿矿井水）进行净化处理的基本处理工艺技术，也是水深度加工的置前处理环节。

3.1 概述

矿井水流经采掘工作面时必将带入煤粒、煤粉、岩粒、岩粉等悬浮物。这些物质使得感官性状差，而且悬浮物颗粒小密度小不易沉降。悬浮物的去除是所有矿井水处理必然面临的一个问题。本章以浑浊矿井水的处理为例，具体阐述对造浑因子悬浮物等的处理技术。

含悬浮物的浑浊矿井水在各类矿井水中占很大一部分，此类矿井水分布较广，大部分呈中性，不含有毒、有害离子及放射性物质，污染单一，经简单澄清净化工艺处理后，即能达到生产用水和生活用水标准。是煤矿矿井水处理利用的重点对象。

煤矿矿井水中悬浮物的含量一般为 100～3000mg/L（用 SS 表示），明显高于一般地表水。矿井水悬浮物的主要成分是粒径极为细小的煤粉、岩尘和煤质腐殖质类等，因此，靠自然沉淀去除是困难的，必须借助促凝药剂，采用混凝沉淀的处理方法实现对悬浮物的去除。同时，借助混凝作用，在去除悬浮物的过程中还可以有效去除色度、细菌总数、大肠菌群、硫酸盐，还可以在一定程度上降低硬度、氟化物等。

矿井水澄清处理较常用的处理方式有两种。

第一种，处理工艺采用城镇净水厂的"常规工艺"，即将矿化度不高而悬浮物含量较高的矿井水提升到地面上的调节池，先经预沉处理，然后经混凝、沉淀（或浮升）、过滤、消毒等处理工序后，其出水水质可达到生活或生产用水要求。预沉淀、消毒则可根据回用目的和原水水质情况确定是否设置。

第二种，采用一体化处理设备。一体化净水器是 20 世纪 80 年代初在国内发展起来的一种小型的净水设备，它集絮凝、沉淀和过滤于一体，将多道工序集合在一个装置里。通常采用钢板、塑料等材料制成。具有占地面积小、建设时间短、快速投入运行、运行简便（全水力自动排泥与反冲洗）等优点，在煤矿企业已被广泛应用。从水的澄清工艺原理上看，它和上述"常规工艺"是基本相同的。

选择矿井水悬浮物处理工艺和设施时，应结合矿区地形、地质，根据煤矿矿井水的处理规模及水质、所含颗粒物大小与含量，同时还应考虑较好的耐冲击负荷能力、较大的污泥浓缩容积和通畅的排泥系统等方面的因素。

本章重点介绍浑浊矿井水澄清处理时，常规净化工艺中各工序单元处理构筑物的技术特点及设计要求。在第 9 章列出几种对浑浊矿井水澄清处理的、由不同常用单元处理构筑物组成的工艺设计计算例题，供工程设计参考。

3.2　调节池和配水井

3.2.1　调节池

煤矿矿井水的水量和水质多是随时间而变化的。水质和水量的波动往往会给处理工艺设施的正常运转带来影响：无法保持在最佳工况条件下运行；使其短时无法正常工作，甚至遭受破坏（如在过大的冲击负荷条件下）。

为了减小矿井水处理站进水水量和水质的波动，保证后续处理工艺设备的正常运行，在许多情况下需要对水量进行调节，对水质进行均和。

调节池也称均化池，其主要任务是对不同时间或不同来源的矿井水进行混合，使流出的水量稳定、水质均匀。就矿井水而言，水量的波动比较小，水质的变化较大，故应设置调节池。水质调节的基本方法有如下两种。

（1）池中设置外加动力设施（如叶轮搅拌、空气搅拌、水泵循环）进行强制调节，其设备较简单，效果较好，但运行费用高。

① 水泵强制循环搅拌。这种方式如图 3-1 所示。在调节池底设穿孔管，穿孔管与水泵压水管相连，用压力水进行搅拌。优点是简单易行，但动力消耗较多。

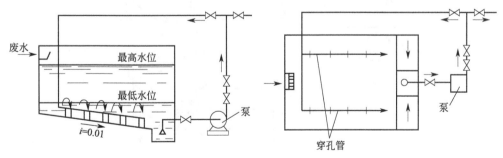

图 3-1　水泵强制循环搅拌

② 空气搅拌。在池底设穿孔管，穿孔管与鼓风机空气管相连，用压缩空气进行搅拌。空气用量，采用穿孔管曝气时可取 $2 \sim 3 m^3 /[h \cdot m(管长)]$ 或 $5 \sim 6 m^3 /[h \cdot m^2(池面积)]$。此方式搅拌效果好，还可起预曝气的作用，但运行费用也较高。

图 3-2 为一种采用压缩空气搅拌的水质调节池，在池底设有曝气管。利用空气的搅拌作用，使不同时间进入池内的矿井水得以混合均匀。这种调节池构造简单，效果较好，并可防

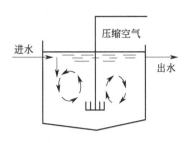

图 3-2　曝气均和池

止悬浮物沉积。最适宜在矿井水流量不大、处理工艺中需要预曝气以及有压缩空气的情况下使用。如果矿井水中存在易挥发的有害物质，则不宜使用该类调节池。

③ 机械搅拌。即在池内安装机械搅拌设备（如桨式、推进式、涡流式等）进行搅拌。此方法搅拌效果好，但设备常年浸泡在水中，易受腐蚀，运行费用也比较高。

（2）利用差流方式使不同时间和不同浓度的矿井水进行自身水力混合，基本无运行费，但设备结构较复杂。如：对角线出水调节池（图 3-3），对角线上的出水槽所接纳的矿井废水来自不同的时间，即浓度各不相同，这样就达到了水质调节的目的。为防止调节池内矿井水短路，常在池内设置一些纵向挡板，以增强调节效果。穿孔导流槽式调节池（图 3-4），将进入调节池的矿井水，利用流程长短的不同，使前后进入调节池的矿井水实现混合，以此来均和水质。水质调节池的形式有矩形、方形和圆形，圆形调节池见图 3-5。

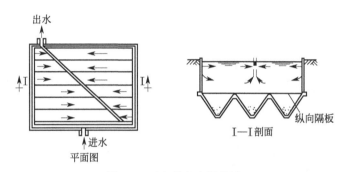

图 3-3　对角线出水调节池

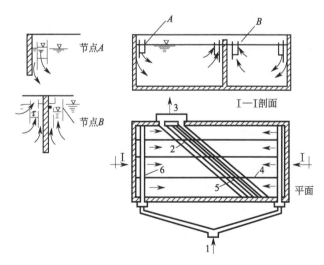

图 3-4　穿孔导流槽式调节池

1—进水；2—集水；3—出水；4—纵向隔墙；5—横向隔墙；6—配水槽

调节池的容积可根据矿井水浓度和涌水量变化的规律以及要求调节的均和程度来确定。考虑到废水在池内流动可能出现短路等因素，一般引入 $\eta = 0.7$ 的容积加大系数，计算公式为：

$$W_{\mathrm{T}} = \sum_{i=1}^{t} \frac{q_i}{2\eta}$$

式中　q_i——矿井水的流量；

　　　　η——容积加大系数，一般为 0.7。

3.2.2　配水井

矿井水处理厂（站）内的同一处理工艺流程应分为两组或多组，并联运行。各处理工艺流程构筑物间应配水均匀，因此需要配水井。配水井虽不是主要处理装置，但有着均衡发挥各个处理工艺流程构筑物能力、保证各处理构筑物经济有效运行的作用，所以应予重视。

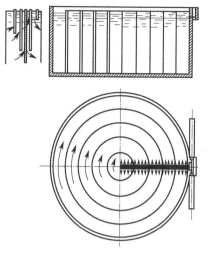

图 3-5　同心圆型调节池

绝大多数配水设施采用水力配水，不仅构造简单，操作也很方便，无需人员操作即可自动均匀配水。常见的水力配水设施有对称式、堰式和非对称式。

（1）对称式配水　适用于构筑物个数成双数的配水方式，连接管线可以是明渠或暗管。其特点是管线完全对称（包括管径和长度），且设置标高相同，从而使各个配水方水头损失相等。此配水方式的构造和运行操作均较简单。缺点是占地大、管线长，而且接受配水的构筑物不能过多，一般不超过 4 个，否则会使工程造价增加较多。

（2）堰式配水　由进水井、溢流堰和相互分隔的出水井组成，进水从进水井进入，经等宽度溢流堰流入各个出水井再流向各构筑物。这种配水井是利用等宽度溢流堰的堰上水头相同、流量相等的原理进行配水。堰可以是薄壁或厚壁的平顶堰。其特点是配水均匀，不受通向构筑物管渠状况的影响，即使是长短不同或局部损失不同也能做到配水均匀，因而可不受构筑物平面位置的影响，可以对称布置也可以不对称布置。这种配水井是水厂常用的配水设施，优点是配水均匀误差小，缺点是水头损失较大，配水管线较多。

堰式配水井设计时应保证各出水井溢流堰宽度相同，高度相同，堰上水头控制在 0.3m 以内。进水口应保证一定的淹没深度，以稳定溢流水位。

（3）非对称式配水　非对称配水的原理是在进口处造成一个较大的局部损失如孔口入流等，让局部损失远大于沿程损失，从而实现均匀配水。非对称配水常用于净水构筑物较多时的配水，例如多格滤池的配水。其优点是构造和操作都较简单，缺点是水头损失大，而且在流量变化时配水均匀程度也会随之变动，低流量时配水均匀度差。非对称配水时应尽量减少沿程水头损失，渠道内流速宜小于 0.3m/s，各构筑物入口处作用水头差别不大于 1%。

三种配水方式见图 3-6。

3.3　混凝

矿井水混凝阶段所处理的对象主要是煤粉、岩粉、黏土等悬浮物及胶体杂质。这些悬浮物都不易沉降，尤其是煤粉，其粒径大小相差悬殊，密度一般只有 1.5g/cm³，与地表水中的泥砂颗粒物的密度相比（平均密度一般为 2.4～2.6g/cm³）非常小。与常规给水水质相

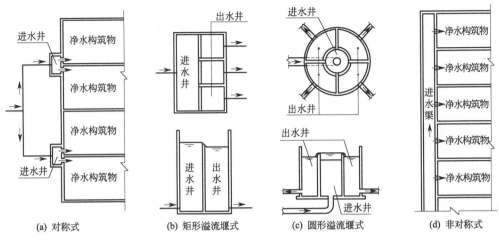

图 3-6 配水井构造示意

比，浑浊矿井水中悬浮物具有粒径差异大、密度小、沉降速度慢等特点。所以在处理过程中必须使用混凝剂促使粉粒形成较大颗粒沉降。从混凝剂方面看，影响混凝的因素有药剂种类、药剂投加量、絮凝时间、絮凝强度和絮凝剂投加点等。混凝的完善程度对其后续处理（沉淀、过滤）的作用影响很大，应予高度重视。

3.3.1 混凝的作用

通过投加混凝剂使水中难以自然沉淀的胶体物质以及细小的悬浮物聚集成较大颗粒的过程称为混凝。混凝是水处理的重要环节，是去除浊度和色度的重要前提。

混凝是在混凝剂的离解和水解产物作用下，使水中的胶体粒子和细微悬浮物脱稳并聚集为具有可分离性絮凝体的过程，其中包括凝聚和絮凝两个过程。

凝聚：指投加混凝剂后使胶体失去稳定性的过程，属于化学反应；凝聚需要的时间较短，一般在 2min 以内就可完成。

絮凝：脱稳胶体相互碰撞聚合长大的过程，属于物理过程；絮凝所需的时间较长，一般在 10～30min。

混凝处理过程比较复杂，不同的絮凝剂种类、投加量、工况条件等因素的不同，其作用机理也不尽相同。根据研究，混凝机理可概括为四个方面：压缩双电层、吸附电中和、吸附架桥、网捕或卷扫。

（1）压缩双电层　水中胶体颗粒通常带有负电荷，使胶体颗粒间相互排斥而稳定。当加入含有高价态正电荷离子的电解质时，高价态正离子通过静电引力进入到胶体颗粒表面，置换出原来的低价正离子，这样双电层中仍然保持电中性，但正离子的数量减少、双电层的厚度变薄，胶体颗粒滑动面上的 ζ 电位降低，静电斥力数值减少，作用范围也减小。当水中电解质浓度增加并达一定浓度时，将有一部分动能较大的颗粒越过势垒，体系将发生缓慢的凝聚作用。如继续增加电解质浓度，导致相互间引力占优势，颗粒相互靠近，体系发生快速凝聚絮凝作用。但在实际水处理过程中，压缩双电层效果主要是铝盐、铁盐生成的各种正电荷水解形态在胶体颗粒表面的专属吸附作用所致。

（2）吸附电中和　胶粒表面对异性离子、异性胶粒以及链状高分子带异性电荷的部位有强烈的吸附作用，由于这种吸附作用中和了部分或全部电荷，减少了静电斥力，因而容易与其他颗粒接近而互相吸附。

另外,当混凝剂投加过量时,水溶液中胶体颗粒会发生再稳定现象,这是因为过多的正电荷使胶体颗粒的电荷性质由负转变为正,再恢复同性相斥的稳定状态,混凝效果反而随混凝剂投加量的增加而降低。

(3)吸附架桥 同种电荷的高分子絮凝剂对胶体颗粒产生的凝聚絮凝作用,是因为分子絮凝剂具有能与胶粒表面某些部分起作用的化学基团,当高聚合物和胶粒接触时,彼此反应相互吸附。同时,高聚合物分子的其余部分则伸展在溶液中可以与另一个表面有空位的胶粒吸附,这样就起到架桥的作用,故称吸附架桥作用。另外,不仅带异性电荷的高分子物质与胶粒具有强烈的吸附作用,不带电甚至带有与胶粒同性电荷的高分子物质与胶粒也有吸附作用。

胶体保护:当全部胶粒的吸附面均被高分子覆盖后,两胶粒接近时,就受到高分子的阻碍而不能聚集。这种阻碍来源于高分子之间的相互排斥力。

排斥力来源:"胶粒-胶粒"之间高分子受到压缩变形而具有排斥势能;高分子之间的电性斥力或水化膜。

根据吸附理论,胶体表面高分子覆盖率为 1/2 时絮凝效果最好。高分子物质为阳离子型聚合电解质,有电性中和、吸附架桥双重作用;为非离子或阴离子型时,仅有架桥作用。

(4)网捕或卷扫 当铝盐或铁盐混凝剂投量很大而形成大量氢氧化物沉淀时,可以如同一个大网一样将水中胶粒包裹起来,以致产生沉淀分离,称卷扫或网捕作用。这种作用,基本上是一种机械作用,所需混凝剂量与原水杂质的量成反比。

压缩双电层与吸附电中和作用的主要区别如下。

压缩双电层是依靠溶液中反离子浓度增加使胶体扩散层厚度减小,导致 ζ 电位降低,并非反离子吸附在胶核表面,故胶核表面总电位 φ 保持不变,而且不可能使胶体电荷改变符号,因为这是纯静电作用;吸附电中和则是异号电荷聚合离子或高分子直接吸附在胶核表面,故胶核表面总电位 φ 会发生变化甚至改变符号。

压缩双电层常由简单离子起作用,吸附电中和由高分子或聚合分子起作用。

水的 pH<3 时,$[Al(H_2O)_6]^{3+}$ 才起压缩双电层作用,当 pH>3 时,水中出现聚合离子及多核羟基配合物,吸附作用增强,起电性中和作用,参见表 3-1。

表 3-1 铝盐混凝剂在不同 pH 值下的混凝机理

pH 值	存 在 形 式	作用机理	备 注
pH<3	简单水合铝离子 $[Al(H_2O)_6]^{3+}$	压缩双电层	给水处理中很少见
pH=4.5~6.0	多核羟基配合物	电性中和	凝聚体比较密实
pH=7~7.5	电中性氢氧化铝聚合物 $[Al(OH)_3]_n$	吸附架桥电性中和	天然水 pH 值一般为 6.5~7.8

在实际矿井水处理过程中,混凝作用的四个方面是相互联系的,通常混凝剂发挥的作用是其中几种机理的综合。

3.3.2 影响混凝效果的主要因素

混凝效果主要受原水特性指数(水温、pH 值、水中杂质含量及性质等)和人为可改变条件(混凝剂的种类及投加方式、水力条件等)两类因素的影响。

(1)水温——有明显影响 无机盐混凝剂的水解是吸热反应,低温水中混凝剂水解缓慢；另外，水温低时，水的黏度增加，布朗运动减弱，碰撞机会减少，同时水流剪切力增大，难于形成较大的絮凝体。

提高低温水混凝效果常用的方法包括：增加混凝剂投量、加入助凝剂（如活性硅酸）、改用铁盐混凝剂（铁盐混凝剂的低温处理效果优于铝盐）等。

待处理水的温度，直接影响絮凝剂的水解以及絮凝剂与胶体颗粒的反应等。一般情况下，随着水温升高（在一定范围内），化学反应渐快。且水温相对提高，胶体颗粒扩散较快，使得絮凝效果较好。反之，则絮凝剂水解反应慢，且水黏度大，絮体较小，不易分离。

（2）水的pH值和碱度——影响程度视混凝剂品种而异　pH值对胶体颗粒表面的电荷、絮凝剂的性质和作用等都有很大的影响。一方面，pH值直接与水中胶体颗粒的表面电荷和电位有关；另一方面，pH值对混凝剂水解反应有显著影响，混凝剂不同其最佳水解pH值也不同。一般情况下，阳离子型絮凝剂更适合于酸性和中性的环境中使用；阴离子型絮凝剂更适合于中性和碱性的环境中使用；非离子型的絮凝剂则适合于从强酸性到碱性的环境中使用。

另外，待处理矿井水的pH值直接影响到絮凝剂的用量。针对不同的pH值选择合适的絮凝剂可节省絮凝剂投加量，降低成本。

（3）浊度和悬浮物　混凝处理中所需混凝剂的投加量是由两部分组成：一是压缩双电层、吸附电中和所需用量，原水浊度越高，此部分所需的用量越大；二是构成矾花骨架的投量，原水浊度越高，这部分的用量越少，因为脱稳后的胶体颗粒本身也可以构成矾花骨架。所需混凝剂的总用量为以上两部分之和，其关系见图3-7。因此，在一般情况下，原水的浊度较高时，所需的混凝剂投加量也较大；但对于浊度过低的原水，所需混凝剂的投加量反倒更大。

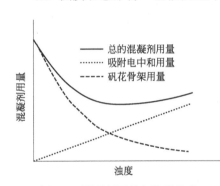

图3-7　混凝剂用量与浊度关系

（4）水中有机污染物的影响　水中有机物对胶体有保护稳定作用，即水中溶解性有机物分子吸附在胶体颗粒表面好像形成有机碳层一样，将胶体颗粒保护起来，阻碍颗粒之间的碰撞，阻碍混凝剂与胶体颗粒之间的脱稳凝集作用。

可以通过投加预氧化剂（如高锰酸钾、臭氧、氯等）氧化破坏有机物对胶体的保护作用。

（5）混凝剂的种类和用量　混凝剂种类的选择主要取决于胶体和细微悬浮物的性质和浓度。如果水中的污染物主要是细微悬浮物或次生化学沉淀物，可单独采用高分子絮凝剂；如果污染物主要呈胶体状态，且ζ电位较高，则应首先投加无机混凝剂使其脱稳凝聚，再投加高分子絮凝剂或配合使用活性硅酸等助凝剂。在很多情况下，将无机混凝剂和絮凝剂并用，可使混凝效果明显提高、应用范围扩大。

高分子絮凝剂选用的基本原则是：阴离子和非离子型主要用于去除浓度较高的细微悬浮物，但前者更适合中性和碱性水质，后者更适合中性至酸性水质；阳离子型主要用于去除胶体状有机物，pH值为酸性至碱性均可；此外，还应考虑来源、成本、是否引入有害物质等因素。

混凝剂的投加量除与水中微粒种类、性质和浓度有关外，还与混凝剂的品种、投加方式及介质条件有关，应视具体情况而定。

（6）水力条件　在投加混凝药剂后，颗粒的碰撞接触是颗粒间相互凝聚的必要条件。因此，对混凝过程的主要控制条件是搅拌强度和反应时间，其主要控制参数为速度梯度和水力停留时间。

凝聚过程中胶体颗粒的运动包括"异向絮凝"和"同向絮凝"两种，其比较见表 3-2。

表 3-2　同向絮凝和异向絮凝的比较

项　　目	异向絮凝	同向絮凝
作用机理	布朗运动	外力推动
颗粒碰撞速率	$N_{\mathrm{p}} = \dfrac{8}{3\gamma\rho}KTn^2$	$N_{\mathrm{a}} = \dfrac{4}{3}n^2 d^3 G$ 机械搅拌时: $G = \sqrt{\dfrac{P}{\mu}}$ 水力搅拌时: $G = \sqrt{\dfrac{gh}{\gamma t}}$ }甘布公式

注：n—颗粒浓度（个/cm³）；ν—水的运动黏度，cm²/s；d—颗粒直径，cm；P—单位体积流体所耗功率，W/m³；μ—水的动力黏度，Pa·s。

G 值间接代表了单位体积单位时间内颗粒的碰撞次数，G 值越大单位时间颗粒碰撞的次数越多，絮凝效果越好。但 G 值过大时，水流剪力也随之增大，已形成的絮凝体又有破碎的可能。把 G 值乘上反应时间（即水力停留时间）T 可以得到一个无量纲数 GT 值，GT 值间接代表了在整个反应时间内颗粒碰撞的总次数。

快速混合阶段：要使投入的混凝剂迅速均匀地分散到原水中，这样混凝剂能均匀地在水中水解聚合并使胶体颗粒脱稳凝集，快速混合要求有快速而剧烈的水力或机械搅拌作用，而且短时间内完成。在混合阶段：$G = 700 \sim 1000\,\mathrm{s}^{-1}$；$T = 10 \sim 60\,\mathrm{s}$（$<2\mathrm{min}$）。

絮凝反应阶段：使已脱稳的胶体颗粒通过异向和同向絮凝的方式逐渐增大成具有良好沉降性能的絮凝体，因此，絮凝反应阶段搅拌强度和水流速度应随着絮凝体的增大而逐渐降低，另外絮凝体逐渐增大需要一个缓慢的过程，需保证一定的絮凝作用时间。在絮凝阶段：$G = 20 \sim 70\,\mathrm{s}^{-1}$；$GT = 10^4 \sim 10^5$。

（7）混凝过程中各影响因素的重要程度　陈永春等，通过 5 水平 6 因素的正交混凝试验，对影响混凝效果的 6 个因素（絮凝剂种类、絮凝剂投加量、PAM 投加量、絮凝时间、絮凝转速和 PAM 投加间隔时间）进行分析，以确定影响混凝效果的顺序。

试验采用典型的高浊度矿井水（浊度为 1310NTU），选用 5 种聚合型絮凝剂，其中 2 种为聚合铝盐（PAS、PAC），2 种为聚合铁盐（PFS、PFC），1 种为聚合铝铁盐（PAFC）。助凝剂采用 PAM。

最终得出结论：各因素在水平取值范围内影响混凝效果最显著的是絮凝剂的投加量，依次是凝聚剂种类＞助凝剂投加量＞絮凝强度＞絮凝时间＞絮凝剂投加间隔时间。由试验可以看出 PAFC 取得的混凝效果最好，但目前 PAC 使用较多。实际工况应通过实验来确定絮凝剂投加种类。例如，对张双楼、姚桥、徐庄矿井水，采用 PFS 絮凝剂浊度的去除率较好，而 PAC 对新河矿井水浊度的去除效果较好。

3.3.3　常用促凝药剂

（1）混凝剂　在混凝处理中，主要通过压缩双电层和电性中和机理起作用，使胶体脱稳而投加的药剂称为凝聚剂；主要通过吸附架桥机理起作用的则称为絮凝剂；同时兼有以上功能的统称为混凝剂。

混凝剂（凝聚剂和絮凝剂）选择的基本要求是：混凝效果好，货源充足方便，价格低且对人体健康无害。由于水体污染的日益严重，水体含有的杂质越来越复杂，各种新型絮凝剂层出不穷。但不是所有絮凝剂都适合矿井水处理。

目前水处理常用混凝剂有无机金属盐类和有机高分子聚合物两大类，见表 3-3。前者主要有铁系和铝系等高价金属盐，可分为普通铁、铝盐和碱化聚合盐；后者则包括人工合成和天然的两类。

表 3-3　常见混凝剂的类别性能

类别		名称	化学式	主要性能
无机混凝剂	铝系	精制硫酸铝（AS）	$Al_2(SO_4)_3 \cdot 18H_2O$	Al_2O_3 含量不小于 15%，不溶杂质含量不大于 0.5%；适宜水温 20~40℃，pH 值 5.7~7.8；水解缓慢，使用时需加碱性助剂；水温低时，水解困难，形成的絮凝体比较松散，效果不及铁盐混凝剂
		聚合氯化铝（PAC）	$[Al_2(OH)_nCl_{6-n}]_m$	对水温、pH 值和碱度的适应性强，絮体生成快且密实，使用时无需加碱性助剂，腐蚀性小。最佳 pH 值为 6.0~8.5，使用时一般无需加碱性助剂
		聚合硫酸铝（PAS）	$[Al_2(OH)_n(SO_4)_{3-n/2}]_m$	使用条件与硫酸铝基本相同，但用量小，性能好。最佳 pH 值为 6.0~8.5，使用时一般无需加碱性助剂
	铁系	三氯化铁（FC）	$FeCl_3 \cdot 6H_2O$	易溶解，絮体大而密实，沉降快，但腐蚀性很强，出水色度比铝盐高；pH 值适用范围较宽（5.0~11），最佳 pH 值为 6.0~8.4；处理低温低浊水的效果优于硫酸铝
		聚合硫酸铁（PFS）	$[Fe_2(OH)_n(SO_4)_{3-n/2}]_m$	用量小，絮体生成快，大而密实，腐蚀性比 $FeCl_3$ 小，所需碱性助剂量小于 PAC 以外的铁铝盐；适宜水温 10~50℃，pH 值 5.0~8.5，但在 4.0~11 范围内仍可使用
有机高分子混凝剂	人工合成	聚丙烯酰胺（PAM）		PAM 产品有胶状（含量 5%~10%）、片状（20%~30%）和粉状（90%~95%）三种，相对分子质量为 $1.5 \times 10^6 \sim 6.0 \times 10^6$。PAM 为非离子型。通过水解构成阴离子型，也可通过引入基团制成阳离子型
	天然	淀粉、纤维素衍生物、多糖、动物骨胶等		天然高分子混凝剂的应用远不如人工合成的广泛，主要原因是其电荷密度小，分子量较低，且容易发生降解而失去活性

（2）助凝剂

定义：当单独使用混凝剂不能取得预期效果时，为提高混凝效果所投加的辅助药剂。助凝剂通常是高分子物质。

作用：改善絮凝体结构，促使细小而松散的絮粒变得粗大而密实，提高混凝效果。

机理：高分子物质的吸附架桥。

常用助凝剂：骨胶、聚丙烯酰胺及其水解产物、活化硅酸、海藻酸钠等，见表 3-4。

表 3-4　常用助凝剂

种类	分子式或代号	一般介绍
氯	Cl_2	①当处理高色度水及用作破坏水中有机物或去除臭味时，可在投凝聚剂前先投氯，以减少凝聚剂用量 ②用硫酸亚铁作凝聚剂时，为使二价铁氧化成三价铁可在水中投氯
生石灰	CaO	①用于原水碱度不足时 ②用于去除水中的 CO_2，调整 pH 值
氢氧化钠	$NaOH$	①用于调整 pH 值 ②投在滤池出水后可用作水质稳定处理 ③一般采用浓度≤30% 的商品液体，在投加点稀释后投加 ④气温低时会结晶，浓度越高越易结晶 ⑤使用上要注意安全

种　类	分子式或代号	一 般 介 绍
骨胶		① 骨胶有粒状和片状两种,来源丰富,骨胶一般和三氯化铁混合后使用 ②骨胶投加量与澄清效果成正比,且不会由于投加量过大,使混凝效果下降 ③投加骨胶和三氯化铁后的净水效果比投纯三氯化铁效果好,降低净水成本 ④投加量少,投加方便
海藻酸钠	$(NaC_6H_7O_6)_x$ 简写为 SA	① 原料取自海草、海带根或海带等 ②生产性试验证实 SA 浆液在处理浊度稍大的原水(200NTU 左右)时助凝效果较好,用量仅为水玻璃的 1/15 左右,当原水浊度较低(50NTU 左右)时助凝效果有所下降,SA 投量约为水玻璃的 1/5 ③SA 价格较贵,产地只限于沿海
活化硅酸 (活化水玻璃)	$Na_2O \cdot xSiO_2 \cdot yH_2O$	①适用于硫酸亚铁和铝盐混凝剂,可缩短混凝沉淀时间,节省混凝剂用量 ②原水浑浊度低、悬浮物含量少及水温较低(约在 14℃以下)时使用,效果更为显著 ③可提高滤池的滤速 ④必须注意加注点 ⑤要有适宜的酸化度和活化时间

按其作用,助凝剂主要有以下三类:

① 用于调整水的 pH 值和碱度的酸碱类药剂,如 H_2SO_4、CO_2 和 $Ca(OH)_2$、NaOH、Na_2CO_3 等。

② 为改善某些特殊水质的絮凝性能而投加的絮体结构改良剂,如水玻璃、活性硅酸和粉煤灰、黏土等。

③ 为破坏水中有机物,改善混凝效果的氧化剂,如 Cl_2、$Ca(ClO)_2$ 和 NaClO 等。

3.3.4　混凝剂的选择及投加量的确定

混凝处理最重要的是混凝剂的选择和投加量确定。但由于各地矿井水水质不同,悬浮物浓度差异或矿井水含有特殊物质等原因,使得药剂的选择及用量不能用某个公式计算得到,一般通过试验确定,若有相似水质的矿井水处理实例,可参考已有资料确定。

确定混凝药剂投加量的基本方法是烧杯搅拌混凝试验法,多采用六联搅拌机混凝试验设备,根据矿井水水质,做不同种类混凝药剂和不同投加量的系列试验,通过试验得到最佳混凝剂和最佳投加量。

(1) 混凝剂的选择　浑浊矿井水一般为中性,pH 值符合混凝剂使用要求,不需投加碱剂,使用操作方便,腐蚀性小。部分地区为酸(碱)性矿井水则需要使用助凝剂调节 pH 值。

用于矿井水的絮凝剂主要是聚丙烯酰胺,尤其在处理高浊度污水时,既可以保证出水水质,又可以减少混凝剂用量。根据矿井水特点,通过试验选择合适的混凝剂和絮凝剂。目前,国内多数煤矿多采用少量有机高分子絮凝剂聚丙烯酰胺与无机混凝剂聚合氯化铝配合使用。

(2) 投加量确定　由于在矿井水处理过程中,水质波动很大,出水 SS 难以稳定,技术人员又凭经验投加药剂,投加量不合理难以保证水质。其次,浑浊矿井水最大的特点是煤泥密度较小,只有 $1.5g/cm^3$,仅为普通泥沙(一般为 $2.4\sim2.6g/cm^3$)的 3/5,煤泥与常用的无机混凝剂的亲和能力要比泥沙小得多。实验证明,在水中悬浮物浓度相同的条件下,含煤泥为主的矿井水要比含泥沙为主的地表水投加一倍以上混凝剂量,才能取得相同的出水效果。因此参考城镇给水厂混凝剂投加量会有较大出入,特别是在煤泥粒度很小的情况下。所以，应根据进水 SS 的变化及时调整加药量，并根据搅拌试验确定加药量。经过一段数据的积累，对不同水质的加药量得以统计，而矿井水的水质有一定的再现性，加药量数据具有长效的应用价值。

现就常见的浊度及煤矿实际投加混凝剂量总结如下（这里混凝剂用 PAC，絮凝剂使用 PAM），见表 3-5。用者可参考已有数据并结合待处理矿井水水质特点，通过微型试验确定投加量。对于低浊度的矿井水，凝聚剂 PAC 的投加量不要超过 10mg/L。

表 3-5　部分矿井水处理厂（站）的投药量

序号	地区	煤矿	原水浊度/NTU [悬浮物/(mg/L)]	投加药剂/(mg/L)		出水浊度/NTU [悬浮物/(mg/L)]
				PAC	PAM	
1	陕北	大川沟煤矿（混凝微滤）	82～95 159～168	14	0.2	6.5～8.9
2	辽宁阜新	五龙矿	18.5 140	20	2.5	0.9
3	辽宁阜新	五龙矿	100	5	0.2	3.5
4	河南省平顶山	平煤八矿	1152	10	0.2	6.9
5	河北省唐山	马家沟矿	13.1 9961	100	200（NCF）	1
6	湖南衡阳	耒阳煤矿	436	CH 混凝剂：15mL(2.5%)		40（悬浮物）
7	内蒙古西部	某矿	92.12～56.10 915	60	0.8	1.88
8	黑龙江鹤岗	南山煤矿	810	24	0.23	3
9	山东济宁	济宁三号煤矿	300～2000	55～90	4～8	≤3

注：原水水质指标 1、2、5、7 分别为浊度和悬浮物含量；3、4 为浊度；6、8、9 为悬浮物。

（3）混凝实验实例　下面以柳江煤矿矿井水处理为例说明。柳江煤矿矿井水水质见表 3-6。

表 3-6　柳江煤矿矿井水水质

项　　目	矿井水	项　　目	矿井水
pH 值	7.48	TDS/(mg/L)	697
COD_{Mn}/(mg/L)	1.65	总硬度（以碳酸钙计）/(mg/L)	360
浊度/NTU	277	悬浮物/(mg/L)	150
氟化物/(mg/L)	7.40	重碳酸盐/(mg/L)	347
细菌总数/(CFU/mL)	215	总大肠杆菌群/(CFU/100mL)	86

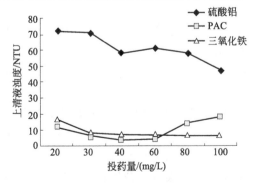

图 3-8　三种混凝剂及不同投加量对混凝效果的影响

混凝试验主要的仪器为智能混凝试验搅拌仪及浊度仪。试验在 1000mL 的烧杯中进行。将盛放水样的烧杯放置在混凝搅拌仪上，使烧杯中心与搅拌器中心位置重合。打开搅拌机，并向烧杯中加入凝聚剂，然后加入絮凝剂。

试验条件为：快速混合 1min，搅拌速度 150r/min；慢速反应 10min，搅拌速度 40r/min。反应结束后，沉淀 10min，取其上清液测定浊度，通过比较来确定混凝剂种类。图 3-8 是柳江煤矿矿井水采用三种凝聚剂混凝后的效果比较。

从图 3-8 中可以看出，只投加凝聚剂时，PAC 和三氯化铁的混凝效果较好，但 PAC 最佳投药量范围宽，出水浊度更低，所以最终选择 PAC 作为该矿井水处理的混凝剂。

PAC 与 PAM 配合使用的投加量确定。试验配比及试验结果见表 3-7。从表中可看出，最佳配比为 PAC+PAM 为 30mg/L+0.5mg/L。

表 3-7　PAC 与 PAM 试验配比及混凝结果

PAM 投药量	0.5mg/L				0.25mg/L			
PAC/(mg/L)	10	20	30	40	10	20	30	40
浊度/NTU	6.57	3.92	2.06	3.54	6.23	5.21	4.3	3.17

3.3.5　药剂的配制与投加

药剂投加方法有干投法和湿投法两种。

干投法是指将固体混凝剂破碎成粉体之后直接向水中定量投加，其流程通常为：药剂输送—粉碎—提升—计量—加药混合。其优点是占地面积少、投配设备无腐蚀问题。由于投加前无溶解过程，混凝剂受到污染变质的可能性小。但投加后溶解效果差，对混凝剂的粒度要求较高，投配量控制较难。因此，对机械设备要求较高，而且劳动条件也较差，故这种方法现在使用较少。

湿投法是指将混凝剂溶解、配制成一定浓度的溶液后向待处理的水中定量投加的方法。湿投法易于与水充分混合，适用于包括固态、黏稠状和乳状混凝剂在内的多种混凝剂的投加，投加量便于控制，运行方便。缺点是设备易腐蚀，占地面积大。

为使混凝效果好，目前处理煤矿矿井水常用湿投法。表 3-8 是不同湿式投加方法的比较。

表 3-8　湿式投加方式优缺点比较

投加方法		优　点	缺　点	适　用　情　况
重力投加		操作简便,投加安全可靠	必须建高位药液池,增加加药间层高	适用于中小型规模($30×10^4\mathrm{m}^3/\mathrm{d}$ 以下),且输液管线不宜过长
压力投加	水射器	使用方便,设备简单,不受高程所限	效率较低;如果药液浓度不当可能引起堵塞	各种处理规模均适用
	加药泵	不受压力管压力所限,且能定量投加	价格贵,养护较麻烦	适用于大中型规模

（1）药剂调制方法与计算　药剂调制一般采用水力、机械、压缩空气等方法。表 3-9 为各种调制方法的适应条件。

表 3-9　各种调制方法比较

调制方法	使用条件	一般规定
水力调制	煤矿矿井水涌水量较小的情况;可以利用回用水出水压力,节省机电等	①溶药池容积约等于 3 倍药剂用量 ②压力水压约为 0.2MPa
机械调制	适用于各种矿井水处理量及各种药剂;使用较普遍,一般旁入式用于小水量的情况,中心式用于大水量的情况	①搅拌叶轮可以用电机或水轮带动,并根据需要考虑转速调整装置 ②搅拌设备需要采取防腐措施,尤其是使用三氯化铁药剂时
压缩空气调制	适用于较大水量的情况及各种药剂	不宜作较长时间的石灰乳液连续搅拌

溶液池和溶解池的容积可按下式计算。

① 溶液池的容积算法

$$W_1(\text{m}^3) = uQ\frac{1}{417bn}$$

② 溶解池容积：$\qquad W_2(\text{m}^3) = (0.2\sim0.3)W_1$

式中　Q——处理水量（或需碱化的水量），m^2/h；

　　　u——混凝剂最大投量，按无水产品计，mg/L；石灰最大用量按 CaO 计，mg/L；

　　　b——溶液浓度，%，混凝剂溶液一般采用 $5\sim20$（按商品固体混凝剂质量计算），或采用 $5\sim7.5$（扣除结晶水计算），石灰乳液采用 $2\sim5$（按纯 CaO 计）；

　　　n——每日调制次数，一般不宜超过 3 次。

当采用压缩空气搅拌时，主要设计数据如下。

① 空气供给强度：溶解池为 $8\sim10\text{L}/(\text{s}\cdot\text{m}^2)$，溶液池为 $3\sim5\text{L}/(\text{s}\cdot\text{m}^2)$。

② 空气管内空气流速为 $10\sim15\text{m/s}$。

③ 孔眼处空气流速为 $20\sim30\text{m/s}$。

④ 穿孔管孔眼直径一般为 $3\sim4\text{mm}$。

⑤ 支管间距为 $400\sim500\text{mm}$。

（2）溶解池

① 由于矿井水水质波动大，处理中药剂种类的选择及最佳投药量的确定，目前尚不能用统一公式计算。一般药剂的选用应通过实验确定，也可参考其他类似矿井水处理工艺的运行数据。

② 溶解池是药剂湿投法系统中溶解固体药剂的地方。为增加溶解速度及保持均匀的浓度，一般选用水力、机械或压缩空气等搅拌、稀释方式。对于投药量较小的采用人工进行搅拌。用压缩空气搅拌调制药剂时，在靠近溶解池底处应设置格栅，用以放置块状药剂。格栅下部空间装设穿孔空气管，加药时可通入压缩空气进行搅拌，以加速药剂的溶解。穿孔空气管应能防腐，可采用塑料管或加筋橡胶软管等。

③ 溶解池的容积常按溶液池容积的 $0.2\sim0.3$ 倍计算。液体投加混凝剂时，溶解次数应根据混凝剂投加量和配制条件等因素确定，每日不宜超过 3 次。混凝剂投配的溶液浓度，可采用 $5\%\sim20\%$（按固体质量计算）。

④ 混凝剂投加量较大时，为便于投置药剂宜设机械运输设备。溶解池的设计高度一般在地面以下或半地下为宜，池顶宜高出地面 1m 左右，以便改善操作条件，减轻劳动强度。

⑤ 溶解池底坡不小于 0.02，池底应有直径不小于 100mm 的排渣管，池壁需设超高，防止搅拌溶液时溢出。

⑥ 由于药剂具有腐蚀性，凡与混凝剂和助凝剂溶液接触的池壁、设备、管道和地坪等，应根据混凝剂或助凝剂性质采取相应的防腐措施或采用防腐材料，使用三氯化铁时尤需注意。

⑦ 溶解池一般采用钢筋混凝土池体，若其容量较小，可用耐酸陶土缸做溶解池。当投药量较小时，溶解池可兼作投药池，此时应设置备用池。

⑧ 混凝剂的固定储备量，应按当地供应、运输等条件确定，宜按最大投加量的 $7\sim15\text{d}$ 计算。其周转储备量应根据当地具体条件确定。

⑨ 计算固体混凝剂和石灰贮藏仓库面积时，其堆放高度：当采用混凝剂时可为 $1.5\sim$

2.0m；当采用石灰时可为 1.5m 。当采用机械搬运设备时，堆放高度可适当增加。

⑩ 加药间宜靠近投药点；加药间的地坪应有排水坡度。

（3）溶液池

① 溶液池一般为高架式设置，以便能重力投加药剂。池周围应设有宽度为 1.0～1.5m 的工作台，池底坡度不小于 0.02，底部应设置放空管。必要时设溢流装置，将多余溶液回流到溶解池。

② 混凝剂的投加溶液浓度一般采用 5%～15%（按商品固体质量计）。通常每日调制 2～6 次，人工调制时则不多于 3 次。

③ 溶液池的数量一般不少于两个，以便交替使用，保证连续投药。

④ 投药量较小的溶液池，亦可与溶解池合并为 1 个池子，底部需考虑一定的沉渣高度。

3.3.6 混合

混合的目的是让药剂迅速而均匀地扩散到水中，使其水解产物与原水中的胶体微粒充分作用完成胶体脱稳，以便进一步去除。按现代观点，脱稳过程需要时间很短，理论上只需要数秒，实际设计中一般不超过 2min。

对混合的基本要求是快速与均匀。"快速"是因混凝剂在原水中的水解及发生聚合絮凝的速度很快，需尽量造成急速的扰动，以形成大量氢氧化物胶体，而避免生成较大的绒粒。"均匀"是为了使混凝剂在尽量短的时间里与原水混合均匀，以充分发挥每一粒药剂的作用，并使水中的全部悬浮杂质微粒都能受到药剂的作用。对于高分子絮凝剂，一般只要求混合均匀，不要求快速、强烈的搅拌。

按混合机理分，混合设备主要是机械和水力两种。前者搅拌强度不受水量变化的影响，但需要相对复杂的设备，能耗较高。后者设备简单，但搅拌强度受水量的影响较大。表 3-10 列出了各种混合方式及适用条件。

表 3-10　混合方式比较

方　式	优　缺　点	适　用　条　件
水泵混合	优点：设备简单；不另消耗动能；混合充分，效果较好 缺点：吸水管较多，投药设备要增加，安装、管理较麻烦；配合加药自动控制较困难；G 值相对较低	适用于矿井水井下水仓距离地面处理构筑物 120m 以内的情况
管式静态混合器	优点：设备简单，维护管理方便；不需要土建构筑物；在设计流量范围，混合效果较好；不需要外加动力设备 缺点：运行水量变化影响效果；水头损失较大；混合器构造较复杂	适用于矿井水水量变化不大的各种规模处理厂
扩散混合器	优点：不需要外加动力设备；不需要土建构筑物；不占地 缺点：水量变化对混合效果有一定的影响	适用于中等规模矿井水处理厂
跌水混合	优点：利用水头的跌落扩散药剂，不需要外加动力设备；受水量变化影响小 缺点：药剂的扩散不易完全均匀；需建混合池；容易夹带气泡	适合各种规模，主要针对重力流进水水头有富余时
机械混合	优点：混合效果好，水头损失小；混合效果基本不受水量变化影响 缺点：需要消耗动能；管理维护复杂；需要建混合池	适用于各种规模的矿井水处理厂

① 管式混合器

a. 采用管式混合时，药剂加入絮凝池进水管中，投药管道内的沿程与局部水头损失之和不应小于 0.3～0.4m，否则应装设孔板或文氏管式混合器。通过混合器的局部水头损失不小于 0.3～0.4m，管道内流速为 0.8～1.0m/s，采用的孔板 $\dfrac{d_1}{d_2}=0.7～0.8$（d_1 为装孔板的进水管直径；d_2 为孔板的孔径）。

　　b. 为了提高混合效果，可采用目前广泛使用的"管式静态混合器"或"扩散混合器"。

　　c. 管式静态混合器是按要求在混合器内设置若干固定混合单元，每一混合单元由若干固定叶片按一定角度交叉组成。当加入药剂的水通过混合器时，将被单元体分割多次，同时发生分流、交流和涡漩，以达到混合效果。静态混合器有多种形式，如图 3-9 所示为其中一种的构造图示。管式静态混合器的口径与输水管道相配合，分流板的级数一般可取 3 级。

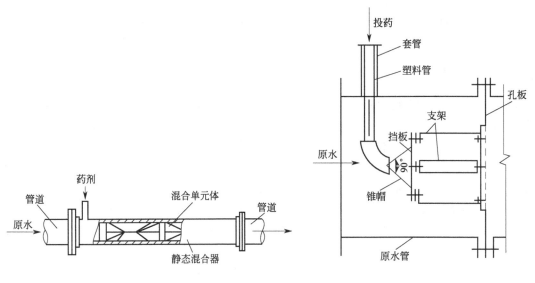

图 3-9　管式静态混合器　　　　　　　　图 3-10　扩散混合器

　　d. 扩散混合器的构造如图 3-10 所示，锥形帽夹角 90°，锥形帽顺水流方向的投影面积为进水管总面积的 1/4，孔板的孔面积为进水管总面积的 3/4。孔板流速 1.0～1.5m/s，混合时间 2～3s，水流通过混合器的水头损失 0.3～0.4m，混合器节管长度不小于 500mm。

　　② 机械搅拌混合池

　　a. 池形为圆形或方形，可以采用单格，也可以多格串联。

　　b. 机械混合的搅拌器可以是桨板式、螺旋桨式或透平式。桨板式采用较多，适用于容积较小的混合池（一般在 2m³ 以下），其余可用于容积较大混合池。混合时间控制在 10～30s 以内，最大不超过 2min，桨板外缘线速度为 1.0～5m/s。

　　c. 混合池内一般设带两叶的平板搅拌器，当 H（有效水深）：D（混合池直径）≤1.2～1.3 时，搅拌器设一层；当 H：D≥1.2～1.3 时，搅拌器可设两层；当 H：D 的比例很大时，可多设几层，相邻两层桨板采用 90°交叉安装，间距为 $(1.0～1.5)D_0$（搅拌器直径）。

　　d. 搅拌器离池底 $(0.5～1.0)D_0$，搅拌器直径 $D_0 = (\frac{1}{3} \sim \frac{2}{3})D$，搅拌器宽度 $B = (0.1～0.25)D_0$。

3.3.7　絮凝

　　现代水处理技术认为，絮凝是水质澄清处理的关键。絮凝主要作用是创造适当的水力条件，使水中脱稳胶体相互凝聚，在一定时间内凝聚成具有良好物理性能的絮凝体的过程。凝聚体具有足够大的粒度（0.6～1.0mm）、密度和强度（不易破碎），为杂质颗粒在沉淀澄清阶段迅速沉降分离创造良好的条件。

根据动力不同，絮凝可分为同向絮凝和异向絮凝。由水流紊动使同向运动的固体颗粒因其速度不同而发生碰撞继而产生的絮凝称为同向絮凝。由颗粒无规则的布朗运动导致固体颗粒发生碰撞而产生的絮凝称为异向絮凝。在工程上，主要依靠机械或水力搅拌保持适当的水流紊动强度使固体颗粒碰撞絮凝，故属同向絮凝。同向絮凝的效果不仅与搅拌强度（速度梯度 G 值）和絮凝时间（T 值）有关，还与絮凝区水中的固体颗粒浓度（C 值）有关。

按照絮体成长方式的不同，絮凝还可分为容积絮凝和接触絮凝两种类型。

容积絮凝是脱稳胶体颗粒相互碰撞，相互凝聚，凝聚的固体颗粒（矾花）逐渐由小变大的絮凝过程。在絮凝过程中，固体颗粒（胶体或絮凝体）逐步变大，但浓度逐渐变小，容积絮凝的特点是絮凝速度慢，对低温低浊度原水适应性差。

接触絮凝是胶体脱稳后在与宏观固体表面接触时被吸附而产生的絮凝现象。接触絮凝发生的必要条件是要有足够的宏观固体接触表面。而回流沉淀浓缩后的污泥、投加微砂或黏土都是保持足够宏观固体的有效方法。接触絮凝的特点是絮凝速度快，受原水浊度和温度影响小。接触絮凝是澄清池和现代快速过滤的基本原理。

絮凝设施要求有一定的水力停留时间和适当的搅拌强度，以使小絮体能相互碰撞，生成大的絮体，但搅拌强度不能过大，否则会使生成的大絮体破碎，因此搅拌强度应逐渐减小。

絮凝设施的主要设计参数为搅拌强度和絮凝时间，絮凝效果用 GT 值来表征，G 为絮凝池内水流的速度梯度

$$G(\mathrm{s^{-1}}) = \sqrt{\frac{\rho h}{60\mu T}}$$

式中　μ——水的动力黏度（表 3-11），$\mathrm{kg \cdot s/m^2}$；

ρ——水的密度，$1000\mathrm{kg/m^3}$；

h——絮凝池的总水头损失，m；

T——絮凝时间，min，一般为 10～30min。

表 3-11　水的动力黏滞度

水温 $t/℃$	$\mu/(\mathrm{kg \cdot s/m^2})$	水温 $t/℃$	$\mu/(\mathrm{kg \cdot s/m^2})$
0	1.814×10^{-4}	15	1.162×10^{-4}
5	1.549×10^{-4}	20	1.029×10^{-4}
10	1.335×10^{-4}	30	0.825×10^{-4}

根据生产运行经验，$T=10\sim30$min，流速采用 0.2～0.6m/s 时，G 值在 20～60$\mathrm{s^{-1}}$ 之间，GT 值应在 $10^4\sim10^5$ 之间为宜（T 的单位为秒）。

絮凝池宜与沉淀池合建，这样布置紧凑，可节省造价。如果采用管渠连接不仅增加造价，而且由于管道流速大而易使已结大的凝絮体破碎。

絮凝池的一般类型及特点见表 3-12。絮凝池形式的选择和絮凝时间的采用，应根据矿井水质情况和相似条件下的运行经验或通过试验确定。

表 3-12 絮凝池的类型及特点

类 型		优 缺 点	适 用 条 件
隔板絮凝池	往复式	优点:絮凝效果较好;构造简单,施工方便 缺点:絮凝时间较长;水头损失较大;转折处絮凝颗粒易碎;出水流量不易分配均匀	矿井水处理水量大于30000m³/d 适用于矿井水涌水量变动较小的情况
	回转式	优点:絮凝效果较好;水头损失较小,构造简单,管理方便 缺点:出水流量不易分配均匀	矿井水处理水量大于30000m³/d 适用于矿井水涌水量变动较小的情况 也适用于旧池改建和扩建
折板絮凝池		优点:絮凝时间短;絮凝效果好 缺点:构造较复杂;水量变化影响絮凝效果	矿井水水量变化不大的水处理厂
网格(栅条)絮凝池		优点:絮凝时间短;絮凝效果较好;构造简单 缺点:水量变化影响絮凝效果	适用于涌水量变化不大的矿井水处理
机械絮凝池		优点:絮凝效果较好;水头损失小;可适应水质、水量的变化 缺点:需要机械设备且需要经常维修	大小水量都适用,且能适应涌水量变化较大的矿井水处理

在浑浊矿井水处理工序中最重要的就是悬浮物与药剂混合,以絮凝成物理性能良好的絮状体。这个过程决定后续絮状体沉淀澄清的出水效果。絮凝池可分为水力絮凝池和机械絮凝池两类。水力絮凝池又可分为多种,如隔板絮凝池、穿孔旋流絮凝池、折板絮凝池和栅条(网格)絮凝池等。矿井水处理中常用的絮凝池有隔板絮凝池和机械絮凝池。另外,网格絮凝原理也用于一体化进水器处理矿井水。

3.3.7.1 隔板絮凝池

(1)概述 隔板絮凝池分为往复式和回转式两种,适用于矿井水涌水量较大的矿区。为了节省占地面积,可以设置成双层或多层隔板絮凝池。

往复式隔板絮凝池中,水流以一定速度在隔板之间来回往复流动,在转折处作180°转弯。水流速度由大逐渐减小。在转折处局部水头损失较大,絮凝后期絮凝体容易破碎,见图3-11。

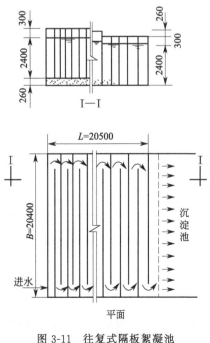

图 3-11 往复式隔板絮凝池

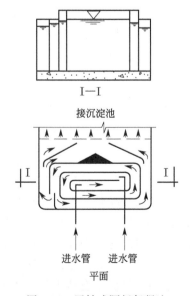

图 3-12 回转式隔板絮凝池

回转式隔板絮凝池中，水流从池的中间进入，逐渐回流转向外侧，在转折处作 90°转弯。回转式隔板絮凝池的局部水头损失大大减小，有利于避免絮粒被破坏，但是减少了颗粒的碰撞机会，见图 3-12。

隔板絮凝池构造简单，管理方便，絮凝效果比较好。其缺点是絮凝时间较长，占地面积较大，流量变化大时效果不稳定。回转式隔板絮凝池更适合对原池扩容提高水量时的改造。絮凝池一般与沉淀池合建，水流经穿孔墙进入沉淀池。

（2）设计要点

① 采用隔板絮凝池，池数一般不少于 2 个。絮凝时间为 20～30min，色度高、难以沉淀的细颗粒较多时宜采用高值。

② 絮凝池内流速应按变速设计，进口流速一般为 0.5～0.6m/s，出口流速一般为 0.2～0.3m/s。池内由隔板廊道分为几挡，每一挡由 1 个或者几个隔板组成，通常通过改变廊道的宽度或池底的高度的方法来达到改变流速的目的。

③ 廊道宽应大于 0.5m，小型池子当采用活动隔板时适当减小。进水管口应设挡水装置，避免水流直冲隔板。

④ 隔板转弯处的过水断面面积，应为廊道断面面积的 1.2～1.5 倍。

⑤ 絮凝池保护高 0.3m。

⑥ 池底排泥口的坡度一般为 0.02～0.03，排泥管直径不应小于 150mm。

3.3.7.2 折板絮凝池

折板絮凝池是在隔板絮凝池基础上发展起来的，折板絮凝池通常采用竖流式，折板的形式一般有平板、折板和波纹板。折板按照波峰和波谷相对安装或平行安装，又可分成"异波折板"和"同波折板"，如图 3-13 所示。按水流在折板间上下流动的间隙数可分为"单通道"和"多通道"。单通道是水流沿着每一对折板间的通道上下流动，如图 3-13 所示。多通道是将絮凝分成若干个格子，在每一格子内放置若干折板，水流在每一格内平行并沿着格子依次上下流动，如图 3-14 所示。为使絮凝体逐步成长而避免破碎，无论在单通道或多通道内可采用前段异波式、中段同波式、后段平板式的组合形式。

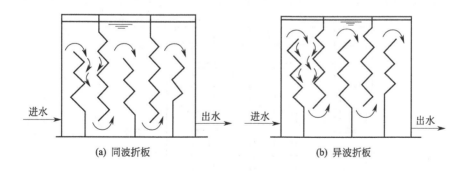

图 3-13 单通道折板絮凝池剖面示意

设计要点如下。

① 采用折板絮凝池，絮凝时间为 12～20min，一般将絮凝过程按照流速分成 3 段或更多，第一段（相对折板）流速为 0.25～0.35m/s，$G=80s^{-1}$，$t \geqslant 240s$；第二段（平行折板）流速为 0.15～0.25m/s，$G=50s^{-1}$，$t \geqslant 240s$；第三段（平行直板）流速 0.1～0.15m/s，

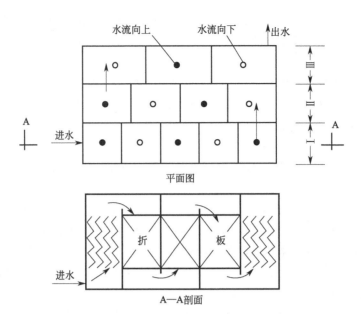

图 3-14 多通道折板絮凝池示意

$G=25s^{-1}$，$t\geqslant240s$。同一段内，折板间距相同，流速相同。

② 折板可采用钢丝网水泥板或塑料板等拼装，折板夹角一般为 90°～120°。折板宽度采用 0.5m，折板长度为 0.8～1.0m。

③ 第二段平行折板的间距等于第一段相对折板的峰距。

④ 絮凝池内的速度梯度 G 由进口至出口逐渐减小，一般起端至末端的 G 值变化范围为 100～15s^{-1} 以内，且 $GT\geqslant2\times10^4$。

3.3.7.3 栅条（网格）絮凝池

栅条（网格）絮凝池是应用紊流理论的絮凝池，池高适当，适合与平流沉淀池或斜管沉淀池合建。

在絮凝池内水平放置栅条或网格形成栅条、网格絮凝池。栅条、网格絮凝池一般布置成多个竖井回流式（图 3-15），各竖井之间的隔墙上，上下交错开孔，当水流通过竖井内安装

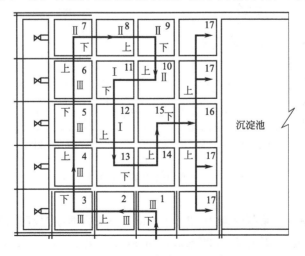

图 3-15 网格絮凝池平面图

的若干层栅条或网格时，产生缩放作用，形成漩涡，造成颗粒碰撞。栅条、网格絮凝池的设计一般分为三段，流速及流速梯度 G 值逐段降低。相应各段采用的构件，前段为密栅或密网，中段为疏栅或疏网，末段不安装栅或网。絮凝过程中 G 值发生变化。

网格絮凝池的絮凝效果较好，絮凝时间相对较少，水头损失小。其缺点是网眼易堵塞，池内平均流速较低，容易积泥。它所适合的矿井水水温为 $4\sim34℃$，浊度为 25～2500NTU。单池处理水量小于 $2.5\times10^4\,\mathrm{m^3/d}$ 为宜。

设计要点如下。

① 絮凝时间一般为 10～15min，均分成 3 段。其中前段 3～5min，中段 3～5min，末段 4～5min。

② 每格竖向的流速，前段和中段 0.12～0.14m/s，末段 0.1～0.14m/s。

③ 絮凝池的分格数按絮凝时间计算，各竖井的大小按竖向流速确定，一般分为 8～18 格。

④ 栅条或网格的层数，前段总数宜在 16 层以上，中段在 8 层以上，上下两层间距为 60～70cm，末段一般可不放。

⑤ 过栅流速或过网孔流速，前段 0.25～0.3m/s，中段 0.22～0.25m/s。

⑥ 栅条、网格的过水缝隙，应根据过栅、过网流速及栅条、网格所占面积确定。一般板条前段缝隙为 50mm，中段缝隙为 80mm；网格前段为 80mm×80mm，中段为 100mm×100mm。

⑦ 各竖井之间的过水孔洞面积，宜前段向末端逐渐增大。过孔洞流速，前段 0.3～0.2m/s，中段 0.2～0.15m/s，末段 0.1～0.14m/s。所有过水孔须经常处于淹没状态，故上部孔洞标高应考虑沉淀池水位变化时不会露出水面。

⑧ 栅条、网格材料可采用木材、扁钢、塑料、钢丝网水泥或钢筋混凝土预制件等。栅条宽度：栅条 50mm，网格为 80mm。板条厚度：木板条厚度 20～25mm，钢筋混凝土预制件 30～70mm。

⑨ 池底布置穿孔排泥管或单斗底。穿孔排泥管的直径 150～200mm，长度小于 5m，并采用快开排泥阀。

⑩ 速度梯度 G 值：栅条絮凝池，前段 $70\sim100\mathrm{s^{-1}}$，中段 $40\sim60\mathrm{s^{-1}}$，末段 $10\sim20\mathrm{s^{-1}}$；网格絮凝池，前段 $70\sim100\mathrm{s^{-1}}$，中段 $40\sim50\mathrm{s^{-1}}$，末段 $10\sim20\mathrm{s^{-1}}$。

3.3.7.4 机械搅拌絮凝池

机械絮凝池系利用装有水下转动的叶轮进行搅拌的絮凝池。按叶轮轴的安放方向分为水平轴（卧）式和垂直轴（立）式两种类型，水平轴式适用于较大宽度的絮凝池，矿井水处理常用的是垂直轴式（图 3-16）。叶轮的转数可根据水量和水质情况进行调节，水头损失比其他池型小。

机械絮凝池适用范围广，大小水量都适用，絮凝效果也好，在矿井水处理工艺中较常采用。但其机械设备的维修较麻烦，对于酸性矿井水必须调节原水的 pH 值，确保不对机械造成损失，或采用耐腐蚀材料的叶轮转动装置。

设计要点如下。

① 机械絮凝池一般不少于 2 个，絮凝时间为 15～20min。

② 搅拌器常设 3～4 排，搅拌叶轮中心应设于池水深 1/2 处。每排搅拌叶轮上的桨板总面积为水流截面积的 10%～20%，不宜超过 25%，每块桨板的宽度为板长的 1/15～1/10，

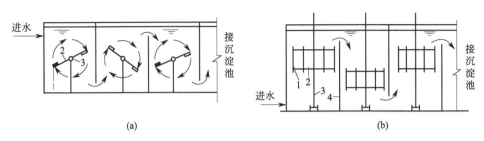

图 3-16 机械絮凝池剖面示意图
1—桨板；2—叶轮；3—旋转轴；4—隔墙

一般为 10~30cm。

③ 水平轴式的每个叶轮的桨板数目为 4~6 块，桨板长度不大于叶轮直径的 75%。叶轮直径应比絮凝池水深小 0.3m，叶轮边缘与池子侧壁间距不大于 0.2m。

④ 叶轮半径中心点的线速度宜自第一挡的 0.4~0.5m/s 逐渐变小至末挡的 0.2m/s。各排搅拌叶轮的转速沿顺水流方向逐渐减小，即第一排转速最大，以后各排逐渐减小。

⑤ 絮凝池深度应根据高程系统布置确定，一般为 3~4m。搅拌装置（轴、叶轮等）应进行防腐处理。轴承与轴架宜设于池外（水位以上），以避免池中泥砂进入导致严重磨损或折断。

⑥ 池内宜设防止水体短流的设施。

3.4 沉淀（澄清）

沉淀即靠重力作用将颗粒物与水分离开的过程。矿井水处理过程中，对原水中较大较重的颗粒，无需添加药剂，可直接通过预沉池处理，常用的预沉池有平流沉淀池和辐流沉淀池。而对于粒度较小的煤粉等必须加药剂混合絮凝沉淀，目前矿井水处理常用的沉淀池有平流沉淀池、斜板斜管沉淀池、辐流沉淀池、高效沉淀池。

澄清池集混合絮凝沉淀于一体，具有生产能力高、处理效果好等优点，所以在矿井水处理过程中应用较多。矿井水处理应用较多的是机械搅拌澄清池和水力循环澄清池。

3.4.1 沉淀池

在重力作用下，将密度大于水的悬浮物从水中分离出去的现象称为沉淀。颗粒在沉淀过程中，形状、尺寸、质量以及沉速都随沉淀过程发生变化。根据水中杂质颗粒本身的性状及其所处外界条件的不同，沉淀可分如下几种。

① 按水流状态，分为静水沉淀与动水沉淀。

② 按投加混凝药剂与否，分为自然沉淀与混凝沉淀。

③ 按颗粒受力状态及所处水力学等边界条件，分为自由沉淀与拥挤沉淀。

④ 按颗粒本身的物理化学性状分为团聚稳定颗粒沉淀与团聚不稳定颗粒沉淀。

另外，当水中悬浮颗粒细小，粒度较均匀，含量又很大（大于 5000mg/L）时，将发生浓缩现象，即在沉淀过程中出现一个清水和浑水的交界面（浑液面），交界面的下降过程也就是沉淀的进行过程。所以，浓缩是沉淀的特殊形式，同时属于拥挤沉淀类型。

沉淀池是应用沉淀作用去除水中悬浮物的一种构筑物。沉淀池在水处理中使用较多。按照水在池中的流动方向和线路，沉淀池分为平流式（卧式）、竖流式（立式）、辐流式（辐射式或径流式）、斜流式（如斜管、斜板沉淀池）等类型。此外，还有多层多格平流式沉淀池、中途取水或逆坡度斜底平流式沉淀池等。

沉淀池形式的选择，应根据所处理的水质、水量、处理厂平面和高程布置的要求，并结合絮凝池结构形式等因素确定。常见各种沉淀池的性能特点及适用条件见表 3-13。

沉淀池池体由进口区、沉淀区、出口区及泥渣区四部分组成。沉淀池的设计计算，主要是确定沉淀区和泥渣区的容积及几何尺寸，计算和布置进、出口及排泥设施等。

表 3-13　常用沉淀池类型及比较

类　型	性　能　特　点	适　用　条　件
平流式	优点：造价低；池体构造简单，施工方便，抗击负荷能力强，潜力大，处理效果稳定；带有机械排泥设备时，排泥效果好 缺点：不采用机械排泥装置时，排泥较困难；机械排泥设备，维护较复杂；占地面积较大	一般用于大中型水处理厂
竖流式	优点：排泥较方便，一般与絮凝池合建，不需另建絮凝池；占地面积小 缺点：上升流速受颗粒下沉速度所限，处理水量小，一般沉淀效果较差；施工较平流式困难	一般用于小型水处理厂 常用于地下水位较低时
辐流沉淀池	优点：沉淀效果好，采用机械排泥装置，排泥效果好 缺点：造价高，占地面积大；刮泥机维护管理维护复杂；施工较平流式困难	适用于大中型矿井水处理厂 在高浊度矿井水地区可作为预沉池
斜板管沉淀池	优点：沉淀效率高，池体体积小，占地面积少 缺点：斜管（板）耗用材料多，老化后需更换，费用较高；池体复杂，施工困难；对矿井水浊度的适应性较平流池差；不设机械排泥装置时，排泥较困难；设机械排泥时，维护管理较平流池麻烦；斜管易堵塞	适用于各种规模矿井水处理厂 适用于冬季需要保温地区 适用于平流沉淀池的改造挖潜单池处理水量不宜过大
高效沉淀池	优点：占地面积小、水损小；抗击负荷能力强，沉淀效果好，对低温低浊度和高含藻原水依旧有优质稳定的出水 缺点：有报道，浊度在超过 1500NTU 时不适用	原水的浊度＜1500NTU 的大中型处理厂

3.4.1.1　平流沉淀池

平流沉淀池适用涌水量范围较广，在实际矿井水处理工程中可作为沉降絮凝体的沉淀池，也可作为不加药剂自然沉降的预沉池。

（1）构造特点　平流式沉淀池的特征是池内的水流线为水平方向的平行直线。平流式沉淀池适用于大中型规模处理厂，具有构造简单、沉淀效果好、出水水质稳定、耐受冲击负荷强、便于与其他构筑物结合布置等优点，缺点是沉淀效率低、表面负荷低、占地面积大。

平流式沉淀池由进水区、配水墙、沉淀区、缓冲区、贮泥区、导流墙、集水渠、排渣槽和排泥机械等组成，其构造见图 3-17。如果采用刮泥机，池底应有一定坡度和储泥斗。如果采用吸泥机，池底坡度和贮泥斗可以省略。

（2）进、出水方式　进水区采用整流措施，可采用溢流式入流装置，并设有孔整流墙（穿孔墙）[图 3-18(a)]；底孔式入流装置，底部设有挡流板 [图 3-18(b)]；淹没孔与挡流板的组合 [见图 3-18(c)]；淹没孔整流墙的组合 [图 3-18(d)]。有孔整流墙的开孔总面积为过水断面的 6%～20%。穿孔花墙配水时，配水墙过水洞流速控制在 0.15～0.2m/s；穿孔墙在池底积泥面以上 0.3～0.5m 处至池底部分不设孔眼，以免冲扰沉泥。

出水的整流措施可采用溢流式集水槽。集水槽的形式见图 3-19。平流式沉淀池的溢流式出水堰可采用薄壁堰式集水槽、锯齿堰式集水槽、淹没穿孔集水槽等形式。其中锯齿形三角堰应用最普通，水面宜位于齿高的 1/2 处。为适应水流的变化或构筑物的不同沉降，在堰口处需设置使堰板能上下移动的调整装置。

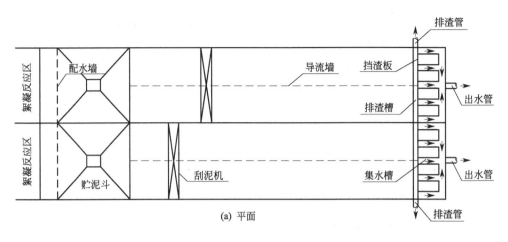

(a) 平面

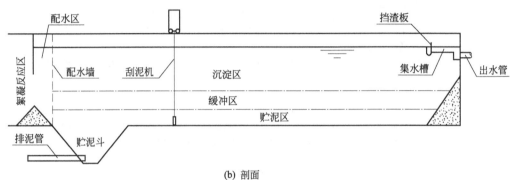

(b) 剖面

图 3-17　平流沉淀池构造示意图

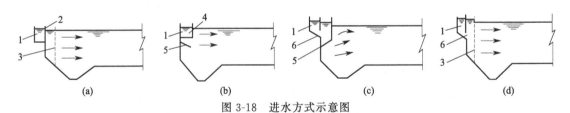

图 3-18　进水方式示意图

1—进水槽；2—溢流堰；3—穿孔花墙；4—底孔；5—挡流板；6—潜孔

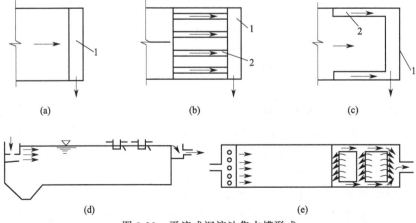

图 3-19　平流式沉淀池集水槽形式

1—集水槽；2—集水支渠

进出口处应设置挡板,高出池内水面 0.1~0.15m。挡板淹没深度:进口处视沉淀池深度而定,不小于 0.25m,一般为 0.5~1.0m;出口处一般为 0.3~0.4m。挡板位置:距进水口为 0.5~1.0m;距出水口为 0.25~0.5m。

(3) 排泥方式　存泥区的构造形式,与采用的排泥方法及原水悬浮物含量等有关。沉淀池的排泥方法有两类,一是人工定期排泥;二是机械自动连续排泥。有泥斗的沉淀池,利用静水压力经常排泥,可减小池的贮泥容积,但由于沉泥压实后不易彻底排除,故还要定期放空后,进入池内用高压水人工清洗。机械排泥方法是依靠机械刮泥并集中起来,由水力输送连续排走,可使池子在正常工作情况下连续排泥。

平流沉淀池排泥是否顺畅关系到沉淀池能否正常运行、出水水质能否稳定达到设计要求,应当引起重视。常用的排泥方法的特点及适用条件见表 3-14。采用吸泥机排泥时,池底为平坡;采用人工排泥时,储泥区做成斗形底,斗形底的布置形式与原水悬浮物性质及含量有关,即与积泥数量、积泥位置及沉泥的流动性等有关。泥斗底部设有排泥管,管径一般为 200~300mm。

当原水悬浮物含量不大且允许定期停水排泥时,可用单斗底排泥。池底纵横两个方向都有坡度,一般纵坡采用 0.02,横坡采用 0.05。若原水悬浮物含量较高,可采用多斗底沉淀池排泥。由于泥渣大部分分布在池的前半部,故一般在池长的 1/5~1/3 范围内布置几排小斗。形状接近正方形,斗底斜壁与水平夹角视地下水位高低而定,多采用 30°~45°,角度大时可使排泥通畅。

表 3-14　几种排泥方法比较

排泥方法		优　缺　点	适　用　条　件
人工排泥		优点:①池底结构简单,不需其他设备 ②造价低 缺点:①劳动强度大,排泥历时长 ②耗水量大 ③排泥时需停水	①原水终年很清,每年排泥次数不多 ②一般用于小型水处理厂 ③池数不少于两个,交替使用
多斗底重力排泥		优点:①劳动强度较小,排泥历时较短 ②耗水量比人工排泥少 ③排泥时可不停水 缺点:①池底结构复杂,施工较困难 ②排泥不彻底	①原水浑浊度不高 ②每年排泥次数不多 ③地下水位较低 ④一般用于中小型水处理厂
穿孔管排泥		优点:①劳动强度较小,排泥历时较短 ②耗水量少 ③排泥时不停水 ④池底结构较简单 缺点:①孔眼易堵塞,排泥效果不稳定 ②检修不便 ③原水浑浊度较高时排泥效果差	①原水浑浊度适应范围较广 ②每年排泥次数较多 ③地下水位较高 ④新建或改建的水厂多采用
机械排泥	吸泥机	优点:①排泥效果好 ②可连续排泥 ③池底结构较简单 ④劳动强度小,操作方便 缺点:①耗用金属材料多 ②设备较多	①原水浑浊度较高 ②排泥次数较多 ③地下水位较高 ④一般用于大中型水厂平流式沉淀池
	刮泥机	优点:①排泥彻底,效果好 ②可连续排泥 ③劳动强度小,操作方便 缺点:①耗用金属材料及设备多 ②结构较复杂	①原水浑浊度高 ②排泥次数较多 ③一般用于大中型水厂辐流式沉淀池及加速澄清池

续表

排泥方法		优 缺 点	适 用 条 件
机械排泥	吸泥船	优点：①排泥效果好 ②可连续排泥 ③操作方便 缺点：①操作管理人员多，维护较复杂 ②设备较多	①原水浑浊度高，含砂量大 ②一般用于大型水厂预沉淀池中

（4）设计要点

① 池数或分格数一般不少于 2。沉淀时间一般为 1.5～3.0h，当处理低温低浊水或高浊度水时可适当延长。

② 沉淀池内水平流速一般为 10～25mm/s。配水墙过水洞流速控制在 0.15～0.2m/s。

③ 有效水深一般为 3.0～3.5m，缓冲超高一般为 0.3～0.5m，储泥区高 0.1～0.3m。集水槽溢流率不大于 300m³/(m·d)。

④ 沉淀池的每格宽度（或导流墙间距）宜为 3～8m，最大不超过 15m，长度与宽度之比不得小于 4，长度与深度之比不得小于 10。

⑤ 沉淀池的水力条件用佛罗德数 F_r 复核控制，一般 F_r 控制在 $1×10^{-4}～1×10^{-5}$ 之间。

$$F_r = \frac{v^2}{Rg}$$

$$R = \frac{w}{\rho} = \frac{BH}{2H+B}$$

式中　v——池内平均水平流速，cm/s；

　　　w——水流断面积，cm²；

　　　g——重力加速度，cm/s²；

　　　R——水力半径，cm；

　　　ρ——湿周，cm；

　　　B——池宽，cm；

　　　H——池内有效水深，cm。

⑥ 在出水堰前应设置收集与排除浮渣的设施（如可转动排渣管、浮渣槽等）。当采用机械排泥时，可一并结合考虑。挡渣板上缘高出水面 0.2～0.3m。重力排泥时，排泥管管径不小于 0.2m，中心距水面不小于 2m，储泥斗边坡不小于 55°。采用刮泥机或吸泥机要确保池底不留死角。若采用刮泥机，需设置储泥斗，储泥斗边坡坡度 45°～50°，池底坡度不小于2%。如图 3-20 污泥斗平面呈方形或近于方形的矩形，排数一般不宜多于两排。采用吸泥机排泥时，池底用平坡。采用机械排泥时，排泥机械行进速度为 0.3～1.2m/min。

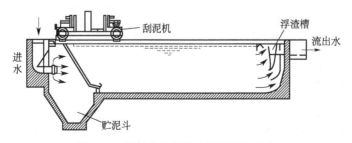

图 3-20　带行车式刮泥机的平流沉淀池

⑦ 池泄空时间一般≤6h。放空管直径可按下式计算：

$$d(m) = \sqrt{\frac{0.7BLH^{0.5}}{t}}$$

式中　B——池宽，m；

　　　L——池长，m；

　　　H——池内平均长度，m；

　　　t——泄空时间，s。

（5）计算方法　沉淀区主要几何尺寸（长、宽、高）的计算方法有以下几种。

① 按沉淀时间和水平流速计算（此法目前多用）。

② 按悬浮物在静水中的沉降速度及悬浮物去除百分率计算。

③ 除利用颗粒沉降速度原理外，还引入颗粒上升紊速 ω 这一修正数值计算。

$$w(mm/s) = 4n\frac{v}{H^{0.2}}$$

式中　v——池内平均水平速度；

　　　H——池内水深；

　　　n——池底及池壁的粗糙系数，当池体为混凝土结构时为 0.013～0.012。

④ 按过流率［或称面积复核，即单位时间内每平方米池子所通过的水量，其单位常用 $m^3/(d \cdot m^2)$ 表示］计算。一般过流率为 30～50$m^3/(d \cdot m^2)$。

3.4.1.2　斜板（管）沉淀池

斜板或斜管沉淀池是根据浅池理论得来的。是一种在沉淀池内装有许多间隔较小的平行倾斜板或直径较小的平行倾斜管的沉淀池。它最大的特点是池子的容积小，占地面积小，而且沉淀效果好。斜板沉淀池按进水方向的不同可分为三种类型：横向流（侧向流）、上向流和下向流（同向流）。在矿井水处理中较常用的形式为上向流斜管、上向流斜板和侧向流斜板。

（1）构造特点和分类

① 横向流斜板沉淀池，水从斜板侧面平行于板面流入，并沿水平方向流动，而沉泥由底部滑出，水和泥呈垂直方向运动。这种沉淀池也称侧向流、平向流及平流式斜板沉淀池。

② 上向流斜板（管）沉淀池，水从斜板（管）底部流入，沿板（管）壁向上流动，泥渣在斜板（管）中间沉淀，由底部滑出。这种沉淀池也叫上流式，又因为水和沉泥运动方向是相反的，故也叫逆向流斜板（管）沉淀池。此种形式，我国目前用得最多，尤其是斜管沉淀池。

③ 下向流斜板（管）沉淀池，水从斜板（管）的顶部入口处流入，沿板（管）壁向下流动，水和泥呈同一方向运动，因此也叫下流式或同向流斜板（管）沉淀池。"兰美拉"分离器，是下向流斜板沉淀池的一种形式。

另外，若按斜板（管）设置的层数，又可分为单层和多层斜板（管）沉淀池。前者用得最多。

斜板和斜管的水流断面形式国内常用的有平行板、正六边形、方形、矩形、波纹网眼形等，国外尚有山形、圆底形等。

斜板与斜管沉淀池具有沉淀效率高、占地面积小等优点，但必须注意确保絮凝效果和解决好排泥等问题。排泥设施在斜板（管）沉淀池中占有十分重要的地位，排泥是否顺畅关系到沉淀池能否正常运行，出水能否达到设计要求。国内目前常用的排泥设施有以下三类。

① 机械排泥。运行过程可自动控制，管理操作简单。可采用平底池以降低池高，减少土建费用，但制作维修困难。它适用于大型斜板（管）沉淀池。机械排泥按机械构造可分为桁架式、牵引式、中心悬挂式；按排泥方式可分为吸泥机和刮泥机等。上述机械排泥类型在我国各地均有采用。

② 穿孔管排泥。设备简单，排泥方便，但容易堵塞，需严格管理。它适用于中小水量、面积小、管长不大的斜板（管）沉淀池。

③ 多斗式排泥。容易控制和管理，且不易堵塞，但斗深增加了池子的高度，使土建造价加大。它适用于中小型斜板（管）沉淀池。

（2）设计计算方法 斜板、斜管沉淀池的计算方法，可分为分离粒径法、特性参数法和加速沉降法三种类型，其计算公式见表 3-15。这三种计算方式的区别在于对管内流速和颗粒沉降的假定不同。

表 3-15 斜板、斜管沉淀池计算公式

流向	断面形式	计算方法		
		分离粒径法	特性参数法	加速沉降法
上向流	圆管		$s=\frac{u_0}{v_0}\left(\frac{l}{d}\cos\theta+\sin\theta\right)=\frac{4}{3}$	$l=\frac{16}{15}v_0\sqrt{\frac{2d}{a\cos\theta}}-d\tan\theta$
	平行板	$d_p^2=K\dfrac{Q}{A_f+A}$，或 $Q=\varphi u_0(A_f+A)$	$s=\frac{u_0}{v_0}\left(\frac{l}{d}\cos\theta+\sin\theta\right)=1$	$l=\frac{4}{5}v_0\sqrt{\frac{2d}{a\cos\theta}}-d\tan\theta$
	正多边形		$s=\frac{u_0}{v_0}\left(\frac{l}{d}\cos\theta+\sin\theta\right)=\frac{4}{3}$	
	浅层明槽		$s=\frac{u_0}{v_0}\left(\frac{l}{H}\cos\theta+\sin\theta\right)=1$	
	方形暗渠		$s=\frac{u_0}{v_0}\left(\frac{l}{d}\cos\theta+\sin\theta\right)=\frac{11}{8}$	
下向流	平行板	$d_p^2=K\dfrac{Q}{A_f-A}$，或 $Q=\varphi u_0(A_f-A)$	$s=\frac{u_0}{v_0}\left(\frac{l}{d}\cos\theta-\sin\theta\right)=1$	$l=\frac{4}{5}v_0\sqrt{\frac{2d}{a\cos\theta}}+d\tan\theta$
	圆管			$l=\frac{16}{15}v_0\sqrt{\frac{2d}{a\cos\theta}}+d\tan\theta$
横向流	平行板	$d_p^2=K\dfrac{Q}{A_f}$，或 $Q=\varphi u_0 A_f$	$s=\frac{u_0}{v_0}\times\frac{l}{d}\cos\theta=1$	$l=v_大\sqrt{\frac{2d}{a\cos\theta}}$

注：d_p—分离颗粒的粒径；K—系数，由实验求得；φ—沉淀池有效系数；Q—池的进水流量；A_f—斜板总投影面积；A—斜板区表面积；u_0—颗粒临界沉降速度；s—特性参数；v_0—板（管）内平均流速；l—斜板（管）长度；θ—斜板（管）倾角；a—颗粒的沉降加速度；$u_大$—管内纵向最大流速；d—相邻斜板的垂直距离或斜管管径。

以上三种计算方法中，分离粒径法是斜板计算的一种方式，它不考虑流速分布的情况，因此计算比较简略，实质上是特性参数公式的一种特定形式。特性参数法虽然考虑了板

（管）内顺水流方向的流速分布情况，但未考虑凝聚颗粒的沉降情况。加速沉降法虽然考虑了凝聚颗粒的加速沉降因素，但却未考虑颗粒的起始沉降问题，同时目前尚缺少验证。另外，三种计算方法均未考虑垂直水流的横向断面上的流速问题，仅从纵向断面上的最大沉距来考虑问题。因此，斜板斜管沉淀池的水力计算方法，尚需进一步完善。

即使计算公式在理论上合理，若对一些基本参数（如颗粒沉降速率 u_0、颗粒沉降加速度 a 等）选取不当，也会引起很大出入。因此在设计中应参考实际经验采取较为安全和笼统的数据。经实践比较，采用特性参数公式，偏于安全，亦较利于适应水质变化的冲击负荷。

斜板（管）沉淀池的设计计算，主要在于确定池体尺寸，计算斜板（管）装置，校核运行参数（停留时间、上升流速、雷诺数等），确定排泥设备及进水与出水系统等。

（3）设计要点

① 横向流斜板沉淀池设计要点。横向流斜板沉淀池与平流式沉淀池的结构相似，但其沉淀区内装有纵向斜板。因此，它适于旧平流式沉淀池的改造。当池深较大时，为使斜板的制作和安装方便，在垂直方向可分成几段，在水平方向也可分成若干个单体组合使用。现将一些设计参数介绍如下。

a. 颗粒沉降速度 u_0 一般为 0.16～0.3mm/s，液面负荷为 6～12m³/(m²·h)。北方寒冷地区宜取低值。

b. 板内流速 v_0 可比普通平流式沉淀池的常用水平流速略高一些，可按 10～20mm/s 设计。

c. 斜板倾角 θ 以 50°～60°为宜。

d. 板距 P 一般采用 80～100mm，常用 100mm。当斜板倾角为 60°时，两块斜板的垂直距离 d 为 80mm 左右。

e. 斜板长度 l，系指斜板沿水流方向的长度。斜板的最小长度为 $l = tv_0 = P\tan\theta v_0 / u_0$，单层斜板板长不宜大于 1.0m。

f. 停留时间 $t_留$（指水流在斜板内通过的时间）是根据板距 P 和沉降速率 u_0 求得，而不是一个控制指标。一般 $t_留$ 为 10～15min。

g. 有效系数 φ，指增加斜板沉淀面积后，实际所能提高的沉淀效率和理论上可以提高的沉淀效率的比值。一般 φ 为 70%～80%，设计时以小于 75% 为宜。

h. 为了均匀配水和集水，在横向流斜板沉淀池的进口与出口处应设置整流墙，其孔口可为圆形、方形、楔形、槽形等。一般开孔面积约占墙面积的 3%～7%，要求进口整流墙的穿孔流速不大于絮凝池的末挡流速。整流墙与斜板进口的间距为 1.5～2.0m，距出口1.2～1.4m。

i. 为了防止水流在斜板底下短流，必须在池底上及斜板底下，垂直于水流设置多道阻流壁（木板或砖墙）。在两道阻流壁之间，设横向刮泥设施。另外，在斜板两侧与池壁的空隙处也应堵塞紧密以阻流，同时斜板顶部应高出水面。

j. 一般在平流式沉淀池中加设斜板时，其位置设在靠近出水端区域为宜，用作饮用水沉淀池时斜板材料应为无毒材料。

② 上向流斜板（管）沉淀池的设计要点

a. 颗粒沉淀速度。它与原水水质、出水水质的要求及絮凝效果等因素有关，应通过沉淀实验求得。在无实验资料时，可参考已建类似沉淀设备的运转资料确定。混凝处理后的颗粒沉淀速度一般为 0.3～0.5mm/s。

b. 上升流速。它泛指斜板、斜管区平面面积上的液面上升流速，可根据表面负荷计算求得。为保证出水水质，斜管沉淀区液面负荷一般可采用 $5.0 \sim 9.0 m^3/(m^2 \cdot h)$。当斜板（管）倾角为 $60°$ 时，其板（管）内流速为 $2.5 \sim 3.5 mm/s$；低温低浊度原水及大水量池子应采用低值。另外，水在斜板（管）内的停留时间一般为 $4 \sim 7 min$。

c. 斜板（管）的倾角。目前斜板（管）多采用后倾式，以利于均匀配水。为排泥方便，倾角采用 $50° \sim 60°$。倾角与材料有关，目前上向流倾角一般为 $60°$。

d. 管径与板距。管径指圆形斜管的内径，正方形管的边长，六边形的内切圆直径。板距则指矩形或平行板间的垂直距离。管径一般为 $30 \sim 40 mm$。板距一般采用 $50 \sim 150 mm$。

e. 斜板（管）的长度。斜板（管）长一般为 1m。考虑到水流由斜管进口端的紊流过渡到层流的影响，斜管计算可另加 $20 \sim 25 cm$ 过渡段长度，作为斜管的总长度。图 3-21 和图 3-22 是按特性参数公式绘制的，正六边形和平行板矩形斜管的 l/d 计算曲线，供计算参考，设计时应结合实际经验调整采用。

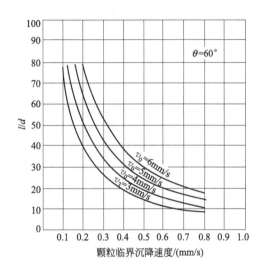

图 3-21　正六边形断面斜管 l/d 计算曲线　　图 3-22　平等板矩形斜管 l/d 计算曲线

f. 有效系数（或利用系数）φ。它指斜板（管）区中有效过水面积（总面积扣除斜板或斜管的结构面积）与总面积之比，由于材料厚度和性状不同而异。塑料与纸质六边形蜂窝斜管，$\varphi = 0.92 \sim 0.95$；石棉水泥板，$\varphi = 0.79 \sim 0.86$。

g. 整流设施。整流的目的在于使水流能均匀地由絮凝池进入斜板（管）下部的配水区。其形式有以下几种：（a）缝隙隔条整流，缝隙前窄后宽，穿缝流速可为 $0.13 m/s$；（b）穿孔墙整流，穿孔流速可为 $0.05 \sim 0.10 m/s$；（c）下向流配水斜管（同向流凝聚配水器），管内流速可用 $0.05 m/s$。

h. 配水区高度。斜板（管）底到池底的高度不宜小于 1.5m，以便检修。另外，为便于检修，应在斜板（管）区或池壁边设置人孔或检修廊。

i. 清水区和集水系统。清水区保护高度不宜小于 1.0m，集水系统的设计一般与澄清池相同，有穿孔集水管（上面开孔）和溢流槽两种形式。穿孔管的进水孔径一般为 25mm，孔距 $100 \sim 250 mm$，管中距在 $1.1 \sim 1.5m$ 之间。溢流槽有堰口集水槽和淹没孔集水槽，孔口上淹没深度为 $5 \sim 10 cm$。在设计集水总槽时，应考虑出水量超负荷的可能性，一般至少按设计流量的 1.5 倍计算。

　　j. 雷诺数 Re 和弗劳德数 Fr。这两个参数是判定沉淀效果的重要指标。普通斜板沉淀池中的水流基本上属层流状态，而斜管沉淀池的雷诺数多在 200 以下，甚至低于 100。在斜板沉淀池中，当斜板倾角为 60°，板间斜距为 P，水温为 20℃（$\nu=0.01\text{cm}^2/\text{s}$）时，其雷诺数曲线如图 3-23 所示。斜板沉淀池的弗劳德数，一般为 $10^{-3} \sim 10^{-4}$（普通平流式沉淀池 $Fr=10^{-5}$）。斜管沉淀池由于湿周大，水力半径较斜板沉淀池小，因此弗劳德数更大。当斜板斜距为 P，水温为 20℃（$\nu=0.01\text{cm}^2/\text{s}$），倾角为 60° 时，弗劳德数曲线如图 3-24 所示。目前在设计斜板、斜管沉淀池时，一般只进行雷诺数的复核，而对弗劳德数可不予核算。对正六边形断面斜管，当其内切圆直径 $d=2.5 \sim 5.0\text{cm}$，管内平均流速 $v_0=3 \sim 10\text{mm/s}$，水温 $t=20℃$（$\nu=0.01\text{cm}^2/\text{s}$）时，其雷诺数见表 3-16，可供选用。矩形断面斜板（管）沉淀装置，当其板距 $d=2.5 \sim 5.0\text{cm}$，板间隔条间距 $W=20.30\text{cm}$，水温为 20℃（$\nu=0.01\text{cm}^2/\text{s}$）时，其雷诺数见表 3-17。

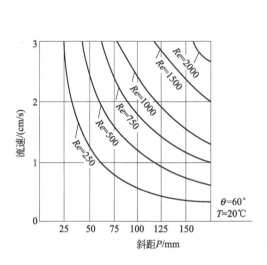

图 3-23　斜板雷诺数曲线

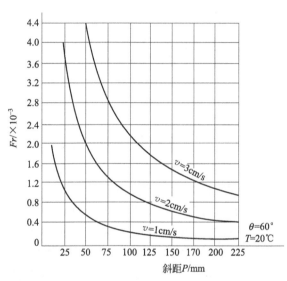

图 3-24　斜板弗劳德数曲线

表 3-16　正六边形断面斜管雷诺数

管内平均流速 v_0 /(mm/s)	内切圆直径 d/mm				
	25	30	35	40	50
3.0	18.8	22.5	26.3	30	37.5
3.5	22.0	26.3	30.7	35	43.7
4.0	25.0	30.0	35.0	40	50.0
4.5	28.0	34.0	39.5	45	56.2
5.0	31.0	37.8	43.7	50	62.5
5.5	34.2	41.3	48.2	55	68.7
6.0	37.6	45.0	52.5	60	75.0
6.5	40.2	49.0	57.0	65	81.2
7.0	44.0	52.5	61.5	70	87.5
7.5	47.0	56.2	65.7	75	93.5
8.0	50.0	60.0	70.0	80	100.0
9.0	56.0	68.0	79.0	90	112.5
10.0	62.0	75.0	81.5	100	125.0

表 3-17　矩形孔雷诺数 Re

管内平均流速 v_0 /(mm/s)	板间隔条间距/cm									
	$W = 20cm$					$W = 30cm$				
	2.5	3.0	3.5	4.0	5.0	2.5	3.0	3.5	4.0	5.0
3.0	33.3	39.0	44.7	50.0	60.0	34.5	41.0	47.0	53.0	64.5
3.5	39.0	45.5	52.0	58.5	70.0	40.5	47.5	54.5	62.0	75.0
4.0	44.5	52.0	59.5	67.0	80.0	46.0	54.3	62.5	70.5	86.0
4.5	50.0	58.5	67.0	75.0	90.0	52.0	61.0	70.5	79.5	97.0
5.0	55.5	65.0	74.5	83.5	100.0	57.5	68.0	78.0	88.0	108.0
5.5	61.1	71.5	82.0	92.0	110.0	63.5	75.0	86.0	97.0	118.0
6.0	66.6	78.0	89.5	100.0	120.0	69.0	81.5	94.0	106.0	129.0
7.0	78.0	91.0	104.0	117.0	140.0	81.0	95.0	109.0	124.0	150.0
8.0	89.0	104.0	119.0	134.0	160.0	92.0	108.5	125.0	141.0	172.0
9.0	100.0	117.0	134.0	150.0	180.0	104.0	122.0	141.0	159.0	194.0
10.0	110.0	130.0	149.0	167.0	200.0	115.0	136.0	157.0	177.0	215.0

3.4.1.3　高效沉淀池

高效沉淀池是近些年来新出现的高效率净水设施。"高效"体现在两个方面：一是集混合、絮凝、沉淀、泥渣浓缩于一体，占地面积小，水头损失小，系统效率高；二是采用斜管沉淀、泥渣回流、投加微砂等措施大幅度提高沉淀区表面负荷，沉淀效率高。高效沉淀池不仅提高了水处理效率，而且在应对低温低浊度原水和高含藻原水时处理能力突出，出水水质稳定，因此在水处理中得到越来越多的应用。

（1）工艺原理和构造　高密度沉淀池的技术原理与污泥循环型澄清池基本相同，其絮凝形式为接触絮凝。二者都是利用污泥回流，在絮凝区产生足够的宏观固体，并利用机械搅拌保持适当的紊流状态，以创造最佳的接触絮凝条件。

由法国得利满公司研发的高密度沉淀池（Densadeg）是高效沉淀池的一种，是以体外泥渣循环回流为主要特征的一项沉淀澄清新技术。亦即用浓缩后具有活性的泥渣作为"催化剂"，借助高浓度优质絮体群的作用，大大改善和提高絮凝和沉淀效果而得名。

高密度沉淀池是"混合凝聚，絮凝反应、沉淀分离"三个单元的综合体，即把混合区、絮凝区、沉淀区在平面上呈一字型紧密串接成为一个有机的整体而成，其工艺构造原理参见图 3-25。该工艺是在传统的斜管式混凝沉淀池的基础上，充分利用加速混合原理、接触絮凝原理和浅池沉淀原理，把机械混合凝聚、机械强化絮凝、斜管沉淀分离三个过程进行优化组合，从而获得常规技术所无法比拟的优良性能。

加砂高速沉淀池是法国威立雅水务公司研发的另一种高效沉淀池。其构造与高密度沉淀池基本相同，不同之处在于增加了微砂投加装置和砂泥分离装置。微砂是粒径在 $80 \sim 100\mu m$ 的石英砂，其作用有三：一是吸附脱稳胶体，促进絮体成长；二是提高絮体密度，加速絮体沉淀；三是通过砂粒及絮体对藻类的吸附，促进藻类去除。

砂泥分离装置工作原理类似于水力旋流除砂器，砂与泥的混合物从切线方向进入分离器，较高的流速产生较大的剪切力和离心力促使泥砂分离，砂从分离器下口回入池中循环使用，泥则从分离器上口排出。

上海市政工程设计研究总院、北京市市政工程设计研究总院、中国市政工程华北设计研究、总院等设计研究单位，在引进得利满公司高密度沉淀池的基础上，结合我国具体情况和要求，又研发出了不同风格和特点的高密度沉淀池池型。

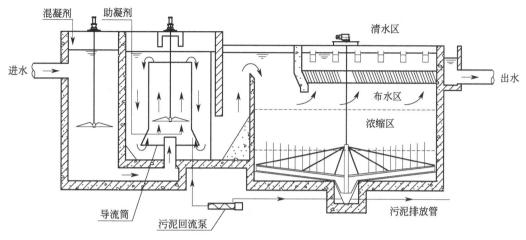

图 3-25　高密度沉淀池构造示意图

（2）技术特点　高效沉淀池与普通平流式沉淀池以及泥渣循环型机械搅拌澄清池相比有以下特点。

① 在混合、絮凝、沉淀的三个工序之间，不用管渠连接，而采用宽大、开放、平稳、有序的直通方式紧密衔接，有利于水流条件的改善和控制。同时采用矩形结构，简化了池型，便于施工，布置紧凑，节省占地面积。

② 回流泥渣或同时投加微砂以保持絮凝区较高浓度的悬浮物，加快絮凝过程，缩短絮凝时间，克服低浊度原水的不利影响。

③ 混合、絮凝及泥渣回流均采用机械方式，便于调控维持最佳工况，生成的絮体密度大，有利于沉淀分离。沉淀区装设斜管，可进一步提高表面负荷。

④ 采用高分子絮凝剂，并投加助凝剂 PAM，以提高絮体凝聚效果，加快泥水分离速度。

⑤ 沉淀池下部设有泥渣浓缩功能，可节省另设浓缩池的占地，还可节省泥渣输送管道和设备。池底设有浓缩机，可提高排出泥渣的浓度，含固率可达 3% 以上。

⑥ 对关键技术部位的运行工况，采用严密的高度自动监控手段，进行及时自动调控。例如，絮凝-沉淀口衔接过渡区的水力流态状况，浓缩区泥面高度的位置，原水流量、促凝药剂投加量与泥渣回流量的变化情况等。

⑦ 在清水集水支槽底部装设垂直的隔板，把上部池容积分成几个单独的水力区，以使各处水力平衡，上升流速均匀稳定，确保出水水质。

（3）性能特点

① 抗冲击负荷能力较强，对进水的流量和水质波动不敏感。

② 絮凝能力较强，沉淀效果好（沉速可达 20m/h），可形成 500mg/L 以上的高浓度混合液，出水水质稳定（一般为 <10NTU），这主要得益于絮凝剂、助凝剂、活性泥渣回流的联合应用以及合理的机械混凝手段应用。

③ 水力负荷大，产水率高，水力负荷可达 23m³/(m²·h)，加砂高速沉淀池可达 38m³/(m²·h)。因为沉淀速度快，絮凝沉淀时间短，分离区的上升流速高达 6mm/s，比普通斜管沉淀池和机械搅拌澄清池都高很多。

④ 促凝药耗低。例如中置式高密度沉淀池的药剂成本较平流式沉淀池低 20%。

⑤ 排泥浓度高，高浓度的排泥可减少水量损失。

⑥ 占地面积小。因为其上升流速高，且为一体化构筑物、布置紧凑，不另设泥渣浓缩池。例如中置式高密度沉淀池的占地面积比平流式沉淀池少50%左右。

⑦ 自动控制，工艺运行科学稳定，启动时间短（一般小于30min）。

⑧ 有报导说，当原水的浊度超过1500NTU时，此种沉淀池将不适用。絮凝-沉淀之间的配水很难均匀，影响其性能发挥；由于引进型是专利产品，所以其设备、材料价格贵，投资也很高。

（4）关键部位设计　根据资料报导，决定高密度沉淀池工艺是否成功的关键部位和技术是：池体结构的合理设计，加药量和泥渣回流量控制，搅拌提升机械设备工况调节，泥渣排放的时机和持续时间等。

① 为使各部分布水均匀，水流平稳有序，在池内应合理设置配水设施和挡板。特别是絮凝区与沉淀区之间的过渡衔接段设计，在构造上要设法保持水流以缓慢平稳的层流状态过渡，以使絮凝后的水流均匀稳定地进入沉淀区。例如，加大过渡段的过水断面，或采用下向流斜管（板）布水等。

② 沉淀池斜管区下部的池容空间为布水预沉和泥渣浓缩区，即沉淀分两个阶段进行：首先是在斜管下部巨大容积内进行的深层拥挤沉淀（大部分泥渣絮体在此得以下沉去除），而后为斜管中的"浅池"沉淀（去除剩余的絮体绒粒）。其中，拥挤沉淀区的分离过程应是沉淀池几何尺寸计算的基础。

③ 沉淀区下部池体应按泥渣浓缩池合理设计，以提高泥渣的浓缩效果。浓缩区可以分为两层：上层用于提供回流泥渣；下层用于泥渣浓缩外排。

④ 絮凝搅拌机械设备工况的调节，是池内水力条件调节的关键。该设备一般可按设计水量的8～10倍配置提升能力，并采用变频装置以调整转速，改变池体水力条件，适应原水水质和水量的变化。泥渣回流泵的能力，可按照设计水量的10%配置，采用变频调速电机，根据水量、水质条件调节活性泥渣回流量。

⑤ 严格调控浓缩区泥渣的排放时机和持续时间，使泥渣面处在合理的位置上，以保证出水浊度和泥渣浓缩效果。泥渣浓缩机的外缘线速度一般为20～30mm/s。

高密度沉淀池尚无设计规范，其主要设计参数列于表3-18，仅供参考。

表 3-18　高密度沉淀池主要设计参数

名称	代号	取值范围
混合时间/min	t_1	0.3～2
混合区速度梯度/s^{-1}	G_1	500～1000
絮凝时间/min	t_2	10～15
絮凝区速度梯度/s^{-1}	G_2	30～60
过渡区流速/(m/s)	v	0.05～0.1
沉淀区表面负荷/[m³/(m²·h)]	q	15～30
泥渣回流比/%	R	1.5～3.5
沉淀池内固体负荷/[kg/(m²·h)]		6
浓缩泥渣深度/m		0.2～0.5
微砂投加量/(mg/L)		1～2
絮凝区微砂浓度/(kg/m³)		3

（5）工程应用　由于高密度沉淀池的优异性能，目前已在国内水处理领域得到成功的应用。它不仅可用于城镇供水的沉淀和软化处理，工业工艺生产用水处理，还可用于城镇污水

的初级沉淀、深度除磷和泥渣浓缩脱水处理以及工业废水的特殊处理等方面。同时它适应的水质范围较广,如低温低浊水及高藻原水的处理等。据资料显示,目前国内已有数十处在应用,其中以污水处理工艺居多。

3.4.2　澄清池

澄清池是有泥渣参与工作的、在一个池子内完成水和药剂的混合、反应及所形成的絮凝体与水分离三个过程的净水构筑物。在澄清池中,沉泥被提升起来并使之处于均匀分布的悬浮状态,在池中形成高浓度的稳定活性泥渣层,原水通过活性泥渣层时,由于接触絮凝作用,原水中的悬浮物便被活性泥渣层截留,清水在澄清池上部排出,而泥渣层中老化或加重了的悬浮体则落入专设部位被排走。

澄清池中起到截留分离杂质颗粒作用的介质是呈悬浮状的泥渣。在澄清池中,沉泥被提升起来并使之处于均匀分布的悬浮状态,在池中形成高浓度的稳定活性泥渣层,该层悬浮物浓度在 $3\sim10\text{g/L}$。原水在澄清池中由下向上流动,泥渣层由于重力作用可在上升水流中处于动态平衡状态。当原水通过泥渣悬浮层时,利用接触絮凝原理,原水中的悬浮物便被泥渣悬浮层阻留下来,使水获得澄清。清水在澄清池上部被收集。

泥渣悬浮层上升流速与泥渣的体积、浓度有关,因此,正确选用上升流速,保持良好的泥渣悬浮层,是澄清池取得较好处理效果的基本条件。国内外在污水深度处理中采用的澄清池较多,运行效果较好。

澄清池的种类很多,但从净化作用原理和特点上划分,可归纳为泥渣接触过滤型(或称悬浮泥渣型)澄清池和泥渣循环分离型(或称回流泥渣型)澄清池。常用的澄清池有:机械搅拌澄清池、水力循环澄清池、悬浮澄清池、脉冲澄清池等。矿井水处理工程中多用泥渣循环分离型(机械搅拌澄清池、水力循环澄清池)。国内已有的几种池型可归纳分类见图 3-26。

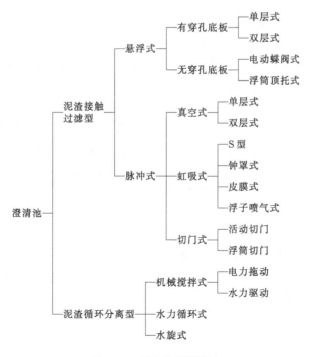

图 3-26　国内常用澄清池

　　澄清池一般采用钢筋混凝土结构，但也有用砖石砌筑，小水量者还有用钢板制成的。澄清池形式的选择，主要应根据原水水质、出水要求、生产规模、水厂布置、地形、地质以及排水条件等因素，进行技术经济比较后决定。表 3-19 列出了几种澄清池的性能特点及适用条件，供选型参考。

表 3-19　常用澄清池优缺点及适用范围

形式	优缺点	适用条件
机械搅拌澄清池	优点：处理效率高，单位面积产水量较大；适应性较强，处理效果稳定；采用机械刮泥设备后，对高浊度水（3000mg/L 以上）处理也具有一定适应性 缺点：需要一套机械搅拌设备；加工和安装要求精度高；维修较麻烦	①进水悬浮物含量一般小于 1000mg/L，短时间内允许达 3000~5000mg/L ②一般为圆形池子 ③适用于大、中型规模
水力循环澄清池	优点：无机械搅拌设备；构造简单 缺点：投药量较大，要消耗较大的水头；对水质、水量变化适应性较差	①进水悬浮物含量一般小于 1000mg/L，短时间内允许达 2000mg/L ②一般为圆形池子 ③适用于中小型规模
脉冲澄清池	优点：虹吸式机械设备较为简单；混合充分，布水较均匀；池深较浅，便于布置，也适用于平流式沉淀池改造 缺点：真空式需要一套真空设备，较为复杂；虹吸式水头损失较大，周期较难控制；操作管理要求较高	①进水悬浮物含量一般小于 1000mg/L，短时间内允许达 3000mg/L ②可建成圆形、矩形或方形池子 ③适用于大、中、小型规模
悬浮澄清池（无穿孔底板）	优点：构造较简单；能处理高浊度水（双层式加悬浮层底部开孔）；形式较多，可间歇运行 缺点：需设气水分离器；对进水量、水温等因素较敏感；处理效果不如加速澄清池稳定；双层式时池深较大	①进水悬浮物含量小于 1000mg/L 时宜用单层式，在 3000~10000mg/L 时宜用双层式 ②可建成圆形或方形池子 ③一般流量变化每小时不大于 10%，水温变化每小时不大于 1℃

3.4.2.1　机械搅拌澄清池

　　机械搅拌澄清池属泥渣循环分离型澄清池，系利用机械搅拌的提升作用来完成泥渣回流和接触反应。浑浊矿井水中悬浮物颗粒较小，不易沉降，利用回流泥渣类似网捕的作用沉淀效果较好。

　　机械搅拌澄清池的构造如图 3-27 所示，一般采用圆形池，主要由第一反应（絮凝）区和第二反应（絮凝）区及分离区组成。加过混凝剂的原水在第一反应区和第二反应区内与高浓度的回流泥渣相接触，达到较好的絮凝效果，结成大而重的絮凝体，进而在分离室中进行分离。第二反应区设有导流板（图中未绘出），用以消除因叶轮提升时所引起的水的旋转，使水流平稳地经导流区流入分离区。分离区中下部为泥渣层，上部为清水层，清水向上经集水槽流至出水槽。

　　设计要点如下。

　　① 池数一般不少于两个。第二絮凝室、第一絮凝室、分离室的容积比一般为 1∶2∶7。

　　② 二反应室计算流量（考虑回流因素在内）一般为出水量的 3~5 倍。

　　③ 清水区上升流速一般采用 0.8~1.1mm/s，当处理低温低浊水时可采用 0.7~0.9mm/s。

　　④ 水在池中的总停留时间为 1.2~1.5h，第二絮凝室的停留时间为 0.5~1.0min，导流室中停留时间为 2.5~5.0min（均按第二絮凝室提升水量计）。

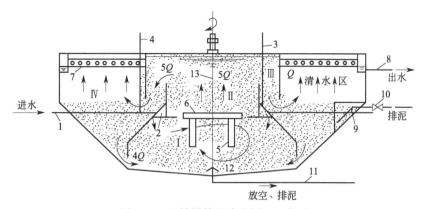

图 3-27　机械搅拌澄清池剖面示意图

1—进水管；2—三角配水槽；3—透气管；4—投药管；5—搅拌浆；6—提升叶轮；7—集水槽；
8—出水管；9—泥渣浓缩室；10—排泥阀；11—放空管；12—排泥罩；13—搅拌轴；
Ⅰ—第一絮凝室；Ⅱ—第二絮凝室；Ⅲ—导流室；Ⅳ—分离室

⑤ 为使进水分配均匀，可采用三角配水槽缝隙或孔口出流以及穿孔管配水等，配水三角槽应设排气管，以排除槽中积气。为防止堵塞，也可采用底部进水方式。

⑥ 加药点一般设于池外，在池外完成快速混合。

⑦ 第二反应室内应设导流板，其宽度一般为直径的 0.1 左右。

⑧ 清水区高度为 1.5～2.0m，底部锥体坡角一般在 45°左右。池底以大于 5% 的坡度坡向池中心排泥管口。当设有刮泥装置时也可做成弧底。

⑨ 集水方式可选用可调整的淹没环形孔集水槽，孔口直径 20～30mm。当单池出水量大于 400m³/h 时，应另加辐射槽，池径小于 6m 时用 4～6 条，直径 6～10m 时用 6～8 条。

⑩ 进水悬浮物含量经常小于 1000mg/L，且池径小于 24m 时可采用污泥浓缩斗排泥和底部排泥相结合的形式，一般设置 1～3 个排泥斗，泥斗容积一般为池容积的 1%～4%。

⑪ 排泥周期一般为 0.5～1.0h，排泥历时 5～60s。泥渣含水率为 97%～99%（按质量计），排泥耗水量占进水量的 2%～10%。小型水池也可只用底部排泥，池底坡向排泥管口，为了排泥均匀，排泥管口需要加罩。进水悬浮物含量小于 1000mg/L 且池径小于 24m 时，可采用污泥浓缩斗排泥和底部排泥相结合的形式。根据池子大小设置 1～3 个污泥斗，污泥斗的容积一般为池容积的 1%～4%，小型水池也可只用底部排泥。进水悬浮物含量超过 1000mg/L 或池径大于 24m 时，应设机械排泥装置。

⑫ 在进水管、第一反应室、第二反应室、分离区、出水槽等处，可视具体要求设取样管。

⑬ 机械搅拌澄清池的搅拌机由驱动装置、提升叶轮、搅拌桨叶和调流装置组成。驱动装置一般采用无级变速电动机，以便根据水质和水量变化调整回流比和搅拌强度；提升叶轮用以将一反应室水体提升至二反应室，并形成澄清区泥渣回流至一反应室；搅拌桨叶用以搅动一反应室水体，促使颗粒接触絮凝；调流装置用作调节回流量。

⑭ 搅拌桨叶外径一般为叶轮直径的 0.7～0.8，高度为一反应室高度的 1/3～1/2，宽度为高度的 1/3。某些水厂的实践运行经验表明，加长叶片长度、加宽叶片，使叶片总面积增大，搅拌强度增大，有助于改进澄清池处理效果，减少池底积泥。

⑮ 澄清池各处的设计流速列于表 3-20，供选用。

表 3-20　机械搅拌澄清池的设计流速

编号	名　　称	单位	数　　值
1	进水管流速	m/s	0.8～1.2
2	配水三角槽流速	m/s	0.5～1.0
3	三角槽出流缝流速	m/s	0.5～1.0
4	搅拌叶片边缘线速度	m/s	0.33～1.0
5	提升叶轮进口流速	m/s	0.5
6	提升叶轮边缘线速度	m/s	0.5～1.5
7	第二絮凝室上升流速	mm/s	40～70
8	导流室下降流速	mm/s	40～70
9	导流室出口流速	mm/s	60
10	泥渣回流缝流速	mm/s	100～200
11	分离区上升流速	mm/s	0.8～1.1
12	集水槽孔眼流速	m/s	0.5～0.6
13	出水总槽流速	m/s	0.4

3.4.2.2　水力循环澄清池

在水力循环澄清池中，水的混合及泥渣的循环回流是利用水射器的作用，即利用进水管中水流的动力来完成的。所以，其最大特点是没有转动部件。

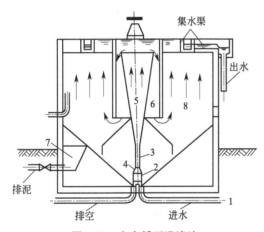

图 3-28　水力循环澄清池

1—进水管；2—喷嘴；3—喉管；4—喇叭口；5—第一絮凝室；6—第二絮凝室；7—泥渣浓缩室；8—分离室

水力循环澄清池主要由进水水射器（喷嘴、喉管等）、絮凝室、分离室、排泥系统、出水系统等部分组成（图 3-28）。其加药点视与泵房的距离可设在水泵吸水管或压水管上，也可设在靠近喷嘴的进水管上。当具有一定动能的加药原水高速通过喷嘴进入喉管时，在喉管进口周围造成负压，并且吸入大量活性回流泥渣。由于喉管中水的快速流动，使水、药和泥渣得到充分混合。在喉管以后，水的流程和机械搅拌澄清池相似，即由第一絮凝室→第二絮凝室→分离室→集水系统。

水力循环澄清池适用于中小型规模处理厂（水量一般在 $50～400 m^3/h$ 之间），进水悬浮物在 1000mg/L，短时间内允许达到 2000mg/L。另外高程上适合与无阀滤池配套使用。

设计要点如下。

① 设计回流水量一般采用进水流量的 2～4 倍。

② 喷嘴直径与喉管直径之比可采用 1/4～1/3，喉管截面积与喷嘴截面积之比在 12～13 之间。喷嘴口与喉管口的间距一般为喷嘴直径的 1～2 倍。喷嘴水头损失一般为 2～5m。

③ 水在池内总停留时间为 1～1.5h。喉管瞬间混合时间一般为 0.5～0.7s。第一絮凝室停留时间为 15～30s，第二絮凝室为 80～100s。

④ 清水区高度一般为 2～3m，超高为 0.3m。

⑤ 池的斜壁与水平夹角一般不宜小于 45°。

⑥ 为避免池底积泥，提高回流泥渣浓度，喷嘴离池底的距离一般不大于 0.6m。

⑦ 排泥耗水量一般在 5%左右。

⑧ 池子主要部位的设计流速见表 3-21。

表 3-21　水力循环澄清池的设计流速

序号	名称	单位	数值	备注
1	喷嘴流速	m/s	6～9	常用 7～8
2	喉管流速	m/s	2～3	
3	第一絮凝室出口流速	mm/s	50～80	
4	第二絮凝室进口流速	mm/s	40～50	
5	清水区上升流速	mm/s	0.7～1.1	低温低浊水宜取小值
6	进水管流速	m/s	1～2	

关于各种产水量的水力循环澄清池及其管道的参考尺寸（图 3-29）列于表 3-22 和表 3-23，供参考。

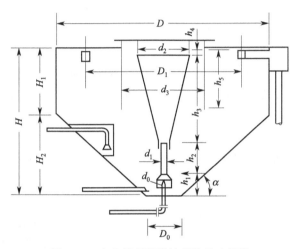

图 3-29　水力循环澄清池部位尺寸符号

表 3-22　水力循环澄清池参考尺寸　　　　单位：m

流量 /(m³/h)	d_0 /mm	d_1 /mm	d_2	d_3	D_0	D_1	D	h_1	h_2	h_3	h_4	h_5	H_1	H_2	H	α
50	50	180	1.10	1.75	0.70	3.30	4.50	0.40	1.30	3.00	0.5	3.00	3.40	1.90	5.30	45°
75	60	220	1.36	2.15	0.90	4.25	5.50	0.45	1.40	3.25	0.5	3.00	3.40	2.30	5.70	45°
100	70	250	1.60	2.50	1.00	4.66	6.40	0.45	1.50	3.50	0.5	3.00	3.40	2.70	6.10	45°
150	85	300	1.95	3.10	1.00	5.70	7.80	0.48	1.60	3.95	0.5	3.00	3.30	3.40	6.70	45°
200	100	350	2.23	3.52	1.20	6.55	9.00	0.55	1.65	3.75	0.5	3.00	3.37	3.28	6.65	40°
300	120	420	2.75	4.35	1.50	8.10	11.00	0.60	1.65	4.20	0.5	2.95	3.20	4.00	7.20	40°
400	140	500	3.30	5.00	1.50	9.30	12.70	0.60	1.70	4.80	0.5	2.95	3.20	4.70	7.90	40°

表 3-23　水力循环加速澄清池管道直径参考尺寸　　　　单位：m

流量/(m³/h)	进水管	出水管	排泥管	放空管	溢流管
50	100	100	—	150	100
75	150	150	—	150	150
100	150	150	100	150	150
150	200	200	100	150	200
200	250	250	100	150	250
300	300	300	150	200	300
400	300	300	150	200	300

3.5 过滤

3.5.1 过滤及其类型

过滤系指悬浮液流经多孔介质并进行固液分离的过程。它是饮用水澄清工艺中所不可缺少的最终工序，是工业用水进行预处理的主要环节，也是高纯水制备工艺中精处理的重要手段。

在过滤装置中，过滤介质（过滤载体）是核心组成部分，也是过滤功能水质提高的关键。

按照被截留杂质在过滤介质上的分布特点情况，过滤又可分为表面过滤和滤层过滤两类。当被截留的颗粒物聚集在过滤介质表面时，则称表面过滤（亦叫滤饼过滤或截体过滤），如各种膜过滤（粗滤、微滤、超滤、纳滤、反渗透过滤）均属表面过滤；当被截留的颗粒物分布在过滤介质层内部时，则称滤层过滤（或体积过滤、滤床过滤、深层过滤），粒状及纤维状材料过滤都是滤层过滤。从机理上看，表面过滤主要在于介质空隙的筛除作用，而滤层过滤则主要是粒状滤料表面的黏附作用。

过滤单元的运行工艺为"进水过滤—压力水反冲洗"的周期性变换。

矿井水经过混凝沉淀后可以去除大部分悬浮物。过滤是进一步净化水质所不可缺少的处理单元。用于矿井水澄清处理的过滤属于滤层过滤，常用的滤池有普通快滤池、虹吸滤池、无阀滤池等。

滤池的选择主要取决于矿井水的处理水量、出水水质及净化工艺流程的布置。例如，水力循环澄清池常与无阀滤池连用。高浊度矿井水不宜选用翻砂困难或冲洗强度受限制的池型。

3.5.2 常用滤池及适用条件

由于滤速、滤料设置方式、进水方式、操作手段及冲洗设施等不同，滤池有很多种类。表 3-24 列出国内矿井水处理常用的滤池特点和适用条件。

表 3-24　常用滤池的特点及适用条件

形式		特点	适用条件	
			滤前水浊度	适用规模
普通快滤池	单层滤料	优点:运行管理可靠,有成熟的运行经验;池深较浅 缺点:阀门比较多;一般大阻力冲洗,需要设有冲洗设备	一般≤20NTU	各种规模矿井水处理单池面积一般≤100m²
	双层滤料	优点:滤速比单层的高;含污能力较大(约为单层滤料的 1.5~2.0 倍),工作周期较长;无烟煤做滤料易取得,成本低 缺点:滤料粒径选择较严格;冲洗时要求高,常因煤粒不符合规格发生跑煤现象;煤砂之间易积泥	一般≤20NTU 短期≤50 NTU	各种规模矿井水处理单池面积一般≤100m²
接触双层滤料滤池		优点:可一次净化,处理构筑物少,占地少;基建投资低 缺点:加药管理复杂;工作周期较短;其他缺点同双层滤料普通快滤池	一般≤150NTU	用于 5000m³/d 以下的规模较合适

续表

形式		特点	适用条件	
			滤前水浊度	适用规模
虹吸滤池		优点:不需要大型闸阀,可以省阀井;不需要冲洗水泵或水箱;易于实现自动化控制 缺点:一般需设置抽空设备,池深较大,结构较复杂	同单层滤料普快滤池	大中型矿井水处理 一般采用小阻力配水,每格池面不宜大于 25m²
无阀滤池	重力式	优点:一般不设闸阀,管理维护简单,能自动冲洗 缺点:清砂较为不方便	同普快滤池	中小规模的矿井水处理 单池面积一般≤25m²
	压力式	优点:可一次净化,单独成一小水厂,可以省去二级泵站;可作小型、分散、临时性供水 缺点:清砂较为不方便;其他缺点同接触双层滤池	同接触双层滤料滤池	小型规模矿井水处理 单池面积一般≤5m²
V 形滤池		优点:均粒滤料,含污能力高;气水反冲洗、表面冲洗结合,反冲洗效果好;单池面积大 缺点:池体结构复杂,滤料贵;增加反洗供气系统;造价高	一般≤20NTU	矿井水处理中应用较少
移动罩滤池	泵吸式	优点:一般不设闸阀,易于实现自动化控制,连续过滤,构造简单,占地小,池深浅;减速过滤 缺点:管理、维修要求高;施工精度要求高;设备复杂,反洗罩易坏	一般≤10NTU,个别为 15 NTU	矿井水处理中应用很少 单池面积一般≤10m²
	虹吸式	优点:不设闸阀;不需要冲洗水泵或水箱;易于实现自动化控制,连续过滤,构造简单,占地小,池深浅;减速过滤 缺点:管理、维修要求高;施工精度要求高;设备复杂,反洗罩易坏		

3.5.3　普通快滤池

普通快滤池是应用历史最久、最为典型的过滤设施。因其有 4 个阀门(进水阀、出水阀、反冲洗进水阀、排水阀),也称为四阀滤池,如果将其进水阀和排水阀改为虹吸管,则变为双阀滤池。为强化反冲洗效果,节省反冲洗耗水,采用气水联合反冲洗成为流行趋势,普通快滤池还可以增加 1 个反冲洗进气阀。

普通快滤池运行经验比较成熟,适应水量、水质变化能力较强。但是阀门较多,操作比较复杂。普通快滤池由三部分组成。一是滤池本体,包括滤床(滤料层和承托层)、洗砂排水槽、排水渠、配水配气系统等;二是进出水管线,包括浑水进水管、清水出水管、冲洗进水管、冲洗排水管、冲洗进气管和初滤排水管,以及上述管线上的阀门;三是冲洗设备,包括冲洗水泵(或高位水塔)和冲洗风机。

(1) 普通快滤池滤站的设计要点及主要参数

①滤池的数量不得少于 2 个,滤池的格数和单格面积见表 3-25。滤池个数少于 5 个时宜采用单行排列,反之可用双行排列,单个滤池面积大于 50m² 时,管廊中可设置中央集水渠。

表 3-25　滤池格数和布置

处理规模/(m³/h)	滤池总面积/m²	滤池个数	单格面积/m²
<240	<30	2	10~15
240~480	30~60	2~3	15~20
480~800	60~100	3~4	20~25

处理规模/(m³/h)	滤池总面积/m²	滤池个数	单格面积/m²
800~1200	100~150	4~5	25~30
1200~2000	150~250	5~6	30~40
2000~3200	250~400	6~8	40~50
3200~4800	400~600	8~10	50~60

② 单格滤池的面积一般≤100m²，当面积＞30m²时，长宽比大多数在（1.25:1）~（1.5:1）之间，当面积≤30m²时可用1:1，当采用旋转式表面冲洗时可采用（1.2:1）~（1.3:1）。

③ 滤池的设计工作周期一般在12~24h，运转时应根据水头损失值和出水最高浊度确定，冲洗前的水头损失最大值一般为2.0~2.5m。

④ 对于单层石英砂滤料滤池，设计滤速一般采用7~9m/h，并按强制滤速9~12m/h校核。出水水质有较高要求时，滤速应适当降低。根据经验，当要求滤后水浊度为0.5NTU时，单层砂滤层设计滤速在4~6m/h，煤砂双层滤层的设计滤速在6~8m/h。滤料层组成、粒径、厚度和滤速见表3-26。

表 3-26 滤料组成及设计滤速

滤料种类	滤料组成			正常滤速/(m/h)	强制滤速/(m/h)
	粒径/mm	不均匀系数 K_{80}	厚度/mm		
单层粗砂	石英砂 $d_{10}=0.8$	<0.2	700	7~9	9~12
双层滤料	无烟煤 $d_{10}=1.0$	<0.2	300~400	9~12	12~16
	石英砂 $d_{10}=0.8$	<0.2	700		

⑤ 承托层可用卵石或砾石分层铺设。由上而下，第一层厚度100mm，粒径2~4mm；第二层厚度100mm，粒径4~8mm；第三层厚度100mm，粒径8~16mm；第四层顶面应高于配水孔眼100mm，粒径16~32mm。

⑥ 滤层上面水深一般为1.5~2.0m，滤池的超高一般采用0.3m。

⑦ 冲洗强度及冲洗历时参照表3-27。当水温每增减1℃，冲洗强度也相应地增减1%。当增设表面冲洗设备时，可用低值。

表 3-27 冲洗强度及冲洗时间（水温为20℃）

滤料组成	冲洗强度/[L/(s·m²)]	膨胀率/%	冲洗时间/min
单层细砂配滤料	12~15	45	7~5
双层煤、砂级配滤料	13~16	50	8~6

⑧ 普通快滤池一般采用穿孔管式大阻力配水系统，其一般参数见表3-28。配水孔眼分设于支管两侧，与垂直线呈45°角，向下交错排列。配水干管直径大于300mm时，顶部加装管嘴或把干管埋入池底。各管线流速见表3-29。

表 3-28 管式大阻力配水系统参数

参数	数值	参数	数值
干管始端流速/(m/s)	1.0~1.5	支管下册池底距离/cm	D/2+50
支管始端流速/(m/s)	1.5~2.0	支管长度与其直径之比	≤60
支管孔流速/(m/s)	5~6	孔眼直径/mm	9~12
孔眼总面积与滤池面积之比/%	0.20~0.28	干管横截面应大于支管横截面的倍数	0.75~1.0
支管中心距离/m	0.2~0.3		

表 3-29　各管线流速

管线	流速/(m/s)	管线	流速/(m/s)
进水管	0.8~1.2	冲洗进水管	2.0~2.5
清水出水管	1.0~1.5	排水管	1.0~1.5
初滤水排放	3.0~4.5	输气	10~15

⑨ 配水系统干管末端应装有排气管,根据滤池面积不同,各管径选择见表 3-30;滤池底部应设有排空管;滤池闸阀的起闭一般采用水力或电力,但当池数少且阀门直径小于等于 300mm 时,也可采用手动;每个池应装上水头损失计和取样设备。池内与滤料接触的壁面应拉毛,以避免短流造成出水水质不好。

表 3-30　滤池面积与排气管径选择

滤池面积/m²	排气管径/mm
<25	40
25~50	63
50~100	75~100

⑩ 冲洗水泵的能力一般按一格滤池冲洗考虑,并应有备用泵。如果采用高位水箱冲洗,其有效容积应按冲洗水量的 1.5 倍计算。当滤池格数较多时,应按滤池冲洗周期计算可能需同时冲洗的滤池数,并按此计算水箱有效容积。

⑪ 冲洗排水槽的总平面面积,不应大于滤池的 25%。滤料表面到洗砂排水槽底的距离应等于滤层冲洗时的膨胀率高度。

(2) 滤池的表面冲洗　滤池的表面冲洗(分固定管式和旋转管式两种)是一种辅助冲洗措施,它利用射流使滤料表面的污泥块分散且易于脱落,从而提高冲洗质量,并减少冲洗用水量。当仅用水反冲洗不能将滤料冲洗干净时,可同时辅以表面冲洗。例如,用无烟煤作滤料,反冲洗强度小,不易冲洗干净时;水中杂质黏度较大,易吸附在滤料表面或渗入表层滤料孔隙时;以及软化工艺中的滤池等情况。

① 固定管式表面冲洗系统的设计参数

a. 冲洗所需水压一般为 0.29~0.39MPa,其中表面喷射水压为 0.147~0.196MPa。

b. 冲洗强度为 2~3L/(s·m²),冲洗时间为 4~6min。

c. 穿孔管孔眼总面积与滤池面积之比为 0.03%~0.05%。

d. 孔眼流速为 8~10m/s。

e. 孔眼与水平线的倾角一般为 45°,两侧间隔开孔,喷嘴或孔眼亦可朝下布置。

f. 穿孔管中心距为 500~1000mm。

② 旋转管式表面冲洗装置。旋转管式表面冲洗装置(图 3-30)是由水平旋转管及在其两侧以相反方向装设的喷嘴组成的,水平管置于滤池滤料表面以上 50~100mm 处。以相反方向装设的喷嘴,射流时形成旋转力偶,使水平管绕中轴旋转。

这种表面冲洗的方法所需管材较少。每套系统适用的滤池面积不宜大于 25m²,当滤池面积大时,可分成几个面积不大于 25m² 的正方形,以减小旋转管的臂长(一般应不大于 2~2.25m)。另外,滤池冲洗排水槽的个数必须采取偶数,以便布置旋转管系统。

旋转管式表面冲洗装置设计参数如下。

a. 冲洗所需水压一般为 0.39~0.44MPa,其中表面喷射水压为 0.29~0.39MPa。

b. 冲洗强度为 0.5~0.75L/(s·m²),冲洗时间 4~6min。

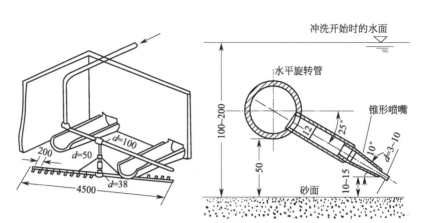

图 3-30　旋转管式表面冲洗装置

c. 水平旋转管直径为 38～75mm。其转速一般为 4～7r/min。管中流速为 2.5～3.0m/s。

d. 喷嘴直径为 3～10mm。喷嘴出口流速采用 20～30m/s。喷嘴与水平线的交角一般采用 25°。

e. 喷嘴间距一般可取 100～300mm（在旋转管两臂上的喷嘴位置应相互错开，以使喷嘴的射流在整个滤池面积上分布均匀）。

3.5.4　虹吸滤池

虹吸滤池系变水头恒速过滤的重力式快滤池，其过滤净水原理与普通快滤池相同，所不同的是操作方法和冲洗设施。它采用虹吸管代替闸阀，并以真空系统进行控制（即用抽真空来启动虹吸作用以连通水流，用进空气来破坏虹吸作用以切断水流），故而得名。

（1）构造　虹吸滤池一般是由 6～8 个单元滤池组成的一个整体。其平面形状有圆形、矩形或多边形，从有利于施工和保证冲洗效果方面考虑，矩形多被采用。

如图 3-31 所示为一组圆形虹吸滤池的两个单元（一个单元滤池又称一格滤池），其中心部分类似普通快滤池的管廊。各格滤池的配水系统以下部分可以互相连通，也可以互相隔开，后者便于单格停水检修，但这时须设置环形集水槽。

图 3-31 中，右侧表示过滤时的水流情况，左侧表示冲洗时的水流情况。过滤过程为：来水→进水总槽→环形配水槽→进水虹吸管→进水槽→进水堰→布水管→滤层→配水系统→环形集水槽→出水管→出水井→控制堰→清水管→（清水池）。

在过滤运行中，池内水位将随着滤层阻力的逐渐增大而上升，以使滤速恒定。当池内水位由过滤开始时的最低水位（其值等于出水井控制堰顶水位与滤料层、配水系统及出水管等的水头损失之和）上升到预定最高水位时，滤池就需冲洗。上述最低与最高水位之差，便是其过滤允许水头损失。

冲洗时，先破坏进水虹吸管的真空，以终止进水。此时该格滤池仍在过滤，但随着池内水位的下降，滤速逐渐降低，接着就可开始冲洗操作。先利用真空泵或水射器使冲洗虹吸管形成虹吸，把池内存水通过冲洗虹吸管和排水管排走。当池内水位低于环形集水槽内水位，并且两者的水位差足以克服配水系统和滤料层的水头损失时，反冲洗就开始。冲洗水的流程见图 3-31 左侧箭头所示。由于环形集水槽把各格滤池出水相互沟通，当一格冲洗时，过滤水通过环形集水槽源源不断地流过来，由下向上通过滤层后，经排水槽汇集，由冲洗虹吸管

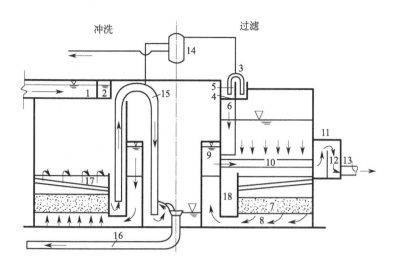

图 3-31　圆形虹吸滤池剖面

1—进水总槽；2—环形配水槽；3—进水虹吸管；4—单个滤池进水槽；
5—进水堰；6—布水管；7—滤层；8—配水系统；9—环形集水槽；
10—出水管；11—出水井；12—控制堰；13—清水管；14—真空系统；
15—冲洗排水虹吸管；16—冲洗排水管；17—冲洗排水槽；18—汇水槽

吸出，再由排水管排走。当冲洗废水变清时，可破坏冲洗虹吸管真空，使冲洗停止。然后启动进水虹吸管，滤池又开始过滤。

虹吸滤池中的冲洗水，就是本组滤池中其他正在运行的各格滤池的过滤水，故虹吸滤池的主要特点之一是无冲洗水塔或冲洗水泵。这样，虹吸滤池在冲洗时，出水量小，甚至可能完全停止向清水池供水（分格多时，可继续供应少量水；分格少时，则可完全停止供水）。

虹吸滤池的冲洗水头，是由环形集水槽的水位与冲洗排水槽顶的高差来控制的。由于冲洗水头不宜过高，以免增加滤池高度，故虹吸滤池均采用小阻力配水系统。目前采用较多的小阻力配水系统是多孔板（单层或双层）、穿孔滤砖、孔板网、三角槽孔板等。

此外，近些年来也有仿照无阀滤池的某些操作原理，在虹吸滤池上安装水力自动冲洗装置，使其运行实现水力自动控制。

（2）自动控制装置的计算　虹吸滤池水力自动控制装置，在结合虹吸滤池的工艺构造特点的基础上，应用了无阀滤池自动冲洗原理。它利用虹吸辅助管和破坏管控制虹吸滤池冲洗、进水和停止进水的自动运行，从而实现了虹吸滤池的水力自动化操作。

由于采用这种方法可省去真空泵、真空罐、真空管路系统等设备，又不需人工管理，同时运行可靠，维修简单，所以已有不少水厂设计使用。但其有关设计计算方法还在研讨中。

① 自动冲洗。如图 3-32 所示，随着过滤的进行，滤料层阻力逐渐增大。当滤池内水位达到最高水位时，水就通过喇叭口流入冲洗虹吸辅助管 1。由于水流在虹吸辅助管与冲洗抽气管 2 的连接处（三通水射器）造成负压，因而冲洗抽气管 2 就对冲洗虹吸管抽气，使冲洗虹吸管形成虹吸。这时，滤料层上的水由虹吸管排走。当池内水位降至出水控制堰以下时，反冲洗即行开始。

在反冲洗过程中，定量筒 4 中的水通过冲洗虹吸破坏管 3 不断被吸入冲洗虹吸管中。当定量筒中的水被吸完后，空气经破坏管进入冲洗虹吸管，则虹吸被破坏，反冲洗即停止。

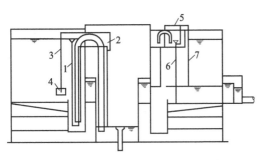

图 3-32　虹吸滤池水力自动控制装置的工作原理图
1—冲洗虹吸辅助管；2—冲洗抽气管；
3—冲洗虹吸破坏管；4—定量筒；5—进水抽气管；
6—进水虹吸辅助管；7—进水虹吸破坏管

② 自动进水与自动停止进水

a. 自动进水：在反冲洗停止后，其他各格滤池的过滤水立即流向该格滤池的底部空间，并向上流入池中。当池内水位上升，把进水虹吸破坏管 7 的开口端封住后，进水虹吸辅助管 6 通过进水抽气管 5，对进水虹吸管抽气（进水虹吸辅助管 6 一直在流水），使进水虹吸管形成虹吸，这样该格滤池就自动进水。

b. 自动停止进水：在反冲洗开始后，该格滤池内的水位不断下降。当水位下降到使进水虹吸破坏管 7 的开口端露出水面时，空气就由此进入进水虹吸管，从而使虹吸破坏，该格滤池就自动停止进水。

（3）设计参数　虹吸滤池的进水浊度、设计滤速、强制滤速、滤料、工作周期、冲洗强度、膨胀率等均可参见普通快滤池。虹吸滤池的主要设计计算内容在于确定滤池的分格数、单池平面尺寸、滤池高度、小阻力配水系统、排水槽、真空虹吸系统及各种主要管渠等。

设计要点如下。

① 滤池的分格数目，一般至少为 6～8 格。单格面积宜小于 $25m^2$，但太小时不易施工安装。为保证水厂运行初期（可能达不到设计负荷）每格滤池有足够的冲洗强度，两座滤池的清水集水槽应设连通管。

② 总高度为 5m 左右，滤池超高一般采用 0.3m。

③ 工作周期为 12～24h。

④ 冲洗前的水头损失可采用 1.5m。冲洗水头应通过计算确定，一般采用 1.0～1.2m，并应能调节。

⑤ 排水堰上水深一般为 0.1～0.2m，且能调节。

⑥ 滤池底部集水空间的高度一般为 0.3～0.5m

⑦ 各种管渠的流速见表 3-31。

表 3-31　各管渠的流速

名称	流速/(m/s)	名称	流速/(m/s)
进水总管	0.3～0.5	虹吸排水管	1.4～1.6
环形配水渠	0.3～0.5	排水总管	1.0～1.5
虹吸进水管	0.6～1.0	出水总管	0.5～1.0

⑧ 滤池进水虹吸辅助管系统的有关管径可参照表 3-32。

表 3-32　进水虹吸辅助管系统有关管径

每格滤池面积/m^2	抽气管直径/mm	抽气三通/mm	虹吸辅助管直径/mm	虹吸破坏管直径/mm
≤8	20	25×20	$d_1=25,d_2=32$	25
>8	25	32×25	$d_1=32,d_2=40$	25

⑨ 冲洗虹吸辅助管系统的部分直径可参照表 3-33。

表 3-33　冲洗虹吸辅助管系统的部分直径

每格滤池面积/m²	抽气管直径/mm	抽气三通/mm	虹吸辅助管直径/mm	虹吸破坏管直径/mm
≤8	20	32×25	$d_1=32, d_2=40$	20
>8	25	40×25	$d_1=40, d_2=50$	20

3.5.5　无阀滤池

无阀滤池是一种不设阀门，不需真空设备，运行完全由水力自动控制的滤池，它因没有阀门而得名。无阀滤池又分重力式和压力式两种，两者工作原理基本相同。重力无阀滤池设计水量＜10000m³/d，适用于中、小型矿井水处理工程；压力式无阀滤池＜50m³/h，适用于小型的、分散的矿井水处理工程。

（1）重力式无阀滤池　重力式无阀滤池通常多与澄清池配套使用，其构造如图 3-33 所示。主要由五部分组成，即顶部的冲洗水箱、中部的过滤室、底部的集水室以及进水装置和冲洗虹吸装置等。

运行时，来水由进水管 2 送入过滤室（配水挡板 5 处的空间），经滤料层过滤后进入集水室 9，再通过连通管 10 流入上部冲洗水箱完成过滤过程。水箱充满后，清水从出水管 12 流入清水池。随着过滤的进行，滤层截污后阻力逐渐增大，使虹吸上升管 3 内水位不断升高，当水位达到虹吸辅助管 13 的管口时，水自该管急剧下落，通过抽气管不断将虹吸下降管 15 中的空气带走（空气随水流到排水井后逸入大气），因而虹吸管内产生负压，使虹吸上升管和下降管的水位均很快上升，汇合连通后便形成虹吸。这时过滤室中的水被虹吸管抽走并形成负压，冲洗水箱中的水通过连通管 10 进入集水室 9，并由下而上流经滤料层进行反冲洗。此时冲洗水箱水位下降，当降到虹吸破坏管 18 管口以下时，空气进入虹吸管，

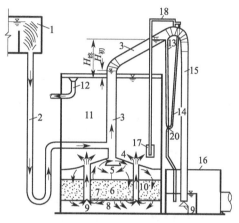

图 3-33　重力无阀滤池

1—进水分配槽；2—进水管；3—虹吸上升管；
4—顶盖；5—配水挡板；6—滤层；
7—滤头；8—垫板；9—集水室；
10—连通管；11—冲洗水箱；12—出水管；
13—虹吸辅助管；14—抽气管；15—虹吸下降管；
16—排水井；17—虹吸破坏筒；18—虹吸破坏管；
19—锥形挡板；20—水射器

虹吸作用被破坏，冲洗过程即结束。于是滤池又进水过滤，开始新周期的循环运行。

如果滤层水头还未达到最大允许值，但因某种原因需反冲洗，也可以进行人工强制冲洗。强制冲洗设备是在辅助管与抽气管相连接的三通上部接一根压力水管（强制冲洗管）。打开强制冲洗管阀门，在抽气管与虹吸辅助管连接三通处的高速水流便产生强烈的抽气作用，虹吸很快形成。

冲洗水箱一般设在过滤室上部（大型水厂也可单独设置，用管道彼此连通），其容积按单只滤池一次冲洗用水量设计。由于冲洗水头有限，故无阀滤池都采用小阻力配水系统。由于无阀滤池冲洗时不停止进水，因此冲洗消耗水量较多。

（2）无阀滤池主虹吸管　无阀滤池的主虹吸管系虹吸上升管和虹吸下降管的总称。实践证明，虹吸上升管应采用倾斜向上的锐角形式，这样可使将要冲洗的虹吸管中存气少，虹吸形成较快。

虹吸管的高度，主要取决于虹吸辅助管管口标高。因为当虹吸上升管内水位达到虹吸辅助管管口时，滤池就进入冲洗阶段。

虹吸管管径的大小，应能保证在虹吸管通过额定冲洗流量（平均冲洗强度）时，各项水头损失之和等于或小于虹吸水位差（冲洗水箱中平均水位和排水井水封水位之差）。

主虹吸管管径的计算，可采用反算法，即先假定一个管径，然后根据额定流量计算主虹吸管通路中各部分的阻力，看虹吸水位差是否等于或稍大于这些阻力的总和。若算得结果虹吸水位差小于这些阻力总和，则说明此管不能达到额定流量，应选取再大一些的管径，重新计算，直至等于或稍大于这些阻力之和为止。

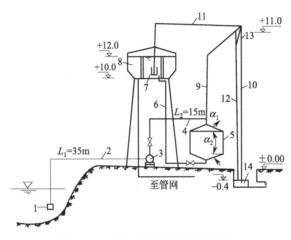

图 3-34　压力式无阀滤池系统组成

1—吸水底阀；2—吸水管；3—水泵；4—压水管；
5—滤池；6—滤池出水管（冲洗水管）；7—冲洗水箱；
8—水塔；9—虹吸上升管；10—虹吸下降管；
11—虹吸破坏管；12—虹吸辅助管；
13—抽气管；14—排水井

（3）压力式无阀滤池　压力式无阀滤池的系统组成见图 3-34。其工作原理与重力式无阀滤池基本类同。进水采用水泵加压，利用水泵吸水管的负压吸入促凝药液，经水泵叶轮搅拌混合后，送入滤池上部空间进行微絮凝反应，滤后水经集水系统进入水塔。在自动冲洗前后，利用对水泵的开启与关闭，控制原水的送入和停止。

压力式无阀滤池一般为圆筒结构，筒顶及筒底成圆锥形（筒顶角度25°，筒底角度20°），内部压力不超过 0.2MPa。

压力式无阀滤池的设计内容，与重力式无阀滤池基本相同，但还需对水泵系统进行计算与选择。同时其浑水区一般按5min 反应时间设计，并应满足冲洗时滤层的膨胀高度。

（4）设计要点

① 无阀滤池的滤速 8～12m/s，强制滤速 10～12m/s，冲洗前的水头损失可采用 1.5m。

② 重力式无阀滤池变强度冲洗时可采用平均值为 14～16L/(s·m²)，冲洗时间 4～5min，压力式无阀滤池变强度冲洗时可采用平均值为 15～18L/(s·m²)，冲洗时间 6min。

③ 浑水区顶盖面与水面夹角为 10°～15°，以利于反冲洗时将排水汇流至顶部管口，经虹吸管排出。浑水区（不包括顶盖椎体部分）高度一般按滤料层厚度50％膨胀率，再增加10cm 安全高度确定。

④ 重力无阀滤池采用单层或双层滤料，压力无阀滤池采用无烟煤和石英砂组成的双层滤料。滤料级配和厚度见表 3-34。

表 3-34　滤料级配和厚度

滤料层	滤料名称	粒径/mm	筛网/目	厚度/mm
单层滤料	砂	0.5～1.0	36～18	700
双层滤料	无烟煤砂	1.2～1.6	16～12	300
		1.0～0.5	18～36	400

注："目"表示筛孔的大小，目数等于一英寸（2.54cm）长度内筛孔的个数。

⑤ 集水室高度可参见表 3-35。

表 3-35　集水室高度与滤池出水量的关系

滤池出水量/(m³/h)	40~60	80	100~120	160
集水室高度/m	0.30	0.35	0.40	0.50

⑥ 承托层的材料和组成与配水方式有关，可参照表表 3-36。

表 3-36　配水方式与承托层材料组成

配水方式	承托材料	粒径/mm	厚度/mm
滤板	粗砂	1~2	100
格栅	卵石	1~2	80(50)
		2~4	70(50)
		4~8	70(50)
		8~16	80(50)
		(16~32)	(100)
		(32~64)	(100)
尼龙网	卵石	1~2	
		2~4	每层 50~100
		4~8	
滤帽(头)	粗砂	1~2	100(50)
		(2~4)	(50)

注：括号中数字适用于压力式无阀滤池

⑦ 连通管布置方式，目前有三种，即池外、池内与池角。其中池角式的连通管布置在方形滤池的四角处，截面成等腰三角形，其优点是池内外均无管道，便于滤料进出，同时利用了方形池子四个水流条件较差的死角，它能保证冲洗均匀布水。池角式连通管的尺寸可参照表 3-37。

表 3-37　池角式连通管的尺寸

滤池出水/(m³/h)	40~80	80~120	160
直角边的长度/m	0.3	0.35	0.4

⑧ 无阀滤池反冲洗时不停止进水，故虹吸管设计流量包括反冲洗水量和进水量。一般虹吸上升管比虹吸下降管的管径大一级，上升管流速 1.0~1.5m/s，下降管流速 1.5~2.0m/s。虹吸上升管与下降管的管径可参照表 3-38。

表 3-38　虹吸管管径

滤池出水量/(m³/h)	40	60	80	100	120	160
虹吸管上升管管径/mm	200	250	300	350	350	400
虹吸管下降管管径/mm	200	250	250	250	300	350

⑨ 虹吸辅助管可减少虹吸形成过程中的水量流失，加速虹吸形成。虹吸辅助管和抽气管管径可参照表 3-39。

表 3-39　虹吸辅助管和抽气管管径

滤池出水量/(m³/h)	40	60	80	100	120	160
虹吸辅助管管径/mm		32/40			40/50	
抽气管管径/mm		32			40	

⑩ 重力无阀滤池进水管和出水管流速 0.5~0.9m/s，虹吸破坏管管径一般采用 15~

20mm。压力式无阀滤池水泵吸水管长度不超过40m，流速1.0～1.2m/s，压水管流速1.5～2.0m/s；出水管管径与虹吸上升管同，为方便人工强制冲洗及检修，出水管上应安装闸门；虹吸破坏管管径与重力式相同，末端应高出水管口15cm以上，以免出水管吸入空气。

⑪ 重力无阀滤池的冲洗水箱如采用双格滤池组合共用一个冲洗水箱，则水箱高度可降低一半，但由于高度减少，冲洗强度也相应有所减低，应进行水力核算。

⑫ 无阀滤池都采用小阻力配水系统，单池面积不宜大于25m²。

3.5.6　流动床滤池

流动床滤池（或过滤器），也叫"活性砂滤池"，是由瑞典WaterLink AB公司开发的，采用单一均质滤料，上向流过滤，压缩空气提砂洗砂，过滤与反冲洗可以同时进行的连续过滤设备。

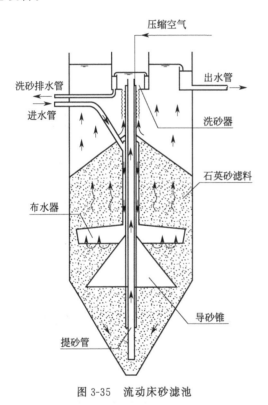

图3-35　流动床砂滤池

（1）滤池构造和工艺过程　流动床滤池由底部带有锥斗的钢筋混凝土池体（或钢制壳体）、布水洗砂装置以及配套设备组成，其中布水洗砂装置由导砂锥、布水器、提砂管、洗砂器组成，是核心部件；配套设备包括空压机、储气罐、控制柜。移动床过滤器构成见图3-35。

流动床滤池过滤时，待滤水经进水管、中心套管、布水器进入滤床下部，然后由下而上流经滤料层完成过滤，滤后水从上部出水堰溢出。同时，压缩空气通过中心套管进入提砂管，空气与水的混合体向上流动，将锥斗底部已经截留了大量悬浮物的滤料提升到上部的洗砂器。在洗砂器中，由于过水断面变大，上升流速变缓，滤料下沉落入滤料层上部。由于下部的滤料不断被提升至上部，滤料层也不断向下运动，所以叫做流动床滤池。

在流动床滤池中，滤料的清洗在两个地方连续进行。首先是在提砂管，气泡、水和砂上升形成的强烈紊流对滤料进行清洗。其次是在洗砂器，由于洗砂器中水位低于池内水位，池内水沿洗砂器上升并不断排出，滤料则下落，上升水流可对滤料再次清洗。

流动床滤池洗砂所需的空气压力约为0.6MPa，所以需要配置空气压缩机、储气罐和控制柜等辅助设备。控制柜实际上是一个带有电动调节阀和流量计的多路空气分配器，用于控制每个装置洗砂用气量，以调节洗砂强度。

（2）工艺特点　流动床滤池连续过滤的特点使得其优点十分突出：

① 没有众多的外部管道和阀门，辅助设备少，占地面积小，维护简单，滤池结构简单，基建投资省。

② 进水水质要求宽松，可长期承受较高浊度的进水。

③ 滤料清洁及时，可保证高质、稳定的出水效果，无周期性水质波动现象。过滤效果好，出水水质稳定。

④ 滤料清洗及时，过滤水头损失小。加之辅助设备少，运行电耗低。

⑤ 洗砂耗水量少，不足处理水量的 3%。

（3）设计要点　流动床滤池设计十分简单，只需计算出需要多少布水洗砂装置，然后设计一个水池将其装入，接通进水、出水、排水、空气管道，设计即完成。流动床滤池主要设计要点如下。

① 每格滤池布水洗砂器宜采用双排布置，超高 0.3～0.5m。

② 单个装置过滤面积 6m², 过滤速度 6～8m/h, 过滤水头损失小于 1.0m。

③ 滤料采用石英砂，有效粒径 0.8～1.2mm, 滤床有效高度（自布水器底面至顶部砂层最低位置）1.5～2.5m。

④ 滤池底部锥斗呈正八边形，斜面与水平面的夹角为 58°。

⑤ 单个装置洗砂最大空气消耗量 0.15m³/min, 压缩空气压力 0.5～0.7MPa。实际空气消耗量通常是空气设计流量的 50%～70%。

⑥ 单个装置洗砂排水量为 0.4～0.7L/s。

⑦ 为了保证每个过滤单元内布水均匀，各洗砂布水器进水压力差不大于 0.05m, 出水采用溢流堰，溢流堰沿长边设置。

⑧ 进水管流速 0.6～1.2m/s, 洗砂排水管流速 1.0～1.5m/s。

3.6　一体化处理设备

一体化净水器是 20 世纪 80 年代初在国内发展起来的一种小型净水设备，这种设备将多道工序集中在一个装置里，通常采用钢板、塑料等材料制成，对设备的内部碳钢部件和内壁采用钝化处理后再刷二道煤沥青防腐，外部采用二道氯磺化聚乙烯防腐。常用的设计水量在 0.25 吨到几百吨每天。一体化净水器体积小，占地少，建设时间短，能很快投入运行，运行简便等，这些优点使其在村镇、工矿企事业等单位被广泛应用。

一体化净水器集絮凝、沉淀、过滤于一个构筑物内，总体外形有圆形和方形两种。一体化净水器总体上可分为两大部分，即反应沉淀区和过滤区。

池体底部采用穿孔管均匀布水方式，且为防止絮凝污泥沉淀，应设计成以一定的流速喷出管口。

絮凝区在最下部，沉淀区产生的污泥一部分循环回流至絮凝区与原水混合，且絮凝区设计数层栅条，使原水中的细小矾花与污泥进行充分接触，促进絮体的形成。絮凝区反应时间一般是 10～15min。

沉淀区分为两层，在第一层斜管区，絮凝后的水（絮状水）进行整流，达到均匀布水及导流的功能。絮凝后的水进入第二层斜管区，进行固液分离，根据水质要求设计合理的上升流速。污泥在导流斜管水力作用下被推到净水装置的泥斗里。上清液经波形多孔集水板集水，并通过分配水箱进入过滤区。

滤池采用反射板布水，多孔板集水，常用无烟煤和石英砂双层均质滤料，并自动虹吸反冲洗，自动排泥。在沉淀池的外侧有大计时斗，斗上装有水嘴和浮球开关，斗内有小虹吸管，从而实现全自动的虹吸排泥。一般过滤速度为 8～10m/h, 反冲时间为 5～10min, 冲洗

强度为 $14 \sim 16 L/(m \cdot s)$。

一体化净水器的设计应根据沉淀过滤表面负荷、有效水深、水流速度、污泥池等参数合理设计，提高净化效果。

近 20 年来，煤矿企业采用一体化净水器处理矿井水遍布东部和南部矿区，以水力循环型和混凝沉淀型一体化净水器为主。水力循环型有 JCL 型、XHL 型、FXY 型、KJS 型；混凝沉淀型有 BZ 型、CW 型、JS 型、YJ 型、BJI 型、KG-L 型。对于富含高悬浮物的煤矿矿井水而言，异向流斜板（斜管）沉淀、煤砂双层滤料是最为适合的方式，净水时间以 $30 \sim 50 min$ 为宜。煤矿矿井水处理较多采用的净水器型号有 JCL 型、FXY 型、KJS 型、BJI 型，参见表 3-40。

表 3-40　矿井水处理常用净水器类型及设计特点

一体化净水器类型	设计特点
JCL 型	无喉管水力循环澄清、涡流反应、异向流斜板沉淀、聚丙乙烯轻质塑料滤珠过滤、水力旋转表面冲洗，净水时间 $23 \sim 26 min$
FXY 型	喉管及网格、折板组成水力循环絮凝反应、异向流斜板沉淀、聚丙乙烯塑料滤珠过滤、固定式多喷嘴反冲洗。FXZ 型与 FXY 型相似，只是在澄清区安装有蜂窝（斜管），净水时间 $23 \sim 26 min$
KJS 型	无喉管水力循环澄清、涡流反应、异向流斜管沉淀、聚丙乙烯轻质塑料滤珠过滤、固定式多喷嘴反冲洗，净水时间 $40 \sim 45 min$
BJI 型	波形板絮凝、异向流斜板沉淀、煤砂双层过滤，净水时间 23min

对于水质水量变化较大的地区（如陕北地区等），应该在工艺前增设预处理构筑物。经过初沉调节池，能去除矿井水中 50% 以上的悬浮物，并使水质水量得到调节，为一体化处理设备的稳定运行提供保障，保证出水水质良好。

第4章
高矿化度煤矿矿井水的除盐处理

Chapter 04

4.1 概述

4.1.1 水除盐的目的意义

在工业生产用水、农田灌溉用水及生活饮用水的水质标准中，对于水的总溶解固体含量或含盐量，都有明确而严格的限制性要求。因为它对工农业产品的质量和产率以及人体健康和生活使用有着重要的影响。降低或消除水中所含各种盐类、游离酸和碱的水处理方法是去离子法，一般统称为去盐（脱盐）。通常所称水的除盐，即消除或降低水中溶解盐类物质含量的处理过程。

水的除盐处理在电力、石油、化工、电子、轻纺、医药、原子反应堆、超高压锅炉等工业中，在苦碱水淡化、饮用水制备、实验室用水、污废水处理回用及海水开发利用等方面，均有无可替代的重要意义。在水处理工艺技术中，水的除盐处理具有相对特殊性，并占有较大分量，其所需的经济投入也是较高的。

4.1.2 水的含盐量及其量度

4.1.2.1 含盐量、溶解固体与矿化度

水的含盐量是指水中所含盐类物质的总量。

水中的盐类一般指离解为离子状态的溶解固体。由于水中盐类物质一般均以离子的形式存在，所以中性水的含盐量也可以表示水中全部阳离子和阴离子的量。

水中各种固体物质的含量可分为以下三种类型。

① 总固体（全固形物）。指水中除溶解气体以外的所有杂质，即水样在一定温度（一般规定为 $105 \sim 110 ℃$）下蒸发干燥后所形成的固体物质总量，也称为蒸发残余物。

② 悬浮固体（悬浮物，SS）。即当水样过滤后，滤后截留物蒸干后的残余固体量，也就

是悬浮固体含量。其中包括不溶于水的泥土、微生物等。

③ 总溶解固体（溶解性固形物，TDS）。即水样过滤后，滤过液蒸干后的残余固体量，其中包括成分子和离子状态的无机盐类及有机物质。显然，总固体是悬浮固体和溶解固体二者之和。有的资料定义"蒸发残渣"为取一定体积的过滤水样蒸干，最后将残渣在105～110℃下干燥至恒重即得（用mg/L表示）。

"蒸发残渣"表示水中不挥发物质（在上述温度下）的量，它只能近似地表示水中溶解性固形物的量，因为在该温度下，有许多物质的湿分和结晶水不能除尽，某些有机物在该温度下开始氧化。

"灼烧残渣"是将蒸发残渣在800℃时灼烧得到的。因为在灼烧时有机物被烧掉，残存的湿分被蒸发，所以此指标近似于水中的矿物残渣。但它们还不完全相同，因为在灼烧时，矿物残渣中的部分氧化物挥发掉，部分碳酸盐分解，有时还有一定的硫酸盐还原。

"矿化度"是指地下水中各种物质的离子、分子和化合物（除水分子之外）的总含量。通常根据一定体积的水样在105～110℃的温度下蒸干后所得残渣的质量来判断。从概念上看，矿化度与总固体类同。由于地下水中悬浮固体甚少，此时其矿化度的数值与其溶解性固体量很接近。应当指出的是，在一般情况下，水的含盐量是不能用矿化度来表示的，因为105～110℃的温度下，有许多物质的湿分（吸水性）和结晶水不能除尽，而且某些有机物也开始氧化。当水不是很清澈时，由于悬浮固体的影响，此时水的矿化度要大于水的含盐量。

水的含盐量与溶解固体的含义不同，因为溶解固体不仅包括水中的溶解盐类，还包括有机物质。同时，水的含盐量与总固体的含义也不同，因为总固体不仅包括溶解固体，还包括不溶于水的悬浮固体。所以，溶解固体和总固体在数量上都要比含盐量高。但在不很严格的情况下，当水比较清洁时，水中的有机物含量比较少，有时也用溶解固体的含量来近似地表示水中的含盐量。当水特别清净时，悬浮固体的含量也比较少（如地下水），因此有时也可用总固体的含量来近似表示水中的含盐量。

4.1.2.2 含盐量的量度

含盐量一般用重量法的毫克/升（mg/L）或当量法的毫克当量/升（meq/L）表示，用mg/L表示时是指所有阴、阳离子的总量，用meq/L表示时是指所有阳离子或所有阴离子的总量。

由于水样全分析的工作量很大，特别是对于高纯度的水，其中溶解的离子含量已经很小了，要测定他的质量既费事又慢，也不易准确。由于水中的各种盐类都是以离子状态存在，具有导电能力，水的导电能力与其含盐量呈正比关系，所以水的含盐量还可用水的导电能力指标来表示。电阻率常用于衡量物体的导电能力，其定义为单位长度、单位截面积导体的电阻值，国际制（SI）单位为欧·米（Ω·m）。水质检验标准采用单位为欧姆·厘米（Ω·cm），可以理解为边长1cm立方体的水的电阻值。

电导是电阻的倒数，因此有人用"姆欧"表示其单位，电导的国际制单位为西门子（西，代号S）。电导率也是电阻率的倒数，其国际单位为西/米（S/m），或欧姆$^{-1}$·厘米$^{-1}$（$\Omega^{-1} \cdot cm^{-1}$），或写成西/厘米（S/cm）。稀溶液的电导较低，常用此单位的百万分之一为单位，即微西·厘米（μS/cm）。

水中离子的迁移速度受水温影响，所以水的导电能力与水的温度有关，在测定水的电导率或电阻率时，应同时记录水的温度，以便比较。理想纯水在不同温度时的电阻率见表4-1。

表 4-1　理想纯水在不同温度时的电阻率

温度/℃	理论电阻率/$(\Omega \cdot cm)$	温度/℃	理论电阻率/$(\Omega \cdot cm)$
5	62.1×10^6	30	14.1×10^6
10	45.5×10^6	35	9.75×10^6
15	31.2×10^6	40	7.66×10^6
20	26.3×10^6	45	7.10×10^6
25	18.3×10^6	50	5.80×10^6

对于同一类淡水，在 pH 值为 5～9 范围内，电导率与溶解盐含量大致成比例关系。水温在 25℃时，$1\mu S/cm$ 相当于 0.55～0.9mg/L。如果水的温度不同，比例关系需要校正，每变化 1℃大约变化 2%。各种离子 1mg/L 相当的电导率见表 4-2。

表 4-2　各种离子 1mg/L 相当的电导率（25℃）

阳离子	电导率/$(\mu S/cm)$	阴离子	电导率/$(\mu S/cm)$
Na^+	2.13	Cl^-	2.14
K^+	1.84	F^-	2.91
NH_4^+	5.24	NO_3^-	5.10
Ca^{2+}	2.60	HCO_3^-	0.715
Mg^{2+}	3.82	CO_3^{2-}	2.82
		SO_4^{2-}	1.54

水的电导率大小主要与水中离子数和水温有关，还受水中离子种类的影响。

4.1.3　水的纯度分类

水的纯度即水的纯洁程度，指水中各种溶解物（包括盐类阴、阳离子和气体）及不溶物等杂质的总含量。水的溶解能力很强，很多物质在水中不仅溶解度很大，离解度也很高，所以它们在水中会大大影响水的纯度。在工业用水中，常将含盐量作为水纯度的重要指标之一。显然，水的纯度越高，其中的含盐量也就越低，反之则越高。

天然淡水或处理后的水其电导率为 50～500$\mu S/cm$，而高矿化水可达 500～1000$\mu S/cm$以上，某些含盐量高的工业废水可以达到 10000$\mu S/cm$ 以上。一般新鲜蒸馏水的电导率为 0.5～2$\mu S/cm$，放置一段时间后因吸收 CO_2 升高到 2～4$\mu S/cm$。

4.1.3.1　按水的含盐量分

天然水体按水中含盐量大小分为 4 种类型，见表 4-3。

表 4-3　天然水体按水中含盐量的分类

类　型	低含盐量水	中等含盐量水	较高含盐量水	高含盐量水
含盐量/(mg/L)	<200	200～500	500～1000	>1000

理论上的纯水在 25℃时的电阻率为 $18.3 \times 10\Omega \cdot cm$。在工业上，根据对水质的不同要求，水的纯度可分为 4 种，见表 4-4。

表 4-4　水的纯度类型

类型	淡化水	脱盐水	纯水	高纯水
含盐量/(mg/L)	<1000	1.0～5.0	<1.0	<0.1
电阻率(25℃)/$(\Omega \cdot cm)$	>800	$(0.1～1.0) \times 10^6$	$(0.1～10) \times 10^6$	$>10 \times 10^6$

① 淡化水。是指将高含盐量的水，经过局部除盐处理后变成可用于生产和生活的淡水。例如，海水或苦咸水淡化可得淡化水，也叫初级纯水。

② 脱盐水。相当于普通蒸馏水，水中强电解质大部分已经被去除。

③ 纯水，也叫去离子水或深度除盐水。水中绝大部分强电解质已经被去除，同时诸如硅酸、碳酸等弱电解质也去除到一定程度。

④ 高纯水，又称超纯水。水中电解质几乎全部去除，而水中的胶体微粒、微生物溶解气体和有机物也去除到最低程度。

另外，也可根据水中含盐量划分水的苦咸类型，见表4-5。

表 4-5 水的苦咸类型

类型	淡水	弱咸水	咸水	苦咸水	盐水	浓盐水	强盐水
含盐量/(g/L)	<1	1~3	3~5	5~10	10~25	25~30	>50

4.1.3.2 按水的硬度分

水的硬度是锅炉用水的一项重要技术指标。

硬度是指水中形成水垢的高价金属离子总浓度，称为总硬度。一般是泛指最主要的成垢因素钙离子和镁离子的总含量。

水的硬度主要是由于水中有钙和镁的碳酸盐、酸式碳酸盐、硫酸盐、氯化物以及硝酸盐的存在而形成。

水的总硬度可按照造硬物质组成中阳离子的不同，分为钙硬度和镁硬度；也可按其阴离子种类的不同，分为碳酸盐硬度和非碳酸盐硬度。另外，碳酸盐硬度在水煮沸后便可以沉淀去除，故它又叫做暂时硬度；非碳酸盐硬度在水煮沸时仍难沉淀去除，故又称它为永久硬度。

硬度的常用计量单位是每升水中以碳酸钙计的毫克数，记作 mg/L（以 $CaCO_3$ 计）。按硬度划分水的类型，见表4-6。

表 4-6 水的硬软类型

类型	很软水	软水	中等硬水	硬水	很硬水
硬度（以 $CaCO_3$ 计）/(mg/L)	0~27	72~144	144~288	288~576	>576

4.2 除盐的方法和工艺系统

前已述及，水中的溶解盐类多是以离子状态存在的。根据需要，只除去水中硬度阳离子（Ca^{2+} 和 Mg^{2+}）的处理方法叫"软化"；除去全部离子（阴离子和阳离子）的处理方法谓之"除盐"。

水的除盐又分为局部除盐和完全除盐（深度除盐）两种。从广义上说，只除去水中一部分盐类者为局部除盐；使水质达到蒸馏水水平（含盐量1~5mg/L）甚至超过它者为完全除盐，纯水、去离子水和高纯水的制取方法即属此类。

另外，含盐量很高的水叫咸水或苦咸水（如海水等），而只去除高含盐量水中的一部分盐量（例如处理到生活饮用水的指标），这种处理方法称为咸水淡化，实际上它属于局部除盐的特殊情况。

4.2.1 除盐的方法类别

从处理机理上划分，除盐方法有以下几种类型。

（1）热力法除盐　热力法除盐是以热力源为推动力使水与盐分离的一种除盐方法。含盐水可视为易挥发的水与在一定温度内难挥发的溶盐所组成的水盐体系。当它被加热后加速了水分子的剧烈运动，并使其脱离水盐体系汽化为水蒸气，然后将汽化水冷凝便得到蒸馏水——脱盐水。故常称此种制取纯水的除盐方法为蒸馏法或蒸发法。此过程的显著特点是先使水由液相变为气相，再使气相变回到液相。

为使蒸发不断进行，必须供给液体热量，并将逸出的水蒸气取走。蒸发的速度直接取决于单位时间内传给液体的热量。所以，蒸馏过程的本质是蒸发，而蒸发过程的实质又是传热操作。蒸发的供热方式可有多种，如太阳能、炉灶直接加热、电热、热气体通入液体内部直接热交换、冷热液体直接接触热交换、用水蒸气热源进行间接热交换等。

蒸馏法按照所采用的能源、设备及工艺流程的不同，又分多种。其中主要有四种，即太阳能蒸馏、竖管（立式长管、垂直管）蒸馏、蒸汽压缩蒸馏及闪急（急骤）蒸馏。以上诸法有单级和多级（或多效，1 效为一个蒸馏单元）的，也可以几种方法相结合应用，如竖管多效蒸馏（MED）、低温多效蒸馏（LT-MED）、多级闪急蒸馏（MSF）、机械蒸汽压缩蒸馏（MVC）等。蒸馏法的直接热源都是用外来蒸汽加热的。

另外，冷冻法也属于热力除盐法的技术范畴。

（2）化学法除盐　化学法除盐是利用化学反应原理去除水中全部或某种盐类的除盐方法。如药剂沉淀法和离子交换法，其中后者应用最为广泛。离子交换法是借助阴、阳离子交换剂（树脂）的可交换离子（活性基团）与电解质溶液中的阴、阳离子进行交换，从而达到去除盐分的一种分离方法。其工艺有阴阳离子交换树脂床串联式、阴阳离子交换树脂分层复床式、阴阳离子交换树脂混合床式以及几种方法的组合应用式。

（3）电-膜法除盐　电-膜法除盐是利用离子交换膜在直流电场力推动下选择离子透过迁移的电化学特性，使水与盐分离的一种除盐方法。例如电渗析（ED）、填充床电渗析（EDI）、电去离子装置、电再生装置、连续电去离子器（CDI）、自动频繁倒换电极电渗析（EDR）等。

（4）压力-膜法除盐　压力-膜法除盐系以外来压力为推动力，通过纳米级以上的致密特种膜体的选择透过作业，使水与盐分离的一种物理化学分离除盐法，如反渗透（RO）、纳滤膜（NF）等。

（5）电吸附法除盐　电吸附除盐系利用带电电极表面吸附水中带电粒子的作用，使水中盐类离子在电极表面富集浓缩与水分离，从而达到除盐的目的。此法又称电吸式水处理技术，简称 EST 技术。

（6）其他除盐法　其他除盐法多是利用物理化学原理进行的，如溶剂萃取法、水合物法等。另外，也常把上述各种方法组合使用。

应当强调，膜法是新兴的分离、浓缩、提纯、净化技术，系用高分子薄膜作为介质，以附加能量为推动力，对双组分或多组分溶液进行选择透过或表面过滤分离的物理化学处理方法。膜滤法按照膜上孔眼大小的不同分为四种类型，即微滤（MF）膜、超滤（UF）膜、纳滤（NF）膜和反渗透（RO）膜等，其基本特征见表 4-7。电渗析（ED）法系利用膜的选择透过性、以电场力为推动力的膜分离技术。膜滤法是目前最佳的水处理技术，几种水处理技术比较见表 4-8。从膜法水处理的适用范围上看，反渗透和纳滤为脱盐工艺，而超滤和微滤属于过滤工艺。膜法的适用范围及有关参数见表 4-9。

表 4-7 膜法的基本特征

膜法类型	机理	排斥孔径/μm	控制的物质		
			致病菌	有机物	无机物
ED	电荷	0.0001	不能	不能	全部
RO	删除、扩散	0.0001	孢囊、细菌、病毒	DBPs、SOCs	全部
NF	删除、扩散	0.001	孢囊、细菌、病毒	DBPs、SOCs	大部分
UF	筛除	0.01	孢囊、细菌、病毒	不能	部分
MF	筛除	0.1	孢囊、细菌	不能	部分

注：DBPs 为消毒副产物；SOCs 为合成有机物

表 4-8 几种水处理技术比较

污染物 / 水处理方法	氯化物	多氯联苯	沉淀物	异臭味	放射线粒子	明矾	石棉粒子	农药	病毒	细菌	三氯甲烷	碱	氯盐	钙	镁	磷	镉	钾	硫酸盐	钠氯化物	砷	铅
膜法(RO、ED、NF)	○	○	○	○	○	○	○	○	○	○	○	○	○	○	○	○	○	○	○	○	○	○
离子交换法	○	×	×	×	○	×	×	×	×	×	○	○	○	○	○	○	○	○	○	○	○	○
蒸馏法	○	△	○	△	○	△	○	○	○	○	△	○	○	○	○	○	○	○	○	○	○	○
活性炭过滤法	×	○	△	○	×	△	○	○	×	△	○	×	×	×	×	×	×	×	×	×	×	×

注：△表示部分去除；×表示不能去除；○表示 90%～99% 去除。

表 4-9 膜分离法的适用范围及有关参数

指标项目	RO	NF	UF	MF
分子量范围或粒度范围	30～300	500～10000	(1～20)×10⁴	0.1～2μm
操作压力/MPa	1～2	0.7～1.0	0.04～0.4	0.05～0.3
20℃渗透通量中值/[L/(h·m²)]			100	115
回收率/%	50～85	80～85	>94	>94
化学清洗率/(次数/年)			1	6

从淡化和脱盐处理角度上看，对含盐量小于 500mg/L 的矿井水，可采用化学淡化法（如离子交换法）处理；对含盐量在 500～3000mg/L 的矿井水，从技术经济考虑，可采用膜分离法（如电渗析、反渗透等）处理；超过 3000mg/L 的矿井水，采用热法淡化（蒸馏法）较为合理经济。

4.2.2 除盐系统的工艺组成

水质净化处理是一个多级过程，每一级都除掉一定量的污染物，并为下一级处理创造条件。水除盐系统一般由预处理、主处理、终端处理三大部分组成，见图 4-1。

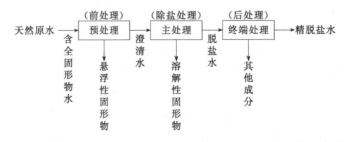

图 4-1 水的除盐系统

图 4-1 中主处理即指除盐处理工艺。每种除盐方法的装置设备对进料水都有各自严格的水质

要求，所以预处理就是为使含有各种杂质的天然原水水质达到主处理的要求所进行的预先处理（因在主处理工艺之前，也称为前处理）。一般工业用水除盐主处理的进料水多是自来水，虽然无需澄清预处理，但常需要进行深度预处理，主要去除较细微的颗粒物及其他溶解物（铁、锰等）。

终端处理是对除盐产品水的进一步加工，以全面保证除盐水的使用质量，其工艺内容随除盐方法及除盐水水质要求的不同而各有所异。因其位于主处理之后，故也叫后处理，其任务是深度除盐、杀菌、微细过滤、调整 pH 值等。一般在纯水或高纯水制取工艺中都要设后处理工艺。

4.3 电渗析除盐工艺技术

4.3.1 原理及特点

电渗析（electrodialysis，ED）是膜分离技术的一种，是利用离子交换膜对阴阳离子的选择透过性能，在外加直流电场力的作用下，使阴、阳离子定向迁移透过选择性离子交换膜，从而使电介质离子自溶液中分离出来的过程。

4.3.1.1 基本原理

电渗析除盐原理如图 4-2 所示。在正负两电极之间交替地放置阳离子交换膜和阴离子交换膜，依次构成浓水室和淡水室，当两膜所形成的隔室中流入含离子的水溶液（如 NaCl 溶液）并接上电源后，溶液中带正电荷的阳离子在电场力作用下向阴极方向迁移，穿过带负电荷的阳离子交换膜，而被带正电荷的阴离子交换膜所挡住，这种与膜所带电荷相反的离子透过膜的现象称为反离子迁移。同理，溶液中带负电荷的阴离子在电场的作用下向阳极迁移，透过带正电荷的阴离子交换膜，而被阻于阳离子交换膜。其结果是使浓水室水中的离子浓度增加；而与其相间的淡水室的浓度下降。

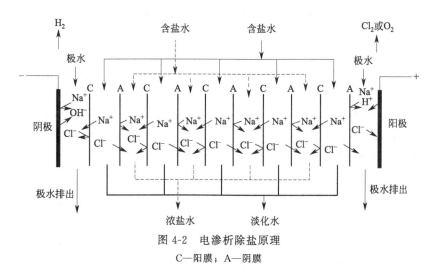

图 4-2 电渗析除盐原理
C—阳膜；A—阴膜

电渗析过程中，在两个电极上会发生电化学反应，以 NaCl 溶液为例，其反应为：

在阳极上
$$2Cl^- - 2e^- \longrightarrow Cl_2 \uparrow$$
$$H_2O \rightleftharpoons H^+ + OH^-$$
$$4OH^- - 4e^- \longrightarrow O_2 \uparrow + 2H_2O$$

在阴极上
$$H_2O \rightleftharpoons H^+ + OH^-$$

$$2H^+ + 2e^- \longrightarrow H_2 \uparrow$$
$$Na^+ + OH^- \longrightarrow NaOH$$

由此可见，阳极反应有氧气和氯气产生，极水呈酸性，阴极反应有氢气产生，极水呈碱性。在极室中应及时排除电极反应产物，以保证电渗析过程中的正常运行。

在实际的电渗析系统中，电渗析器通常由 $100 \sim 200$ 对阴、阳离子交换膜与特制的隔板组装而成，具有相应数量的浓水室和淡水室。含盐溶液从淡水室进入，在直流电场的作用下，溶液中电荷离子分别定向迁移并透过相应离子交换膜，淡水室溶液脱盐淡化并引出，而透过离子在浓水室中增浓排出。由此可知，采用电渗析过程脱除溶液中的离子基于两个基本条件：一是直流电场的作用，使溶液中正负离子分别向阴极和阳极做定向迁移；二是离子交换膜的选择透过性，使溶液中的荷电离子在膜上实现反离子迁移。

4.3.1.2 技术特点

电渗析有以下几项优点和不足。

① 在一定除盐范围内，能量消耗低。在电渗析过程中，所消耗的电能主要用于迁移溶液中的电解质离子，所以耗电与溶液浓度成正比，总结国内外经验，从 $1000 \sim 10000\text{mg/L}$ 的苦咸水脱至 $200 \sim 500\text{mg/L}$ 的淡水是最经济的，比较集中的观点是将 $1000 \sim 5000\text{mg/L}$ 的苦咸水脱至 500mg/L 的饮用水是最经济的，这就是电渗析较为适宜的应用浓度范围。国内大量的应用是将电渗析法作为离子交换法的前处理步骤，以制取锅炉水或生产工艺水，比单一离子交换法可节约生产费用 $50\% \sim 90\%$，而且电渗析工程上马快，投资费用回收时间短，运行周期长，出水水质稳定，故经济效益明显。

② 应用灵活，操作简单，维修方便。电渗析装置常用的是片状构件的紧固形式，非常容易设计成不同尺寸的构件或叠加组装成不同级、段形式的电渗析装置。因此，电渗析装置能方便地进行水量与脱盐率的调节。根据不同原水水质和处理要求，可以灵活地采用多种不同形式的系统设计。电渗析装置并联可以增加产水量，串联可以提高除盐率，循环或部分循环的运行方式可以提高原水利用率。因此电渗析工程适应性较强。

电渗析装置的操作管理也比较简单。通常采用恒流量、定电压的操作方式，允许其他工艺参数值有一定的波动。在运行过程中，通过仪表的参数指示，在线水质分析，就能判断出故障问题，并能迅速更换部件，快速维修，投入正常运行。

③ 环境友好。与离子交换相比，电渗析使用电力，不需要大量酸碱再生，无环境污染。

④ 预处理简单，使用寿命长。由于电渗析中水流是在膜面平行流过，而不需透过膜，因此进水水质不像反渗透控制得那样严格，一般经砂滤即可，或者加精密过滤，相对而言预处理比较简单。电渗析装置与水接触的材料均为非金属材料，离子交换膜用高分子材料制成，隔板和其他部件一般用塑料或橡胶制成。这些材料抗化学污染和腐蚀性能良好，耐用，使用寿命长，不存在严重腐蚀问题。

但是，电渗析也有它自身的缺点，如电渗析只能除去水中的盐分，而对水中有机物不能去除，某些高价离子和有机物还会污染膜。电渗析装置运行过程中易发生浓差极化而产生结垢［用倒电极电渗析（EDR）可以避免］，这些都是电渗析技术较难掌握又必须重视的问题。与反渗透相比，由于它的脱盐率低，装置比较庞大且组装要求高，对原水含盐量的适应范围小，原水利用率较反渗透低，因此它的发展不如反渗透快。特别是进入 21 世纪后电渗析技术的许多领域被反渗透所取代，在除盐领域也一样，逐渐被反渗透所取代。

我国电渗析技术的研究始于 1958 年。用在煤矿矿井水处理回用的第一个电渗析淡化站，是 1969 年山西省阳泉矿务局的荫营煤矿（由原北京市政工程研究所研制并设计建成，出水主要用于生活饮用和洗澡等）。此后，在大同矿务局的煤矿，陆续又建成了不少以电渗析技术为主的矿井水淡化站。同样，自 20 世纪末以来，这些淡化站的核心处理技术已逐渐被反渗透等技术所取代。

4.3.2　装置及设计原则

4.3.2.1　电渗析器

电渗析法除盐的主要设备是电渗析器，它主要由离子交换膜、隔板、电极、极框、压紧装置和进出水管等组成，电渗析器展开如图 4-3 所示。这些组成部件也可归纳为膜堆、极区和压紧装置三个主要部分。膜堆由离子交换膜和隔板组成，是电渗析器的主体。隔板构成的隔室为液流经过的通道。淡水经过的隔室为脱盐室或淡水室，浓水经过的隔室为压缩室或浓水室。

一张阳膜、一张隔板甲、一张阴膜、一张隔板乙，依次叠合就组成了一个简单的脱盐单元，称为一个膜对，简称对。电渗析器由相当数量的膜对组成，由于组装方式不同（根据原水水质及处理水量），电渗析器自身可分为若干级或段。一对正负电极之间的膜堆称为一级，分级的目的是降低整流器的输出电压或增强直流电场，分级的方法是在膜堆之间（两端电极之间）增设"共电极"。具有同一水平方向的并联膜堆称一段，分段的目的是增加脱盐的流程长度，以提高脱盐效率，分段的方法是将原水并联通过几组并联膜堆。为了提高出水水质可将膜对串联呈多段，为了增加出水量可将膜对并联。

电渗析器的流程，通常分为间歇式（循环脱盐）和连续式（一次脱盐）两类。前者适用于处理水量小而含盐量高的水，后者适用于处理水量大而含盐量低的水。应当指出，进入电渗析器原水的浑浊度、色度等均应符合生活饮用水标准，否则应进行预处理。电渗析装置的进水水质要求：水温 5～40℃，耗氧量＜3mg/L（KMnO$_4$ 法），游离氯＜0.2mg/L，铁＜0.3mg/L，锰＜0.1mg/L，悬浮物＜0.3mg/L，淤塞密度指数 SDI 为 3～5。

4.3.2.2　电渗析器的设计原则

电渗析器除盐装置的设计计算，主要是根据已知的原水水质成分和要求的出水水质及水量，确定电渗析除盐流程系统、台数，设计计算每台电渗析器的组装方式（级数、段数、膜对数）、所需总供水量、每台设备的产水量、电渗析器水头损失和供水水压以及所需的电压和电流等。表 4-10 列出应用电渗析处理不同水质的除盐范围及耗电量。

表 4-10　电渗析处理不同水质的除盐范围及耗电量

处理目的	除盐范围/(mg/L)		耗电量/(度/m³ 水)	备注
	起始含盐量	终了含盐量		
苦咸水淡化	1000～10000	500～1000	1～5	将苦咸水淡化到饮用水比较经济
深度除盐	500 左右	10～50	约 1	将饮用水处理成相当于宾馆水的初级纯水比较经济
水的软化	总硬度 3～8mmol/L	总硬度 0.15～0.03mmol/L	约 1	在除盐过程中同时去除硬度，用于低压锅炉给水时，在技术、经济上均能收到较好效果
海水淡化	25000～35000	500～1000	13～25	规模较小时，此法比较易行
淡水制取	1000～500	100～50	1～1.5	采用电渗析作为混合床离子交换工艺的预除盐是经济合理的

设计电渗析器时，首先要参照或执行我国行业标准《电渗析技术》（HY/T 034—1994）

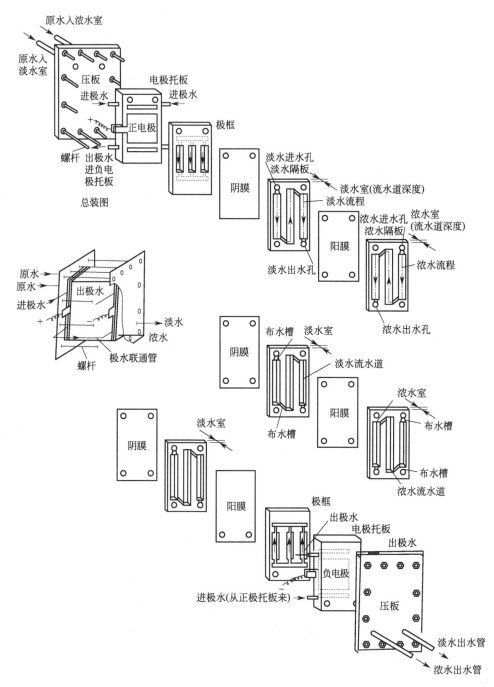

图 4-3 电渗析器展开示意图

的要求。其次充分考虑下列因素，综合平衡，以求最佳效果：密封性，膜有效面积，配水均匀性，隔网搅拌效果，水头损失，电耗，产量，水的利用率，加工条件等。

（1）隔板设计

① 等级划分。以隔板面积为量度，划分大、中、小型隔板：大型隔板面积>1m²；中型隔板面积=0.5~1m²；小型隔板面积<0.5m²。

② 周边密封宽度的尺寸。大型隔板 30~40mm；中型隔板 20~30mm；小型隔板

$15 \sim 20mm$。

③ 布水孔。布水孔主要有圆形、椭圆形和矩形。布水孔间距为：大型隔板 $22 \sim 25mm$；中型隔板 $18 \sim 22mm$；小型隔板 $14 \sim 18mm$。

④ 长宽比例以 $(1:1) \sim (4:1)$ 为宜。

⑤ 厚度以 $0.5 \sim 2.0mm$ 为宜。厚薄要均一，误差必须小于 $\pm 5\%$。

⑥ 流程长度。有回路 $3 \sim 5m$；无回路 $0.5 \sim 2m$。

⑦ 流速。隔室内液流应处于过渡性流态。在保证密封等条件下，水流速度可在 $4 \sim 20cm/s$ 范围内选择。

⑧ 最大承压能力。承压能力与密封性能相适应，最大承压能力为 $0.3MPa$。

⑨ 有回路流水道间筋宽。大型隔板 $18mm$；小型隔板 $6 \sim 10mm$。

⑩ 有效利用面积。有回路 $55\% \sim 65\%$；无回路 $65\% \sim 80\%$。

⑪ 网结构选型。在常用流速下，选用网眼无因次尺寸 $\Delta x / d$（Δx 为丝网中两单丝的间距，d 为丝网的厚度）$=6.5$ 左右，双层网结构比单层网好。

⑫ 网框匹配。对框网形式的隔板，网厚度应稍大于框厚度，对常用编织网，一般取网厚/框厚 $\approx 1.05 \sim 1.10$。

(2) 极框（配水框）设计　极框结构必须使极室内水流呈湍流状态，并有利于排出沉淀和气体。框内可加筋，以增加强度。朝膜面一侧可镶多孔板，以保持平整，避免损坏膜。框内亦可填装大孔眼塑料网，靠膜侧放一层小孔细网，以促进水流湍动和保护膜。极框的结构应与浓淡水隔板结构相似，即流程长度、水流方向、压力分布基本相同，以减少极室与浓淡室间的压差，否则容易使隔板变形，损坏膜。框内流速一般为 $20 \sim 50cm/s$，配集管内进、出水水流速度可取 $1 \sim 2m/s$，配水框厚度可在 $15 \sim 50mm$ 内选择。

(3) 保护框设计　结构与极框或隔板相似，厚度 $5 \sim 20mm$，多在海水淡化中应用。

(4) 锁紧件设计　应按标准计算方法选择螺旋杆粗细及锁紧板的规格形式。一般锁紧力取 $5kg/cm^2$ 左右，钢锁紧板厚度一般为 $15mm$ 左右。

(5) 直流电源设计　一般用无级调压硅整流器提供直流电，直流输出应有正、负极开关，或自倒极装置。整流器电压以膜对数计算，电流以膜有效面积和电流密度计算。整流器容量一般为电渗析正常工作所需值的 2 倍。

4.4 反渗透除盐工艺技术

反渗透（reverse osmosis，RO）是以压力为推动力，利用反渗透膜只能透过水而不能透过溶质的选择透过性，从某一含有各种无机物、有机物和微生物的水体中提取纯水的物质分离过程。

4.4.1 反渗透原理及技术特点

4.4.1.1 反渗透基本原理

用一张对溶剂具有选择性透过功能的膜把两种溶液分开，由于膜两侧溶液、浓度及压力不同，将发生如图 4-4 所示的渗透或反渗透现象。

① 平衡。当膜两侧溶液的浓度和静压力相等时即 $c_1 = c_2$、$P_1 = P_2$，系统处于平衡状态。

② 渗透。假定膜两侧静压力相等，$P_1=P_2$，但浓度 $c_1>c_2$，所以渗透压 $\pi_1>\pi_2$，则溶剂将从稀溶液侧透过膜到浓溶液侧，这就是以浓度差为推动力的渗透现象。

③ 渗透平衡。如果两侧溶液的静压差等于两种溶液间的渗透压，即 $\Delta P=\Delta\pi$ 时，则系统处于动态平衡。

④ 反渗透。当膜两侧的静压差大于浓溶液的渗透压，即 $\Delta P>\Delta\pi$ 时，溶剂将从浓溶液侧透过膜流向浓度低的一侧，这就是反渗透现象。由此可见，实现反渗透必须满足两个条件；一是有一种高选择性和高透过率的选择性透过膜；二是操作压力必须高于溶液的渗透压。

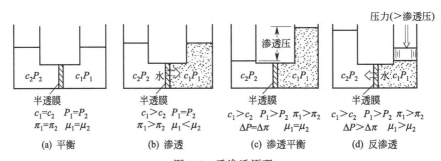

图 4-4　反渗透原理

C—溶液的浓度；π—溶液的渗透压；μ—溶剂的化学位；P—静压力

4.4.1.2　反渗透技术除盐的特点

反渗透作为脱盐的主要工序，具有以下优点。

① 反渗透装置的脱盐率高，单只膜的脱盐率可达 99%，一级反渗透系统脱盐率一般可稳定在 90% 以上，二级反渗透系统脱盐率可稳定在 98% 以上。

② 由于反渗透能有效地去除细菌等微生物、有机物以及铁、锰、硅等无机物，出水水质大大优于其他方法。

③ 与离子交换制纯水比较，减少了因树脂再生所消耗的化学药品（如 NaOH、HCl 等）的费用、人工费以及由于再生而造成的废水处理等项费用，并减少了环境污染。

④ 减缓了由于原水水质波动而造成的产水水质的变化，从而有利于生产中水质的稳定，这对除盐水产品质量的稳定有积极作用。

⑤ 设置反渗透器后，大大减轻了终端微孔膜过滤器的负担，从而延长了终端微孔膜过滤器的寿命。

但是，作为脱盐主要手段的反渗透，也存在一些不足。

① 由于反渗透装置要在高压下运转，因此必须配置相应的高压泵和高压管路。

② 由于回收率的限制，原水只有 75% 左右被利用，而对于超纯水制备来说，进入反渗透器以前，原水已经过相应的预处理，水质比较好，如果对浓缩水不进行有效利用，将会造成浪费。

③ 为了延长反渗透膜的寿命，在反渗透之前要加强预处理（包括浊度、pH 值、杀菌等），还要对膜进行定期清洗。

4.4.2　膜元件的组成及要求

4.4.2.1　反渗透膜元件的组成

反渗透膜元件主要包括膜、膜的支撑物或连接物、水流通道、密封、压力容器、进水口和出水口等。

在反渗透膜元件中膜是整个反渗透膜元件的核心部分。支撑物或连接物是为了使膜具有一定的形状和强度，它能够承受较高的压力，防止进水、产水间以及与外界之间的泄漏，能够避免进水与产水间过大的压差。水流通道是设计的关键，是由膜与膜之间的支撑体、导流板或隔网层来实现的。水流通道如图 4-5 所示。水在膜中有好的流动状态能够降低浓度差极化，防止膜污染。因为膜分离过程是在一定的压力下进行的，因此在膜高压侧的进水与低压侧的产水之间要有一定的密封措施，包括膜与膜之间、膜与支撑物之间、膜元件之间以及与管路连接接口之间等。每一种膜元件都必须装入压力容器才能使用，压力容器的材料一般采用玻璃钢。膜元件主要有三个外接口：进水口、浓水出口、淡水出口。

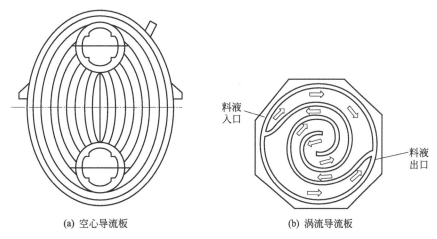

(a) 空心导流板　　　　　　　(b) 涡流导流板

图 4-5　水流通道示意

4.4.2.2　反渗透膜元件进水水质要求

不同反渗透组件对进水水质的要求见表 4-11。

表 4-11　不同反渗透组件对进水水质的要求

项目	卷式醋酸纤维膜	中空纤维聚酰胺膜	常规卷式复合膜
TOC/(mg/L)	<3	<3	<3
浊度/NTU	<1	<0.5	<1
总铁/(mg/L)	<0.1	<0.1	<0.1
游离氯/(mg/L)	0.2 ~ 1	<0.1	<0.1
水压/MPa	2.5 ~ 3.0(4.1)	2.4 ~ 2.6(2.8)	1.0 ~ 1.6(4.1)
pH 值	5 ~ 6	4 ~ 11	2 ~ 11
SDI	<4	<3	<4(5)
水温/℃	25(40)	25(40)	25(45)

注：括号中的数字为运行最大建议值；SDI 为淤塞密度指数。

4.4.3　反渗透装置的性能参数

其主要性能参数及其计算的影响因素如下：

（1）透水率（Q_p）

$$Q_p = A(\Delta P - \Delta TC)$$

式中　Q_p——膜的透水率，$g/(cm^2 \cdot s)$；

　　　　A——膜的渗透参数，g/（cm^2·s·MPa）；

　　　　ΔP——膜两侧外加压力差，MPa；

　　　　ΔTC——膜两侧的渗透压力差，MPa。

　　透水率指单位时间透过单位膜面积的水量。它主要取决于膜的材质、结构等因素，但也与运行条件有关。

　　透水率随运动温度上升而增加，随运动压力的增加而成比例上升，当压力下降至接近供水渗透压时，透水量趋近于零；透水率随进水浓度增加而下降，因为进水浓度增加，渗透压相应上升，反渗透推动力相应下降，所以透水量下降；透水率与回收率有关，当增加回收率时，膜表面盐浓度增加和进水浓度增加有相同的效应，所以在回收率增加时透水率下降。

　　（2）回收率（Y）

$$Y=\frac{Q_p}{Q_1}\times100\%=\frac{Q_p}{(Q_p+Q_m)}\times100\%$$

式中　Q_1，Q_m、Q_p——进水、浓水和产水的流量。

　　（3）浓缩倍率（CF）

$$CF=\frac{Q_1}{Q_m}=\frac{100}{100-Y}$$

　　（4）盐分透过率（SP）

中空纤维式：

$$SP=\frac{C_p}{C_1}\times100\%$$

卷式：

$$SP=\frac{C_p}{\dfrac{C_1+C_m}{2}}\times100\%$$

式中　C_1，C_m，C_p——进水、浓水和产水的含盐量。

　　（5）除盐率（R）

$$R=100-SP$$

　　除盐率随温度变化不大，随着压力增加，半透膜受压缩而除盐率上升，当压力上升至一定值时，除盐率保持不变。除盐率随进水浓度增加和回收率的增加而下降，两者使膜表面浓度增加，而使盐透过率增大。

4.4.4　反渗透系统的组成

　　反渗透系统主要由反渗透器、高压泵、计量控制设备、预处理设备以及清洗系统等组成，见图4-6。其中反渗透器（膜组件）是反渗透系统的关键设备，它直接影响到整个系统的效能、造价、运转条件和成本等。

　　（1）预处理设备　针对原水杂质的不同预处理设备可分为三部分：第一部分为化学加药设备，包括絮凝/助凝加药设备、阻垢剂加药设备、除氧还原剂加药设备、pH值调节加药设备；第二部分为化学-离子交换处理设备，包括离子交换软化、石灰软化设备；第三部分为物化过滤设备，包括多介质过滤、活性炭过滤、滤芯式过滤、微滤、超滤等设备。

　　（2）保安过滤器　保安过滤器处于整个反渗透系统的进口，其目的是防止预处理来水中可能携带的颗粒性杂质，以防止对高压泵和膜元件造成的机械损坏。通常，保安过滤器选用

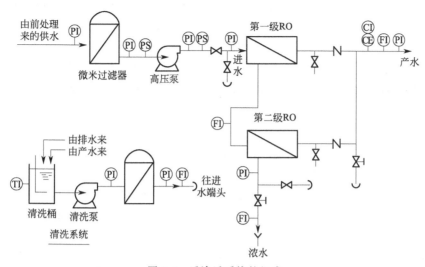

图 4-6　反渗透系统的组成

PI—压力表；PS—压力控制器；FI—流量表；TI—温度计；CE, CI—电导（电阻）仪

公称过滤精度为 $5\mu m$ 的滤芯，滤芯材质一般为聚乙烯或聚丙烯（丙纶）。为避免腐蚀，过滤器本体应采用不锈钢或塑料材质。保安过滤器不仅能截留颗粒性杂质，还能在一定程度上去除浊度和胶体铁，降低 SDI。滤芯的安装方式为蜡烛式（不推荐采用悬吊式）。根据运行压差更换滤芯。

有些厂家将保安过滤设计为可反洗的结构，目的是延长滤芯的使用寿命，但因为反洗会造成滤芯过滤间隙变大，降低过滤效果，所以不推荐这种设计。

在系统设计中，保安过滤器只起保安作用，以防止预处理漏过的杂质进入高压泵和反渗透膜元件中，不能将其作为降低 SDI 或去除杂质的过滤器，所以进入保安过滤器的原水必须已经满足膜元件的进水指标。

（3）高压泵　高压泵是反渗透系统中的核心设备之一。高压泵为进入反渗透膜元件的原水提供足够的压力，以克服渗透压和运行阻力，满足装置达到额定的流量。

对于苦咸水反渗透系统，高压泵一般选择离心泵；对于海水反渗透系统，高压泵一般选择高压离心泵或柱塞泵。高压泵的材质根据原水水质的不同，选择不同的不锈钢材质。

高压泵的启动方式是一个必须考虑的问题，一般有两种启动方式：在高压泵的出口装设电动慢开门或对高压泵进行变频启动。目的都是为了避免启动时产生的瞬间高压力水对膜元件造成冲击损坏（即水锤现象），都要保证高压泵对膜元件的给水压力从零升到额定值的时间在 $20\sim30s$ 以上。

为保证高压泵的安全运行，一般还设有泵的压力保护装置。即在高压泵的入口装设低压保护开关，和高压泵连锁，当进水压力低（一般小于 $0.05\sim0.1MPa$）时，低压保护开关动作，使高压泵自动停止运行，防止高压泵缺水空转。高压泵出口也可以装设高压保护开关，使高压泵自动停止运行。防止高压泵缺水空转。高压泵出口也可以装设高压保护开关，和高压泵连锁，当高压泵出水压力过高（一般为超过最高运行压力的 30% 以上）时，高压保护开关动作，使高压泵自动停止运行，防止高压泵憋压运行。

（4）计量控制设备

① 计量设备

a. 给水 SDI 值。给水 SDI 值是重要的检测项目之一，是判断给水水质是否合格的重要参数。SDI 值由专业的 SDI 测定仪来检测，目前只能采用手工检测的方法。

b. 给水氧化还原电位值（ORP）。ORP 反映反渗透给水中氧化性杀菌剂的残存量。因为反渗透膜元件是不耐氧化的高分子材料，所以在给水中就必须将氧化性杀菌剂完全消除。消除氧化性杀菌剂可以通过活性炭过滤器吸附或加入还原剂（通常为亚硫酸钠）进行氧化还原来完成。该反应为瞬间过程，之后即可检测 ORP 来显示反映结果，通过 ORP 表可在线检测。

c. pH 值检测表。如果反渗透给水中设有加酸装置，则给水管道上应装设在线 pH 值检测表，并应设有上、下限报警。

d. 温度。给水温度影响反渗透装置的产水量，当温度恒定时，它决定高压泵的出口压力。在很多系统中，需要设置加热器将给水升温，在此，温度作为一个重要的参数需进行测量并定期记录。

e. 压力。要监测并记录保安过滤的进、出口压力或压降，以判断滤芯的运行状况。要检测并记录反渗透膜元件各段之间的压力或降压，以判断膜元件是否污染或结垢，并可判断异常膜元件的位置。

f. 流量。在反渗透系统中，至少要监测并记录反渗透产品水和浓水的流量，这两个流量决定装置的回收率。必须将回收率保持为设计值，回收率过高会加速膜元件的污染，回收率过低会造成水的浪费和高压泵能耗的增加。

在许多大型系统中，还装有给水流量表，可输出给水流量信号，自动调节加药计量泵按比例加药，或在多段系统中装设单段的产品水流量，分别判断每一段的运行状况。

g. 电导率。监测给水和产品水的电导率，可反映反渗透装置的脱盐率。

压力、流量是互相关联的参数，结合 pH 值、电导率，通过标准化后，可以判断反渗透系统是否正常运行、是否有污染或结垢、是否需要清洗等，是判断反渗透装置运行状况的重要参数。

② 控制设备

a. 系统控制方式。反渗透系统一般采用 PLC（可编程逻辑控制器）程序自动控制方式。选择的 PLC 应保证有较强的抗干扰能力、丰富的程序指令和较快的运算速度，以保证控制系统的安全稳定。

b. PLC 控制内容。PLC 控制的内容应包括如下方面。

(a) 高压泵的控制。高压泵进口压力低于设定值时，自动停止泵的运行；高压泵出口压力高于设定值时，自动停止泵的运行。高压泵采用变频控制时，通过调节泵的频率，控制泵的出口压力。海水淡化工程中，通过能量回收装置控制，以节省能耗，降低运行费用。

(b) 反渗透装置的程序启动和停止。反渗透装置由 PLC 控制，自动完成，包括计量泵、高压泵、电动慢开门等按顺序启动和停止；反渗透装置与产品水箱水位连锁的高停低启。

(c) 反渗透停运时的自动低压表面和冲洗。反渗透装置停止时，自动打开电动冲洗排水门和冲洗水泵，对膜表面进行低压冲洗，将膜元件内的浓水冲洗干净。

(d) 异常运行状态的监测、报警。在反渗透装置运行过程中，PLC 自动对各设备如高压泵、计量泵、电动门等运行状况进行监测，并输出故障报警信号，PLC 自动对温度、流量、压力、液位、电导率、ORP、pH 值等运行参数进行监测，异常运行状况时报警，并根据不同的情况决定是否停运反渗透装置。

（e）加药量的自动控制调节。通过反渗透给水管道上的流量、pH 值、ORP 等测量仪表输出的 4～20mA 信号或脉冲信号，自动调节各计量泵的输出投加药品量，实现加药量的按比例自动调节。

（5）清洗系统　清洗系统主要包括清洗水箱、清洗水泵和保安过滤器。

4.4.5　设计反渗透装置应考虑的因素

反渗透系统经常采用一级法和二级法工艺流程制取淡化水。反渗透装置的设计，首先应根据原水水质（含盐量、酸碱度、温度、悬浮物、细菌等），确定预处理项目（如杀菌、调节 pH 值、凝聚、过滤等），然后选择膜材（透水量、脱盐率、pH 值适用范围、机械强度、耐热等），再根据产水量计算所需的膜面积。还应考虑反渗透器类型的特性、反渗透系统的工艺流程、水质要求、操作压力大小以及淡化水回收率等问题，以使制水成本最低。另外还应考虑钙盐等难溶盐沉积膜面、堵塞膜孔以及浓差极化等问题，例如注意预处理，加强进水流速和装置湍流促进器等。

反渗透除盐装置的设计正确与否，直接关系到膜元件（组件）的使用寿命。在设计反渗透除盐装置时应充分考虑如下因素。

① 根据用户需要，确定反渗透装置的出力、系统回收率、系统脱盐率。

② 通过技术经济比较，选择合理的膜类型和膜构型。

③ 根据已知条件，计算所需膜元件（组件）的数量。

④ 测算膜组件合理的排列组合，尽量使各段膜元件的出力和压降相当。

⑤ 选择合适的高压给水泵，确定合适的安装位置。

⑥ 合理选择连接管道，如材质应耐腐蚀、耐高压。

⑦ 合理选择与水接触的就地仪表及探测敏感元件。

⑧ 确定集中控制盘与就地控制盘的内容。

⑨ 合理选择使用阀门的类型，如球阀、蝶阀、截止阀、针型阀等。

⑩ 确定高压给水泵的启动方式。

⑪ 制定反渗透装置本体进水与出水和外部的连接方式与要求。

⑫ 有关反渗透膜元件（组件）的供应商从实践中总结出来的设计导则，应该很好地遵循。

4.5　矿井水除盐处理工艺设施设计

高矿化度矿井水的处理工艺除采用传统澄清工艺去除悬浮物和有机物外，其关键工序是脱盐淡化。在降低矿井水含盐量的方法中，电渗析和反渗透是我国目前苦咸水脱盐淡化处理的两种主要方法。其中反渗透已经逐渐取代电渗析法，成为高矿化度矿井水淡化的主要应用方法。表 4-12 为山西省用作饮用水的 RO 法处理矿井水的几个工程实例，供参考。

表 4-12　用作饮用水的 RO 法处理矿井水工程实例

煤矿名称	处理水量 /(m³/d)	原水水质/(mg/L)		吨水投资 /(元/m³)	制水成本 /(元/m³)
		含盐量	总硬度		
大同达子沟矿	7200	5463	2761.5	1700	2.6
大同青瓷窑矿	1350	2500～2700	1200～1600	3450	2.9

煤矿名称	处理水量 /(m³/d)	原水水质/(mg/L)		吨水投资 /(元/m³)	制水成本 /(元/m³)
		含盐量	总硬度		
大同白洞矿	3000	986.4	691.4	1575.7	—
太原东山矿	4000	2348	1414	1545	1.34
阳泉荫营矿	25000	2690	—	1800	—
灵石县红杏矿	300	617.5	394.5	1767	1.18
邓家庄煤矿	960	875	721	973.2	—

用 RO 法把高矿化度矿井水处理成生活饮用水时，以下几点建议可供使用参考。

① 关于脱盐工艺的处理水量，不应与要求的供水量混为一谈。也可根据原水和供水水质情况，经计算把供水量分为两部分，一部分预处理后进行 RO 脱盐处理，另一部分预处理净化后不进行 RO 脱盐处理，采用两者按比例进行混合勾兑的方法，使混合后水质达到要求的供水水质即可，这样可以减少投资和运行费用。

② RO 装置的预处理和进水水质指标。为使 RO 装置高效、可靠、经济地运行，应重视水的预处理。反渗透预处理的一般原则和方法如下。

a. 当原水中 SS 小于 50mg/L 时，可采用微絮凝直接过滤法；当 SS 大于 50mg/L 时可采用混凝、沉淀、过滤工艺。

b. 当原水含铁量小于 0.3mg/L、SS 小于 20mg/L 时，可采用直接过滤法；当原水含铁量小于 0.3mg/L、SS 大于 20mg/L 时，可采用微絮凝直接过滤法；当原水含铁量大于 0.3mg/L 时，应考虑除铁措施（如锰砂过滤）。

c. 当原水有机物含量较高时，可采用加氯、混凝、沉淀、过滤处理；若仍不能满足要求时，可同时采用生物活性炭过滤法去除有机物。

d. 当原水的碳酸盐硬度较高，经加药处理仍会造成 $CaCO_3$ 在反渗透膜上沉淀时，可采用离子交换法进行预处理。当其他难溶盐在反渗透系统中结垢析出时，应加阻垢剂处理。

e. 当原水硅酸盐含量较高时，可投加石灰、氧化镁（或白云粉）进行处理。

f. 反渗透装置的允许进水水质见表 4-11。

③ 矿井水的反渗透法脱盐工艺流程应根据水质确定，不宜太长。除了澄清预处理外，还应有前处理、主处理和后处理三部分。

④ 反渗透的几个设计参数建议值：系统水回收率 72%～78%；系统出水的脱盐率 96%～99%；膜元件的使用寿命 3～5 年；质保期不低于 2 年。

⑤ 由于反渗透法的产水量在工作压力恒定时与水温成正比（一般设计的环境温度为 5～30℃），故应把反渗透工艺装置设在室内，并注意冬季保暖。

⑥ 在绘制矿区水平衡图时，应本着优质优用的原则，注意矿井水的分质处理，分质使用。

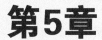

第5章

酸（碱）性矿井水
的中和处理

Chapter05

5.1 酸性矿井水处理技术与实践

酸性矿井水分布广、危害大，对于酸性矿井水的处理是环境保护和水资源开发利用的迫切要求。

5.1.1 处理方法与类别

处理酸性矿井水的方法大致可分为以下几类。

（1）物理化学法 物理化学法处理酸性矿井水常用的是石灰、石灰石中和法，使用较普遍的处理工艺有普通滤池中和法、石灰石中和滚筒法以及升流膨胀过滤中和法。此三种工艺基本可满足各类酸性矿井水的处理要求。

（2）生物化学法 生物化学处理方法主要用于处理含铁酸性矿井水，此类处理技术在美国和日本等国已经进行了实际应用，其最大的优点在于处理二价铁效果好、成本低、实用性强、操作运行管理方便且无二次污染。详见本书第6章。

（3）人工湿地法 人工湿地酸性矿井水处理方法是20世纪70年代末在国外发展起来的一种污水处理方法，它利用自然生态系统中的物理、化学和生物的三重协同作用，通过过滤、吸附、沉淀、离子交换、植物吸收和微生物分解来实现对污水的高效净化，此法也叫生物处理法，它包括微生物法和植物法两种。

与中和法等传统的酸性矿井水的处理方法相比，人工湿地处理方法具有出水水质稳定，对N、P等营养物的去除能力强，基建和运行费用低，维护管理方便，耐冲击负荷强，适用于间歇排放矿井水的处理，并具有景观美学价值等优点。因此，在北美、欧洲的许多国家得到了广泛应用。

（4）其他工艺方法 主要有粉煤灰法和赤泥法处理，以及采用投加钡渣、轻烧镁粉和纯碱，或者使用碱性纸浆废液、硼泥等代替石灰乳，以废治废，综合利用。

5.1.2 处理工艺实践

(1) 戚鹏等根据兴旺煤矿的矿井水水质特征，提出了具体的治理工艺。兴旺煤矿矿井水正常涌水量为 480m³/d，主要污染因子浓度见表 5-1。可以看出，该矿井水主要水质特征是：①悬浮物含量高。矿井水主要含有以煤粉和岩粉为主的悬浮物，浓度大、粒径差异大、密度小。②酸度高，pH 值小于 3。必须添加药剂，提高 pH 值。③铁等金属元素以及无机盐类含量高。由于矿井水酸度高，当开采含硫煤层时，硫受到氧化与生化作用产生硫酸，酸性水易溶解煤及岩石中的金属元素，使矿化度和硬度升高。

表 5-1　兴旺煤矿矿井水水质分析结果

项目	pH 值	SS/(mg/L)	COD/(mg/L)	Fe/(mg/L)	F⁻/(mg/L)	S²⁻/(mg/L)
指标	2.84	593	437	11.3	2.01	0.005

根据该矿井水水质特征，在水处理工艺流程中必须有中和酸碱及除铁的过程。此矿采用酸碱中和→曝气→絮凝混合→斜板沉淀→一级锰砂过滤→二级锰砂过滤→消毒的工艺，设计处理规模为 700m³/d，工艺流程见图 5-1。

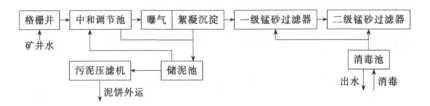

图 5-1　矿井水处理工艺流程

处理后矿井水的水质监测结果见表 5-2。可以看出，悬浮物去除率大于 95%，COD 去除率大于 90%，出水水质中各项指标均能满足井下消防、洒水水质标准要求。因此该矿井水处理工艺，对于去除 COD、SS、Fe 及调节 pH 值是可行的。

表 5-2　矿井水处理出水水质

项目	pH 值	SS/(mg/L)	COD/(mg/L)	Fe/(mg/L)	F⁻/(mg/L)	S²⁻/(mg/L)
指标	6.5～8.5	29.65	47.3	0.25	0.12	0.1

该矿井水处理站总投资为 80 万元，主要包括土建工程、设备工程、安装工程和其他费用。年处理矿井水 175200m³。处理成本为 0.680 元/t，运行成本较低，具有较好的推广价值。

(2) 谢韦等，针对贵州某煤矿产生的悬浮物、BOD、COD 超标，铁、锰含量高，pH 值低的矿井水（见表 5-3），选择中和、曝气、混凝、沉淀、过滤的处理工艺，如图 5-2 所示。

表 5-3　矿井水水质

项目	pH 值	SS/(mg/L)	COD/(mg/L)	Fe/(mg/L)	Mn/(mg/L)	S²⁻/(mg/L)
指标	2.8	750	150	80	25	10.0

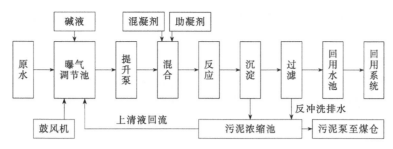

图 5-2　处理工艺流程图

该工程中选用稀释后的纯碱作为中和药剂，通过鼓风机使曝气调节池内的碱液与原水充分混合，同时调节水量，并氧化铁、锰、硫，保证后续处理效果，使调节池达到一池多用的目的而节省投资。混凝剂选用聚合氯化铝，助凝剂选用聚丙烯酰胺。

主要设计参数如下。

① 调节曝气池：该池设置成两段，用隔墙分开，前段起中和作用，后段起调节、曝气作用。调节曝气池的平面、立面图见图 5-3、图 5-4。调节曝气池停留时间为 1.5～2h；气水体积比为（3～6）：1；选用 2 台罗茨鼓风机，一用一备，风量 8.6m³/min，功率 11kW。

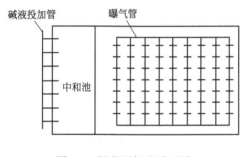

图 5-3　调节曝气池平面图

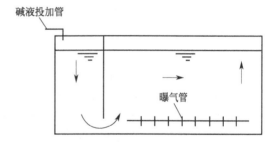

图 5-4　调节曝气池立面图

② 反应单元：运用微漩涡理论，采用管板、栅条结合布设的形式，使水流在管板中不断变换流速，造成相当尺寸的微漩涡，产生强烈的挤压，大大增加了各种粒子之间的碰撞机会，从而提高了反应效果，达到了充分反应的目的。反应时间为 10～15min。

③ 沉淀单元：采用斜管沉淀池的形式，运用浅层沉淀原理，使沉淀水流缩小了水力半径，增大了湿周而使沉淀效率比平流沉淀池提高了四倍以上，大大降低了建设投资和减少了占地面积。上升流速 1.2～1.5m/s。

④ 过滤单元：选用锰砂作为滤料，滤速 6～10m/s。

⑤ 药剂：碱液，根据 pH 值计算投加量。混凝剂选用聚合氯化铝（PAC），投加量为 20～50g/m³，配比浓度约为 10%。混凝剂在水解过程中不断产生 H^+ 使水的 pH 值下降。对混凝剂 PAC 来说维持水中 pH 值为 8～9 时，絮凝效果最佳。水温对混凝效果有明显的影响，当水温低于 5℃ 时，混凝剂水解速度非常缓慢，处理效率降低。混凝剂采用计量泵投加，可以根据调节曝气池内在线监测的情况随时调节投加量。助凝剂选用聚丙烯酰胺（PAM），投加量为 1～2g/m³，配比浓度为 1%～2%。

⑥ 污泥处理：沉淀池内污泥定期排放至污泥浓缩池，反冲洗排水亦排放至该池内，在池内进行污泥浓缩后，将含有煤粉的污泥送至煤仓。

⑦ 自控系统：该煤矿矿井废水处理系统实现了自动加药、自动反冲洗、自动排泥的

PLC 控制方式，包括在线监测系统、仪表检测系统。仪表检测系统包括调节池液位、回用水池液位、加药流量、处理流量、加药箱液位、进水和出水 pH 值连续自动检测。大大降低了人工劳动强度和系统运行的稳定性。

该废水处理站于 2009 年 4 月建设完工，5 月进行调试，7 天后达标，处理前后水质情况对比见表 5-4，工程建成近两年的时间里，系统运行正常，出水水质能满足矿区生产和生活杂用水的水质标准。

表 5-4 处理前后水质情况对比

项目	处理水量	pH 值	SS	浊度	Fe	色度	Mn	COD
进水	130m³/h	2.8	750mg/L	—	80mg/L	—	25mg/L	150mg/L
出水	130m³/h	8.3	8mg/L	5 度	0.35mg/L	30	0.08mg/L	43.0mg/L

但是，设置在调节曝气池内的潜污泵由于受到污水的腐蚀，水泵的使用寿命较短，建议采用自吸式化工泵以降低腐蚀。

（3）王水远等利用氧化铝冶炼工业生产过程中排出的固体粉状残渣——赤泥，来处理煤矿酸性矿井水。赤泥是一种强碱性物质，pH 值高达 12 以上，遇到酸性废水时，首先发生的是中和作用，尤其是动态水流经赤泥时，中和作用也是主要的一个化学作用。中和作用主要是调节系统的 pH 值，其次再发生其他一系列的化学或物理作用。中和作用的过程中，减少了酸性煤矿废水中的 SO_4^{2-} 和 H^+ 浓度，提升溶液的 pH 值，产生的悬浮物或者沉淀物就会直接沉淀下来。

同时，赤泥具有较强的吸附能力，对水体中的 Cu^{2+}、Pb^{2+}、Zn^{2+}、Ni^{2+}、Cr^{6+}、Cd^{2+} 等重金属离子具有较好的吸附作用。Leona D 等研究得出，赤泥对重金属（Cu、Pb、Zn、Mn）的吸附先后顺序是：Cu→Pb→Zn→Mn。Santona L 等则认为，赤泥对 Zn^{2+} 的吸附大于或等于对 Pb^{2+} 的吸附。总之，酸性煤矿废水与赤泥反应后，pH 值增大，同时对重金属的吸附量也增大。

（4）徐大勇等，将多孔混凝土加入粉煤灰（FAPC）进行改性来处理模拟酸性矿井水，即在普通多孔混凝土的基础上，按一定比例添加粉煤灰。所要处理的酸性水为自制模拟酸性水，各项指标见表 5-5。实验所用装置如图 5-5 所示。

表 5-5 酸性水各项指标

pH 值	NH_4^+/(mg/L)	浊度/NTU	COD_{Cr}/(mg/L)	TP/(mg/L)
2.9～3.4	51.5～69.7	25.3～30.5	652.6～699.3	20.5～22.7

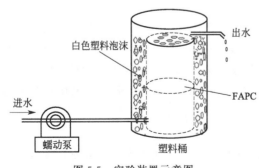

图 5-5 实验装置示意图

通过比较不同掺量的粉煤灰对出水 pH 值的影响可发现，在第一天出水时各处理 pH 值即跃升到 9.7～10.3 之间，平均为 9.9，说明 FAPC 在酸性水浸泡过程中有大量的碱性物质产生，对酸性水起到很好的中和作用。实验过程出水 pH 值呈微弱下降趋势，但总体表现为平稳，出水 pH 值维持在 8～9 之间，且实验中没有发现出水 pH 值持续快速升高或持续快速下降的现象。

此外还发现，FAPC 对酸性水中的浊度、COD_{Cr} 和 TP 有一定的去除作用，平均去除率分别可达到 69.7%、75.4% 和 91.9%。

（5）张宗新等，采用石灰石中和沉淀、粉煤灰吸附二级处理煤矿酸性矿井水，取得了良好的效果。其酸性废水取自淄博市矿务局夏家庄煤矿，具体水质见表 5-6 和表 5-7。可以看出，该矿矿井水中 SO_4^{2-} 含量高，总硬度偏高，属于 SO_4^{2-} 和总硬度型污染。

表 5-6　酸性废水水质情况（一）　　　　　　　　单位：mg/L

项目	第一类污染物				
	Hg	Cd	Cr^{6+}	As	Pb
检测值	<0.0001	<0.0025	<0.006	<0.008	<0.005

表 5-7　酸性废水水质情况（二）　　　　单位：mg/L，pH 值除外

项目	第二类污染物									其他		
	pH 值	悬浮物	COD	酚	CN^-	S^{2-}	NH_4^+	F^-	Cu	Zn	SO_4^{2-}	总硬度	矿化度
检测值	3.5	3	103	<0.002	<0.006	1	0.25	0.5	<0.05	<0.05	3206	1221	1717

实验中石灰石来自博山水泥厂石灰石矿，石灰取自淄博有机化工厂，粉煤灰取自张店热电厂（于 110℃ 烘干），采用图 5-6 的工艺对矿井水进行处理。

该煤矿酸性废水经石灰中和沉淀后，SO_4^{2-} 去除率可达 70%，但沉淀产物沉降体积较大，清液仍含有大量悬浮颗粒，SO_4^{2-} 仍达不到排放要求。经一级

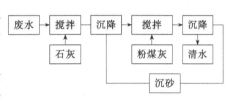

图 5-6　实验流程图

中和沉淀处理后，其清液再经粉煤灰吸附处理可达标排放，粉煤灰用量为 10g/L 时处理效果较好。

5.2　化学中和法

化学中和法的作用机理就是向酸性矿井水中投加碱性中和剂，利用酸碱的中和反应提高废水的 pH 值，使废水中的金属离子形成溶解度小的氢氧化物或碳酸盐沉淀而中和酸性矿井水。

常用的中和剂有碱石灰（CaO）、消石灰 [$Ca(OH)_2$]、飞灰（石灰粉、CaO）、碳酸钙、高炉渣、白云石、纯碱（Na_2CO_3）、NaOH、轻烧镁粉、赤泥、粉煤灰、钡渣等。选择何种中和剂取决于中和剂的反应性、适用性、价格及运输是否方便等因素。其中尤以石灰石和石灰中和剂的应用最为广泛。

5.2.1　工艺组成

酸性矿井水的传统中和处理常用的是石灰或石灰石中和法，普遍采用的典型处理工艺有石灰乳法、滚筒式中和机、变速升流式膨胀中和滤池和曝气流化床处理法。

石灰石中和滚筒法，是指利用石灰石做中和剂，酸性水在滚筒中被石灰石中和的处理方法，其出水经沉淀后外排（图 5-7）。石灰石曝气流化床处理方法是我国研发的一种新工艺，酸性水进入流化床，与床中石灰石填料产生中和反应，生成的 H_2CO_3 在来自空压机空气的曝气作用下迅速分解成 CO_2 和 H_2O，使酸性水得到中和处理，其出水再经沉淀后排放。曝气的目的除了溶解氧和散除 CO_2 外，还可避免包固现象 [指中和反应产物 $CaSO_4$ 和 $Fe(OH)_3$ 包在石灰石颗粒表面]。

图 5-7　石灰石中和滚筒处理酸性矿井水的工艺流程图

通常情况下，酸性矿井水全盐量均比较高。吴东升在 2008 年以汾西矿业集团公司某矿的高盐、高铁酸性矿井水为研究对象，通过"中和—曝气—反渗透"连用技术，为高盐、高铁酸性矿井水污染治理和回收再利用探索了一条经济可行之路。矿井水的排放量为 1800t/d，为间隙性排水，矿井水 pH 值为 2.63，其他主要污染物指标参见表 5-8。根据矿井水水质、水量和水处理要求，结合矿区实际情况，采用的水处理工艺如图 5-8 所示。

表 5-8　汾西矿业集团某高盐和高铁酸性矿井水指标监测结果

项目	监测值	项目	监测值	项目	监测值
pH 值	2.63	Ca^{2+}/(mg/L)	400.8	$Fe^{3+}+Fe^{2+}$/(mg/L)	827.4
悬浮物/(mg/L)	59.0	Mg^{2+}/(mg/L)	272.2	Cl^-/(mg/L)	96.1
总硬度/(mg/L)	2122	Mn^{2+}/(mg/L)	3.300	SO_4^{2-}/(mg/L)	6397
溶解性总固体/(mg/L)	9175	Sr^{2+}/(mg/L)	0.302	NO_3^-/(mg/L)	25.5

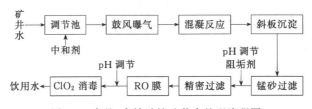

图 5-8　高盐、高铁酸性矿井水处理流程图

该工艺是通过投加中和剂降低酸性矿井水的酸性，并在此基础上鼓风曝气，氧化水中存在的大量 Fe^{2+}，再通过混凝和斜板沉淀去除悬浮物和氧化生成 Fe^{3+}，最后通过精密过滤装置去除剩余的微量悬浮物，再通过反渗透去除溶解性离子以降低矿化度和总硬度，最后通过 ClO_2 消毒去除可能存在的微生物，使出水水质达到设计要求。

5.2.2　滤池类型

5.2.2.1　普通滤池

普通中和滤池为固定床（图 5-9）。按水流方向可分为平流式和竖流式，竖流式又可分为升流式和降流式。

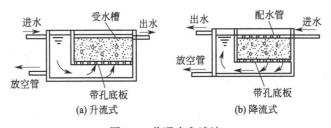

图 5-9　普通中和滤池

普通中和滤池的滤料粒径一般为 30～50mm，不得混有粉料杂质，当废水中含有可能堵塞滤料的物质时，应进行预处理，过滤速度一般不大于 5m/h，接触时间不小于 10min，滤

床厚度一般为 $1\sim1.5m$。

此法具有操作方便、运行费用低及操作条件好等优点；缺点是颗粒表面容易形成硬壳，不适于中、高浓度的酸性废水。

5.2.2.2　升流式膨胀中和滤池

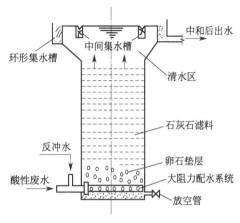

图 5-10　升流式膨胀中和滤池

水流由下向上流动，流速高达 $30\sim70m/h$，再加上生成二氧化碳气体的作用，滤料悬浮，互相碰撞摩擦，使表面形成的硬壳容易剥落下来，表面不断更新，因此中和效果较好。升流式膨胀中和滤池按升流速度可分为恒速升流式中和滤池、变速升流式中和滤池，见图 5-10。

该工艺的主要优点是运行费用小，处理成本低，管理操作简便，工作环境好。当进水的 pH 值发生变化时，只需调节进水量就可保持出水 pH 值的稳定。缺点是处理量受限制，若矿井水量大，则需建造大型滤池，投资高，占地面积大。石灰石的破碎筛分也给管理带来了不便，同时除 Fe^{2+} 效果差以及当原水悬浮物含量高时滤池易堵塞等。

升流式膨胀中和滤池粒径较小，一般为 $0.5\sim3mm$，滤层高度为 $1\sim1.2m$（新滤料），最终换料时的滤层高度 $\geqslant2m$，水流速度 $u=60\sim80m/h$（变速升流滤池 $u_{下}=60\sim70m/h$，$u_{上}=15\sim20m/h$），膨胀率 50% 左右，上部清水区高度为 0.5m，硫酸允许浓度可提高到 $2.2\sim2.3g/L$。

5.2.2.3　滚筒式中和滤池

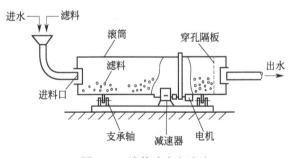

图 5-11　滚筒式中和滤池

　装于滚筒中的滤料随滚筒一起转动，使滤料相互碰撞，及时剥落由中和产物形成的覆盖层，可以加快中和反应速度。废水由滚筒的一端流入，由另一端流出，见图 5-11。

滚筒直径 $\geqslant1m$，长度为直径的 $6\sim7$ 倍，滚筒转速每分钟 10 转左右，滤料的粒径较大（达十几毫米），装料体积约占转筒体积的一半。

滚筒式中和滤池的进水硫酸浓度可以很大，滤料粒径不必破碎得很小；但其负荷低，构造复杂，动力费用高，噪声大，同时对设备材料的耐腐蚀性能要求较高，当处理水量大时，初期投资也较高。另外，反应生成的 $CaSO_4$ 沉淀容易造成滚筒的堵塞，去除 Fe^{2+} 的效果不佳。

5.2.3　药剂选择

由于酸性矿井水的涌出具有一定的时间性、区域性，并且在一定程度上也受到季节的影响，因此在选择药剂或填料时，除了要依据进水水质和实验以外，还应该根据当地货源情况，应尽量满足就地取材，减少运输费用，选择价格低、对环境和人体健康无害的药剂或填料。常用药剂的特点见表 5-9。

表 5-9 酸性矿井水常用药剂和填料特点

名称	主要成分	特点	进水 pH 值(建议)	药剂参数	备注
碱石灰	CaO、H₂O、NaOH、KOH	药剂一旦过量,pH 值会有一个突变	≥3	0.10~0.20g/L	0.15g/L 为最佳
消石灰	Ca(OH)₂			初始 pH 值=2 时,加药量为 0.37g/L;初始 pH 值=3 时,加药量为 0.037g/L	有时需要考虑溶解度
石灰石	CaCO₃			初始 pH 值=2 时,加药量为 0.50g/L;初始 pH 值=3 时,加药量为 0.05g/L	有时需要考虑溶解度
粉煤灰	SiO₂、Al₂O₃、Fe₂O₃	先用其他中和剂将酸性矿井水的 pH 值提升到 3 以上,在使用煤粉灰进行处理	3~5	0.5g/L,接触时间>60min;1g/L,接触时间 60min;2g/L,接触时间 20min;2.5g/L,接触时间 10min;5g/L,接触时间 5min	建议选用 1g/L
白云石	CaMg(CO₃)₂	对处理后的出水进行曝气或 CO₂ 吹脱,出水 pH 值可提至 6~6.5	进水最高硫酸浓度应低于 4g/L	滤料粒径 1~6mm,反应停留时间 15~25min	反冲洗周期 12h 以内
纯碱	Na₂CO₃	纯碱的价格高于石灰,但具有采用纯碱不会增加水的硬度,设备简单,节省构筑物,可大大降低后续处理难度等优点	≥2	3.0~4.0g/L	当进水 pH 值为 2.63,纯碱用量为 3.6g/L 时,出水 pH 值为 8.2
烧碱	NaOH	除了可以起到中和作用外,烧碱的投加对总铁的去除率为 99.75%	2 左右	2.8g/L	当进水 pH 值为 2.5,烧碱用量为 2.8g/L 时,出水 pH 值为 6.64
轻烧镁粉	MgO	缓冲性能较好,即使用量过多,矿井水的 pH 值一般不会超过 9	≥3	pH 值为 3.15~3.24 时,加入 0.8~1.0g/L 轻烧镁粉;pH 值为 3.25~3.31 时,加入 0.6~0.7g/L 轻烧镁粉	搅拌时间为 10min,搅拌速度为 500r/min;细小颗粒沉淀时间较长,建议加入混凝剂来辅助沉淀
钡渣	BaCO₃、BaSO₄、BaSiO₃、BaSO₃	钡渣放置时间对处理酸性矿井水没有影响	无	pH 值为 2 时,用量为 4.10g/L;pH 值为 3 时,用量为 3.00g/L;pH 值为 4 时,用量为 2.20g/L;pH 值为 5 时,用量为 0.60g/L	180~200 目,反应时间 5min 即可,处理后出水 pH 值均为 6
赤泥	CaO、SiO₂、Al₃O₂、Fe₂O₂ 等。	除了 pH 值可以达标以外,水中的 Cu、Zn、As、Cd、Hg、Pb 均有 90% 以上的去除率	2 左右	20~40g/L 当赤泥改性温度为 500℃,反应温度为 50℃,反应时间为 5h	首先将赤泥在 105℃环境下烘干,然后加入废水中,反应时间为 2h

5.3 生物处理法

生物法处理酸性矿井水包括微生物处理法和植物处理法。利用微生物处理酸性矿井水是目前国内外研究比较活跃的处理方法,在多个国家已经有了实际的应用。利用植物处理酸性矿井水,即湿地生态工程处理法,是近期迅速发展起来的一种污水处理技术,能使酸性水

pH 值提高到 6～9，达到排放标准，出水平均总铁不大于 3mg/L，总锰不大于 2mg/L。该技术目前已经用于实际煤矿酸性矿井水处理中，如美国已在煤矿系统建设了 400 多座人工湿地处理系统。

5.3.1　微生物处理法

微生物法原理是利用一些微生物的特性将酸性矿井水中的一些离子转化为易处理的物质以去除。目前已知的主要有硫酸盐还原菌（sulfate-reducing bacteria，SRB）和氧化亚铁硫杆菌（thiobacillus ferrooxidans，T.f），一些生化反应过程中还有光合硫细菌或无色细菌也参与作用。该方法的优点是对 Fe^{2+} 具有很高的氧化率；Fe^{2+} 氧化细菌无需外界添加营养液，处理后的沉淀物可综合利用。

（1）硫酸盐还原菌（SRB）　该菌种是异化 SO_4^{2-} 的生物还原反应，将 SO_4^{2-} 还原为 H_2S，释放碱度从而提高废水的 pH 值，并进一步利用光合硫细菌或无色硫细菌通过生物氧化作用将 H_2S 氧化为单质硫。在 SO_4^{2-} 还原的过程中，废水中的重金属可与 H_2S 形成金属沉淀而得到去除。

硫酸盐还原菌法处理酸性矿井水具有费用低，适用性强，无二次污染，还能吸收或吸附重金属，分解并生成重金属硫化物沉淀予以回收等特点。

（2）氧化亚铁硫杆菌（T.f）　该菌种是在酸性条件下将水中的 Fe^{2+} 氧化成 Fe^{3+}，然后利用石灰石进行中和处理生成 $Fe(OH)_3$ 沉淀，以实现酸性矿井水的中和及除铁。氧化亚铁硫杆菌从 Fe^{2+} 的氧化反应中获取自身生存和繁殖所需的能量，无需加任何营养液，在常温条件下对 Fe^{2+} 具有很高的氧化率。在含量不高于 40mg/L 时，其氧化率可达 100%；当 Fe^{2+} 含量增高到 300mg/L 时，仍能维持在 95% 以上。在酸性条件下，不论 Fe^{2+} 浓度高低均能较好地将水中的 Fe^{2+} 氧化成 Fe^{3+}。当 pH 值为 3.2 时，Fe^{2+} 开始沉淀，当 pH 值为 6.8 时，出水总铁可降至 0.3mg/L 以下。

经实践证明，生物化学处理酸性矿井水比投加石灰乳中和法大约节省运转费用 2/3。处理后的沉淀物可综合利用，用于制取氧化铁红和聚合硫酸铁（PTS），解决了常规石灰乳中和处理法由于反应不完全而产生大量污泥造成的二次污染，且为矿山企业的多种经营开辟了一条新路，生化处理后的水可以回用。

微生物处理法，作为酸性矿井水的一种处理方法，受到各国研究者广泛关注，从理论上讲，该法能适应多种不同条件下含铁酸性矿井水的处理，而具有运行费用低、管理方便、沉积物能综合利用等优点。但是，该方法存在的一些弊端制约了其在工程上采用的可能性，如处理速度比较慢，要求反应器的体积较大，因而投资较高；由于煤矿酸性矿井水成分复杂，常含有一些对微生物具有抑制作用的重金属离子，如 Pb^{2+}、Zn^{2+} 等。因此，微生物处理法目前在国内并没有得到实际的应用，均处于实验研究阶段。推广应用还需要做大量研究工作。

5.3.2　植物处理法

植物处理法主要指湿地生态工程处理法，是利用自然生态系统中的物理的、化学的和生物的三重系统作用，通过过滤、吸附、沉淀、离子交换、植物吸收和微生物分解而实现对污水的高效净化。其设想并非从废水处理进化而来，而是从废弃矿井酸性水通过自然水藓（或泥炭）沼泽地观测研究发展起来的。与中和法等传统的酸性矿井水处理方法相比，人工湿地具有出水水质稳定，对氮、磷等营养物质去除能力强、基建和运行费用低、技术含量低、维护管理方便、耐冲击负荷强、适用于处理间歇排放矿井水和具有美学价值等优点，因而在北美、欧洲的许多国家得到了广泛应用。从 20 世纪 70 年代开始，美国科学家在湿地上建造人工浅池沼，在其底部铺上碎石灰石，其上填入混合肥料或其他一些有利于根系生长的有机质，在混合肥料上种植香蒲草等植物。酸性矿井水流经人工湿地后，pH 值可上升并可去除 50% 以上的污染物（铁可降低 80% 左右）。

美国俄亥俄莱特州立大学的研究人员发现鲍威尔逊野生生物区的水藓在高酸性水（pH 值 2.5 左右）条件下长得很好。矿井水流过改酸性沼泽后，其 pH 值从 2.5 升至 4.0 左右，同时对铁、锰、硫酸根、钙、镁等具有一定的去除作用。后来发现，这些湿地上主要生长着嗜酸性植物，如香蒲等，这些植物耐一定浓度的硫酸及其他金属。常用湿地植物有香蒲草、灯芯草、马尾草、芦苇以及炭藓等。

依据国外经验，要求控制进水流量在 20～40L/min，湿地水位为 50～100mm，超过 150mm 时，湿地除锰效率低。当进水 pH 值为 3.5～5.8，停留时间为 5～10d 时，出水 pH 值可达 6.18～7.07，完全符合国家一级排放标准。

虽然湿地生态工程处理系统处理煤矿酸性矿井水在客观上和技术上均被证明是可行的，但在工程上实验这种工艺仍然存在很大的差距，主要表现在下列几个问题上。

① 湿地生态工程要求进水理想的 pH 值高于 4.0，当低于 4.0 时，意味着要改善基质和腐殖土层并有必要添加石灰石，煤矿酸性水 pH 值一般为 3.0～4.0，为了保持湿地系统中基质和腐殖土层特性，以满足植物生长要求，必须添加石灰石，结果导致成本的提高和工艺的复杂化。

② 湿地生态工程系统处理酸性水速度非常慢，停留时间长，一般要求 5～10d，占地面积较大，由于占地面积大，将来管理和维护上也非常困难。大片的塌陷区改造成具有处理能力的湿地工程，势必耗费巨大的投资。

5.4 可渗透反应墙法

可渗透反应墙（PRB 法），是一种原位去除污染物地下水中污染组分的新方法。该方法于 1982 年由美国环保局提出，加拿大滑铁卢大学在 1989 年进一步开发，1992 年在世界上许多国家申请了相关专利，并在安大略省的保登（Borden）成功地进行了现场演示。

PRB 法处理酸性矿井水始于 1995 年。PRB 法现已成为煤矿酸性水处理研究的热点。其基本原理是在矿井水流的下游方向，定义一个被动的反应材料的原位处理区，针对煤矿酸性水的具体成分分析采用物理、化学或生物处理的技术原理处理流经墙体的污染组分。

5.4.1 PRB 的类型

从欧美国家的应用实践看，用于矿井酸性水处理的 PRB 法一般有以下 3 种类型。

① 连续墙系统。即在矿井水流经的区域内安装连续活性渗透墙，以保证污染区域内的地下水均能得到处理修复。这种结构比较简单，且对流场的复杂性敏感度低，不会改变自然地下水流向。但如果污染区域或蓄水层厚度较大时，连续墙的面积将会很大，造价也会很高。

② 漏斗-通道系统。漏斗-通道系统是利用低渗透性的板桩或泥浆墙以引导矿井水流向可

渗透反应墙。该系统由于反应区域较小，在墙体材料活性减弱或墙体被沉淀物、微生物等堵塞时易清除和更换，因而更适合于现场治理。

③ GeoSiphon/GeoFlow 单元。是利用进、出水端的自然水位差以引导水流，使矿井水流从高压进口端流向低压进口端，再流入地表水体。它通过 1 个大口井来提高上下游水位差。大口井链接虹吸管或开放性通道将水引入排水沟。

5.4.2　PRB 的材料

PRB 法所用的反应材料有零价铁（Fe^0）、微生物和有机质（如硫酸盐还原菌）、碱性中和剂和磷酸盐物质、吸附材料（如甲壳素和沸石）、铁氧化物（可利用钢铁生产的副产物）等。

5.4.3　PRB 法的应用

与传统的石灰石中和法、硫化物沉淀、湿地处理等方法相比，PRB 法具有作用时间长、处理污染物多、处理效果好、安装施工方便、投资和运行费用低等优点，在美国、加拿大和英国等国都取得了较好的工程实践效果。

（1）加拿大 Nickel Rim 矿　原水水质：pH 值为 4～6，SO_4^{2-} 含量为 1000～5000mg/L，Fe^{2+} 含量为 200～2500mg/L。

该矿附近的 PRB 系统建于 1995 年，长约 20m、深 3.6m、厚 4m，顺着地下水流动方向横穿地下岩石层中的浅蓄水层。反应材料为城市消化污泥、腐叶、木屑、石灰石和砂砾石等。矿井水在 PRB 中段停留时间约 60d，在 PRB 后段停留时间超过 165d。矿井水经 PRB 处理后的水质有明显改善——SO_4^{2-} 含量降低 2000～3000mg/L，Fe^{2+} 含量降低 270～1300mg/L，重金属（如 Ni）降低 30mg/L，碱度增加 800～2700mg/L。

（2）美国 Success 矿　为处理美国 Success 矿的尾矿库排水，J. L. Conca 等于 2001 年在该矿附近修建了 PRB 系统。PRB 建立在一个宽 4.5m、深 4.1m、长 15.2m 的沟渠中。沟渠分两个平行的单元格，每个单元又分为 5 个室，可使进入 PRB 的水流流动方向不断改变。设置 1 个 441m 的泥浆墙以引导污染矿井水进入 PRB。矿井水在 PRB 内停留 24h。反应材料是磷石灰 II。工程处理效果显著，矿井水中铅、锌和镉浓度减少 99％；出水镉和铅的浓度低于检测限以下；pH 值增加到 6.5～7.0；硫酸盐浓度从 250mg/L 降至 35～150mg/L。

（3）英国 Shibottle 矿　2002 年，L. I. Bowden 等在英国 Shibottle 地区修建了一道长约 170m、宽 2m、深 3m 的 PRB，用于处理 Shibottle 尾矿渗滤液。原水 pH 值约为 4，采用连续墙结构，反应材料为 50％的石灰石和高炉渣混合物、25％的马粪、25％的绿色废弃物发酵物。污染物去除率：二价铁去除 96％，锌去除 78％，镍去除 71％，锰去除 52％，SO_4^{2-} 去除 59％。

5.5　碱性矿井水处理利用

碱性矿井水较为少见，本节通过对某碱性矿井水的处理利用工程实例情况，对其进行具体介绍。

5.5.1　水质指标

湖南省某煤矿是一座无烟煤生产能力为 15×10^4 t/年的矿井。煤层大部分处于地下 200m 以下，厚度约 1m。矿井水主要来源于降雨补给裂缝水和地表水渗入。地表水在岩层缝隙渗透过程中与岩层中的长石、方母、白云石、高岭石等发生化学反应，使其碱性化。现场采样分析结果见表 5-10。

表 5-10　矿井水水质特征

项目	pH	悬浮物 /(mg/L)	色度	铁 /(mg/L)	锰 /(mg/L)	铅 /(mg/L)	细菌总数 /(个/mL)	总大肠菌群 /(个/L)
分析结果	9.2	436	灰黑色	2.5	0.18	0.054	3.6×10^4	$>2.38 \times 10^4$

5.5.2　工艺流程

矿井水从井下水仓直接提升到混凝池内，加入"CH"混凝剂（一种碱性物质），借助水的冲力进行搅拌混合处理。通过 pH 值传感器控制 pH 值为 11.0～11.5，混合后的水进入澄清池，澄清池上清液进入蓄水池，蓄水池出水在 pH 值调节池中与通入的 CO_2 进行中和处理，使 pH 值降到 7.5 左右，再流入过滤池，滤池出水经消毒处理后进入清水池备用。工艺流程参见图 5-12。

图 5-12　碱性矿井水处理流程

5.5.3　处理效果

碱性矿井水经上述的物理、化学方法处理后，效果明显，出水浑浊度、色臭味均达到国家饮用水的卫生标准，其他主要水质见表 5-11。

表 5-11　出水水质 [1]

项目	分析结果	GB 5749—85	项目	分析结果	GB 5749—85
pH	7.5	6.5～8.5	锌	<0.034	≤1.0
氟化物	<0.64	≤1.0	砷	<0.011	≤0.05
硝酸盐氮	<1.0	≤20	铬（六价）	<0.018	≤0.05
铁	0.24	≤0.3	细菌总数	<84	≤100
锰	<0.05	≤0.1	总大肠菌群	<3	≤3
铜	0.0043	≤1.0			

[1] 表中除 pH 值外，细菌总数单位为个/mL，总大肠菌群单位为个/L，其余单位均为 mg/L。

注：资料为 1993 年。

5.5.4　效益分析

按"CH"市场售价，处理 1t 废水药剂成本不超过 0.05 元，加上电费、人员工资、设备折旧、维修费等，处理 1t 这种碱性废水成本不超过 0.10 元。

从社会效益和环境效益看，不但解决了废水环境污染，而且解决了矿山用水紧张的状况，提供了部分生活用水和工业用水，改善了矿山和当地的工农关系，其效益是显而易见的。

第6章
含铁（锰）矿井水
的处理

我国不少煤矿矿井水在悬浮物含量高的同时，铁离子和锰离子的含量也高，称之为"三高"矿井水，其主要是由于在开采过程中含铁、锰地下水渗透而形成的。接触空气后，一部分二价铁、锰离子会转化成高价铁、锰离子而析出，另一部分铁、锰离子则会被吸附在细微颗粒表面，形成复杂的化合物，较难去除。铁、锰离子的含量高不仅对设备产生腐蚀，还影响矿井水的回用水质。

6.1　处理方法概述

除铁除锰方法有自然氧化法（或曝气法）、曝气接触氧化法、化学氧化法（包括氯氧化法和高锰酸钾氧化法等）、混凝法、碱化法（投加石灰或碳酸钠等）、离子交换法、稳定处理法、生物氧化法等。以曝气氧化法、氯氧化法和接触过滤氧化法实际应用较多。

6.1.1　除铁方法

（1）曝气自然氧化法　曝气氧化法是利用空气中的氧将二价铁氧化成三价铁，使其从中析出，再用固液分离的方法将其去除。加强水的曝气过程，可以使水中二氧化碳充分散逸，从而提高水的 pH 值，特别是当矿井水 pH 值小于 7.0 时，将是提高二价铁氧化速度的重要措施。

曝气自然氧化除铁的工艺如图 6-1 所示。采用该工艺一般能将矿井水中的含铁量降至 0.3mg/L 以下。

O_2　CO_2

含铁水 → 曝气装置 → 氧化反应池 → 快滤池 → 除铁水

图 6-1　曝气自然氧化法除铁工艺流程图

自然氧化法不需投加药剂，滤池负荷低，运行稳定，矿井水铁含量高时仍可采用，但不适用于溶解性硅酸含量较高及高色度矿井水。

（2）接触氧化法　接触氧化法是以溶解氧为氧化剂，以固体催化剂为滤料，加速二价铁氧化的除铁方法。1960 年，我国试验成功天然锰砂接触氧化除铁工艺，这是将催化技术用于地下水除铁的一种工艺。试验表明，用天然锰砂做滤料除铁时，对水中二价铁的氧化反应有很强的接触催化作用，能大大加快二价铁的氧化反应速度。实验发现，旧天然锰砂的接触氧化活性比新天然锰砂强，主要是锰砂表明覆盖的铁质滤膜具有催化作用，此滤膜称为铁质活性滤膜。铁质活性滤膜接触氧化除铁是一个自催化过程。

接触氧化法工艺流程见图 6-2。

含溶解氧的矿井水经过滤层时，水中二价铁被滤料吸附，进而被氧化水解，逐渐形成具有催化氧化作用的铁质活性"滤膜"，在"滤膜"的催化作用下，铁的氧化速度加快，进而被滤料去除。接触氧化法除铁可在 pH 值为 6～7 的条件下进行。滤料（石英砂、无烟煤等）需要一定的成熟期，成熟后的滤料被铁或锰化合物覆盖，表面形成锈色或褐色的活性滤膜，对除铁具有接触氧化作用，因此不同滤料在成熟后，除铁除锰效果没有明显差别。

为避免过滤前生长 Fe^{3+} 胶体颗粒穿越滤层，应尽量缩短充氧至进入滤层的流经时间。

接触氧化不需投药，流程短，出水水质良好稳定，但不适合用于含还原物质多、氧化速度快以及高色度原水。

图 6-2　接触氧化法除铁工艺流程　　　　图 6-3　氯氧化法除铁流程图

（3）氯氧化法　氯是比氧更强的氧化剂，可在广泛的 pH 值范围内将二价铁氧化成三价铁，反应瞬间即可完成。氯与二价铁的反应式为

$$2Fe^{2+} + Cl_2 \xrightarrow{\quad\quad} 2Fe^{3+} + 2Cl^-$$

按此反应式，每 1mg/L Fe^{2+} 理论上需 0.64mg/L Cl^-，但由于水中尚存在能与氯化合的其他还原性物质，所以实际所需投氯量要比理论值高。

氯氧化适应能力强，几乎适用于一切地下水。含铁水经加混凝剂后，通过絮凝、沉淀和过滤以去除水中生成的 $Fe(OH)_3$ 悬浮物，工艺流程见图 6-3。当矿井水 Fe^{2+} 量较低时，可省去沉淀池；当含铁量更少时，甚至可省去絮凝池，采用投氯后直接过滤。其缺点是形成的泥渣难以浓缩、脱水。

6.1.2　除锰方法

水中的锰可以有正二价到正七价的各种形态，但除了正二价和正四价锰以外，其他价态的锰在中性的矿井水中一般不稳定，可忽略其存在，而正四价锰在水中溶解度又很低，所以，二价锰是去除的主要对象。锰不能被溶解氧氧化，也难以被氯直接氧化。

除锰方法有氧化法、地层处理法、离子交换法、混凝法、铁细菌处理法等。氧化法包括中性 pH 的臭氧氧化法、高锰酸钾氧化法、pH＝9～10 时氯自然氧化法和接触氧化法。

（1）高锰酸钾氧化法　高锰酸钾是比氯更强的氧化剂，它可以在中性和微酸性条件下迅速将水中二价锰氧化为四价锰。

$$3Mn^{2+} + 2KMnO_4 + 2H_2O \xrightarrow{\quad\quad} 5MnO_2 + 2K^+ + 4H^+$$

按上式计算，每氧化 1mg/L 二价锰，理论上需要 1.9mg/L 高锰酸钾。

其处理工艺流程见图 6-4。此法除锰十分有效，但是药剂费用较大，故只在必要时采用。

（2）氯接触过滤法　用氯氧化水中二价锰，氧化速度只有在 pH 值高于 9.5 时才够快，所以实际

图 6-4　高锰酸钾氧化除锰法工艺流程图

上难以应用。当向含 Mn^{2+} 水中投氯并经长时间过滤，在滤料上生成具有催化作用的膜，这时 pH 值可低至 8.5。矿井水流经包覆着 $MnO(OH)_2$ 的滤层，Mn^{2+} 首先被 $MnO(OH)_2$ 吸附，在 $MnO(OH)_2$ 的催化作用下被强氧化剂迅速氧化为 Mn^{4+}，并与滤料表面原有的 $MnO(OH)_2$ 形成某种化学结合物，新生的 $MnO(OH)_2$ 仍具有催化作用，继续催化氯对 Mn^{2+} 的氧化反应。滤料表面的吸附反应与再生反应交替循环进行，从而完成除锰的过程。

过滤的滤料可采用天然锰砂，天然锰砂对 Mn^{2+} 有相当大的吸附能力。

氯氧化 Mn^{2+} 的理论消耗量为 Mn^{2+}：$Cl=1$：1.3，生产装置的实际消耗量与此相近。

（3）生物固锰除锰法　近年来，国内外都在进行生物法除铁除锰的研究。中国市政工程东北设计研究院、哈尔滨建筑大学与吉林大学经多年研究，发现了除锰的生物氧化机制，确定了以空气为氧化剂的生物固锰除锰技术。

在 pH 值中性范围内，二价锰的空气氧化是以 Mn^{2+} 氧化菌为主的生物氧化过程。Mn^{2+} 首先吸附于细菌表面，然后在细菌胞外酶的催化下氧化为 Mn^{4+}，从而由水中去除。

含锰地下水经曝气充氧后（pH 值宜在 6.5 以上），进入生物除锰滤池。生物除锰滤池必须经除锰菌的接种、培养和驯化，运行中滤层的生物量保持在几十万个/g 湿砂以上。曝气也可采用跌水曝气等简单的充氧方式。

6.1.3　除铁除锰的影响因素

（1）铁和锰在处理过程中的相互干扰　矿井水中往往同时含有 Fe^{2+} 和 Mn^{2+}，在处理过程中存在相互干扰。因此在处理工艺选择时，应根据原水 Fe^{2+} 和 Mn^{2+} 的含量进行统一考虑。一般应先除铁后除锰。

（2）水中溶解硅酸的影响　地下水中不同程度地含有溶解性硅酸。我国含铁（锰）地下水中溶解性硅酸含量（以 SiO_2 计）一般在 15～30mg/L 之间。有些水源含量可超过 30mg/L，甚至高达 60～80mg/L。

溶解性硅酸含量对曝气氧化除铁有明显影响。溶解性硅酸能与 $Fe(OH)_3$ 表面相结合，形成趋于稳定的高分子，相对分子质量在 1 万以上，Si：Fe 为 0.4～0.7。所以溶解性硅酸含量越高，生成的 $Fe(OH)_3$ 粒径越小，凝聚越困难。工程实践表明，水的碱度较低和溶解性硅酸较高，特别是大于 40～50mg/L 时，就不能用空气自然氧化法除铁。

采用氯氧化法和接触过滤氧化法除铁不受溶解性硅酸的影响。原水中溶解性硅酸对于生物固锰除锰几乎没有什么影响。

（3）碱度、pH 值的影响　从铁锰被去除的化学反应方程式得知，水的 pH 值越高，越有利于反应向铁（锰）的氧化方向进行。接触氧化除铁，要求水的 pH 值在 6.0 以上；接触氧化除锰，要求水的 pH 值至少在 7.0 以上，最好达到 7.3～7.5 以上。

调查及实验结果表明，碱度对除铁除锰的影响更甚于溶解硅酸。必要时应在设计前进行模型试验，以便合理选择曝气形式及设计参数。

（4）有机物的影响　能反映有机物的水质指标有 NH_3、NH_4^+、NO_3^-、NO_2^-、色度、耗氧量、总固体烧灼减重、腐殖酸等。

在除铁除锰滤池中，作吸附剂、催化剂的熟砂滤料表面，吸附了大量难以被氧化的有机质铁锰络合物，它降低了滤料的催化作用和氧化再生能力，从而使氧化过程和再吸附过程受到阻碍。

排除有机物影响的方法很多。其中在滤前水中连续加氯的方式最为经济、有效。

除了上述影响因素外，总硬度、硫化物、水温等对铁锰的去除均有不同程度的影响。

6.2　处理设施

6.2.1　曝气设施

（1）气水比的选择和计算　对含铁（锰）水曝气的要求因处理工艺不同而异，有的主要是为了向水中溶氧，有的除向水中溶氧外，还要求散除水中的二氧化碳，以提高水的 pH 值。

影响曝气效果的主要参数是气水比（参与曝气的空气体积和水体积之比）。在曝气溶氧过程中，由于氧在水中的溶解度很小，空气中参与曝气的氧不可能全部溶于水中，随着气水比的增大，氧的利用率迅速降低，所以选用过大的气水比是没有必要的，一般不大于 0.1～0.2。若曝气散除二氧化碳，由于参与曝气的空气量有限，故只能散除水中一部分 CO_2，随着气水比的增大，CO_2 的去除率不断升高，所以，为了保证曝气效果，气水比一般不小于 3～5。

（2）曝气装置的形式及适用条件

① 将空气以气泡形式分散于水中，称为气泡式曝气装置。主要形式有水气射流泵曝气装置、压缩空气曝气装置、跌水曝气装置、叶轮表面曝气装置。

② 将水以水滴或水膜形式分散于空气中，称喷淋式曝气装置。主要形式有莲蓬头或穿孔管曝气装置、喷嘴曝气装置、板条式曝气塔、接触曝气塔、机械通风式曝气塔。

各种曝气装置的曝气效果及适用条件见表 6-1。

表 6-1　曝气装置的曝气效果及适用条件

曝气装置	曝气效果		适用条件			备注
	溶氧饱和度/%	二氧化碳去除率/%	功能	处理系统	含铁量/(mg/L)	
水-气射流泵加气						
泵前加注	约 100		溶氧	压力式	<10	泵壳及压水管易堵
滤池前加注	60～70		溶氧	压力式、重力式	不限	
压缩空气曝气						设备费高;管理复杂
喷嘴式混合器	30～70		溶氧	压力式	不限	水头损失大
穿孔管混合器	30～70		溶氧	压力式	<10	孔眼易堵
跌水曝气	30～50		溶氧	重力式	不限	
叶轮表面曝气	80～90	50～70	溶氧、去除二氧化碳	重力式	不限	有机电设备;管理较复杂
莲蓬头曝气	50～65	40～55	溶氧、去除二氧化碳	重力式	<10	孔眼易堵
板条式曝气塔	60～80	30～60	溶氧、去除二氧化碳	重力式	不限	
接触式曝气塔	70～90	50～70	溶氧、去除二氧化碳	重力式	<10	填料层易堵
机械通风式曝气塔（板条填料）	90	80～90	溶氧、去除二氧化碳	重力式	不限	有机电设备、管理较复杂

6.2.2　滤池

滤池类型有多种，应根据矿井水水质、工艺流程、处理水量等因素选择使用，以使其构筑物搭配合理、减少提升次数，占地少、布置紧凑、方便管理。

普通快滤池和压力滤池，工作性能稳定，是除铁除锰工艺中常用的滤池形式。前者主要用于大、中型处理规模，后者主要用于中、小型处理规模。

无阀滤池构造简单、管理方便，也是除铁除锰工艺中常采用的滤池类型之一。由于它出水水位较高，在曝气、两级过滤处理工艺中，可作为第一级滤池与快滤池（二级滤池）搭配，以减少提升次数。对于水质周期比压力周期短的水处理工程，应注意监测滤后水中铁锰漏出浓度，以便及时进行强制冲洗。

双级压力滤池是新型除铁除锰构筑物。它使两级过滤一体化，其上层主要除铁，下层主要除锰，工作性能稳定可靠、处理效果良好，且造价低，管理方便。适用于原水铁锰为中等含量的中、小型水厂。双级压力滤池构造见图 6-5。

虹吸滤池也是除铁锰滤池类型之一，适用于大、中型水厂。但目前国内应用较少，主要是由于滤料是密度较大的天然锰砂，而虹吸滤池的反冲洗水头又较低之故。

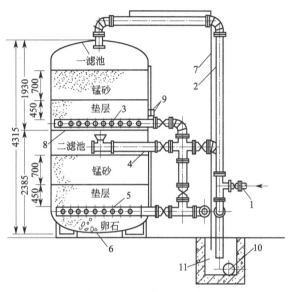

图 6-5　双级压力滤池

1—来水管；2—滤室进水管及反冲洗排水管；
3——滤室配水管；4—二滤室进水管及反冲洗排水管；
5—二滤池配水管；6—罐体；7—排气管；8—隔板；
9—压力表；10—总排水管；11—排水井

6.2.3　除铁除锰滤料

（1）滤料要求：除铁、锰滤料除了应满足作为滤料的一般要求（有足够的机械强度、有足够的化学稳定性、不含毒质、对除铁水质无不良影响等）以外，还应对铁、锰有较大的吸附容量和较短的"成熟"期。

目前，用于生产的滤料有石英砂、无烟煤、天然锰砂，其性能见表 6-2。

表 6-2　天然锰砂性能

名称	MnO_2 含量/%	相对密度	堆积密度/(kg/m³)	孔隙率/%
锦西锰砂	32	3.2	1600	50
湘潭锰砂	42	3.4	1700	50
马山锰砂	53	3.6	1800	50
乐平锰砂	56	3.7	1850	50

在曝气氧化法除铁工艺流程中，滤池滤料一般采用石英砂和无烟煤。

在接触氧化法除铁工艺流程中，上述各类滤料都可，但一般天然锰砂滤料对水中二价铁离子的吸附容量较大，过滤初期出水水质较好。

在接触氧化法除锰工艺流程中,上述各种滤料都可,但马山锰砂、乐平锰砂和湘潭锰砂对水中二价锰离子的吸附容量较大,过滤初期出水水质较好,且滤料的"成熟"期较短,宜优先选用。

(2)滤料粒径 在工程上,常用滤料的最大粒径 d_{max} 和最小粒径 d_{min} 作为除铁、除锰滤料的粒度特征指标。但由于运输过程中滤料磨损等缘故,购进的滤料在装入滤池之前应再筛分一次,将不合规格的颗粒,特别是细小颗粒淘汰出去。

天然锰砂滤料最大粒径可在 1.2~2.0mm,最小粒径可在 0.5~0.6mm。

石英砂滤料最大粒径可在 1.2~1.5mm,最小粒径可在 0.5~0.6mm。

当采用双层滤料时,无烟煤滤料最大粒径可在 1.6~2.0mm,最小粒径可在 0.8~1.2mm 之间选择。石英砂滤料粒径选择同上。

(3)承托层组成 石英砂滤料及双层滤料滤池的承托层组成同一般快滤池。

锰砂滤池承托层的组成见表 6-3。

表 6-3 锰砂滤池承托层的组成

层次	承托层材料	粒径/mm	各层厚度/mm
1	锰矿石块	2~4	100
2	锰矿石块	4~8	100
3	卵石或砾石	8~16	100
4	卵石或砾石	16~32	由配水孔眼以上 100mm 起到池底

6.2.4 滤速和滤层厚度

① 设计中应根据原水水质特别是地下水的含铁量来确定适宜的滤速。设计滤速以选用 5~10m/h 为宜,含铁量低的可选用上限,含铁量高宜选用下限。

② 除锰滤池及除铁锰滤池滤速,一般为 5~8m/h。

③ 滤池滤层厚度

a. 重力式:700~1000mm。

b. 压力式:1000~1500mm。

c. 双层压力式:每层厚度为 700~1000mm。

d. 双层滤料:无烟煤层 300~500mm,石英砂层 400~600mm,总厚度 700~1000mm。

6.2.5 滤池工作周期及反冲洗

① 除铁滤池及除铁锰滤池的工作周期一般为 8~24h。

在设计中,应保证滤池运转后工作周期不小于 8h,因为周期过短既浪费水量,管理又麻烦。因此,当含铁量较高时,应采取以下措施:

a. 采用粒径较均匀的粒料。

b. 采用双层滤料滤池,一般可延长工作周期 1 倍左右。

c. 降低滤速。

② 在曝气、两级过滤除铁除锰工艺中,第二级除锰滤池工作周期一般较长,可达 7~20d,最短也有 3~5d。但在运转中,不宜将周期延得过长,否则滤层有冲洗不均匀及逐渐板结之虞。

③ 滤池的反冲洗，一般以期终水头损失为 1.5～2.5m 为度。也可在掌握规律之后，定期反冲洗。

a. 天然锰砂除铁滤池的反冲洗强度可按表 6-4 采用。

表 6-4　天然锰砂除铁滤池反冲洗强度

锰砂粒径/mm	冲洗方式	冲洗强度/[L/(s·m²)]	膨胀率/%	冲洗时间/min
0.6～1.2	无辅助冲洗	18	30	10～15
0.6～1.5		20	25	10～15
0.6～2.0		22	22	10～15
0.6～2.0	有辅助冲洗	19～20	15～20	10～15

注：1. 天然锰砂相对密度为 3.2～3.4；水温 8℃。

2. 锰砂滤池除用水反冲洗外，还可辅以压缩空气或表面冲洗。

b. 石英砂除铁滤池反冲洗强度一般为 13～15L/(s·m²)，膨胀率为 30%～40%，冲洗时间不小于 7min。

c. 天然锰砂和石英砂作为除锰滤池滤料，成熟后密度约减小 10%，所以其反冲洗强度应略低于除铁滤池。天然锰砂除锰滤料反冲洗强度一般为 25～20L/(s·m²)，膨胀率为 15%～25%；石英砂除锰滤料反冲洗强度一般为 12～14L/(s·m²)，膨胀率为 25%～30%。冲洗历时也不宜过长，以免破坏锰质活性滤膜，一般为 5～10min。

6.2.6　滤池反冲洗废水的回收和利用

除铁滤池反冲洗废水中铁质浓度最高可达数百甚至数千毫克每升。反冲洗废水经 8～10h 静置沉淀，能将水中铁质浓度降至 30～50mg/L，可抽送回滤池再行过滤。或用聚丙烯酰胺混凝反冲洗废水。对于铁质浓度为 30～1000mg/L 的反冲洗废水，投加 0.16mg/L（按纯质计）的聚丙烯酰胺，经 30s 混合、40min 沉淀，能将水中铁质浓度降至 10mg/L 以下。

由反冲洗废水中沉淀下来的铁泥，经水洗、滤干、焙烧、球磨、炕干，可制成三级氧化铁红。成分不纯的铁泥，经风干、焙烧、球磨、风选后，可制成红土粉。

6.3　除铁方法设计

6.3.1　自然氧化法

自然氧化法除铁适用于原水含铁量较高的情况，利用曝气装置使水与空气充分接触，水中二价铁被氧化成三价铁的氢氧化物，再经沉淀池和以石英砂、无烟煤为滤料的滤池过滤，去除沉淀物，达到除铁的效果。

① 曝气除铁所需溶解氧浓度为水中二价铁离子浓度的 0.4～0.7 倍，或按下式计算。除铁实际所需要的溶解氧浓度为

$$[O_2] = 0.14a[Fe^{2+}]_0$$

式中　$[O_2]$——除铁所需溶解氧量，mg/L；

$[Fe^{2+}]_0$——水中的二价铁含量，mg/L；

a——过剩溶氧系数，$a>1$，一般为 3～5，a 值的选取见表 6-5。

表 6-5　最大过剩溶解氧系数 a_{max}

$[Fe^{2+}]_0/(mg/L)$	水温/℃			
	5	10	20	30
2	45	40	33	28
5	18	16	13	11
10	9	8	6.6	5.6
20	4.5	4	3.3	2.8
30	3	2.7	2.2	1.9

② 自然氧化法除铁一般要求水的 pH 值大于 7.0，以保证水中二价铁有较快的氧化反应速度。当原水 pH 值较低时，需要用曝气的方法提高 pH 值。曝气的目的不仅是溶氧，还要散除二氧化碳。所以，应当选用去除二氧化碳效率高的喷淋式曝气装置，如莲蓬头（或穿孔管）曝气装置、板条式曝气塔、接触式曝气塔以及叶轮表面曝气装置等。当曝气不能满足 pH 值要求时，相应增加了氧化反应时间。如果反应时间超过 2~3h，需投加碱剂来提高 pH 值。常用曝气装置有如下几种。

a. 莲蓬头（或穿孔管）曝气装置适用于含铁量小于 10mg/L 的情况。莲蓬头安装在滤池水面以上 1.5~2.5m 处，每个莲蓬头的喷淋面积 1~1.5m²。莲蓬头上的孔口直径为 4~8mm，开孔率 10%~20%，孔眼流速为 1.5~2.5m/s，地下水除铁使用的莲蓬头直径一般为 150~300mm。因孔口易被铁质所堵塞，其构造应便于拆换。

穿孔管的孔口直径为 5~10mm，孔口向下和中垂线夹角小于 45°，孔眼流速 1.5~2.5m/s，安装高度为 1.5~2.5m。为使穿孔管喷水均匀，每根穿孔管的断面积应不小于孔眼总面积的 2倍。穿孔管的设计参照莲蓬头曝气装置，其淋水密度一般为 5~10m³/(h·m²)。

b. 喷水式曝气装置是利用喷嘴将水由上向下喷洒，水在空气中分散成水滴，再回落池中。一般使用的喷嘴直径为 25~40mm，喷嘴前的作用水头为 5~7m。一个喷嘴的出水流量为 17~40m³/h，淋水密度为 5m³/(h·m²) 左右。曝气水中二氧化碳的去除率可达 70%~80%，溶解氧浓度可达饱和值的 80%~90%，喷水式曝气装置宜设在室外，要求下部有大面积的集水池。

c. 接触式曝气塔使含铁水由上部穿孔配水管流出，经各层填料流到下部集水池。该装置用于含铁量小于 10mg/L 的原水，淋水密度按 5~10m³/(h·m²) 计算。曝气塔中有 1~3 层焦炭或矿渣填料层，层间净距不小于 600mm，每层填料厚度为 300~400mm，粒径 30~50mm 或 50~100mm，下部集水池容积一般采用 15~20min 的停留时间。

小型接触式曝气塔一般为圆形或方形，大型的为长方形。塔的宽度一般为 2~4m。填料因铁质沉积会逐渐堵塞，需要定期清洗和更换。地下水的含铁量为 3~5mg/L 时，填料可 1~3 年更换一次；含铁量为 5~10mg/L 时，填料一年左右更换一次；含铁量高于 10mg/L 时，一年清洗和更换一至数次；接触式曝气塔或安装在室内，应保证有良好的通风设施。

d. 板条式曝气塔含铁水由上而下淋洒，水流在板条上溅开形成细小水滴，在板条表面也形成薄的水膜，然后由上一层板条落到下一层板条。由于水与空气接触面大，接触时间长，曝气效果好。一般板条层数 4~6 层，层间距 0.4~0.6m，淋水密度为 5~10m³/(h·m²)。曝气后水中溶解氧饱和度可达 80%，二氧化碳去除率为 40%~60%。由于板条式曝气塔不易为铁质所堵塞，可用于含铁量大于 10mg/L 的矿井水曝气。木板条填料层厚度设计见表 6-6。

表 6-6　木板条填料层厚度设计

总碱度/(mmol/L)	2	3	4	5	6	8
填料层厚度/m	2	2.5	3	3.5	4	5

e. 机械通风式曝气塔系封闭的柱形曝气塔，水由塔上部送入，经配水装置后通过塔中的填料层淋下。空气由风机自塔下部吹入，经过填料层，自塔顶排出。塔顶设一个装有许多小管嘴的平槽，来水在槽中的水深大于管嘴高度时，便经管嘴流下，在填料层上溅开，然后向下经过填料流出。空气则通过配水平槽上的排气管，经通风管道排至室外。曝气后的水汇集于塔底的集水池中，再经水封由出水管流出塔外。出水管前设水封是为了不使通风机鼓入塔内的空气外逸，所以水封的高度应比通风机的风压大。曝气塔的填料常为瓷环、木条格栅或塑料填料等。

机械通风式曝气塔的淋水密度一般为 $40m^3/(h \cdot m^2)$，气水比为 $15\sim20$，曝气水的溶氧饱和度可为 90%，二氧化碳去除率可达 $80\%\sim90\%$。

f. 表面曝气装置是在曝气池表面设置曝气器，在电机带动下急速旋转，将表层水以水幕状抛向四周，卷入空气。另外，曝气器的提升作用使气液接触面不断更新，曝气器后侧形成的负压区吸入空气也都有溶气的效果。在溶气的同时也充分去除了水中的二氧化碳。叶轮直径与边长（圆形为直径）之比为 $(1:6)\sim(1:8)$，叶轮外缘线速度为 $4\sim6m/s$，曝气池容积按水力停留时间 $20\sim40min$ 计算。

实践经验证明，原水经叶轮表面曝气后溶解氧饱和度可达 80% 以上，二氧化碳散除率可达 70% 以上，pH 值可提高 $0.5\sim1.0$。

③ 自然氧化和接触氧化除铁工艺中，曝气不仅是溶氧，有时还要去除二氧化碳。选择曝气装置时需要考虑各种曝气装置的二氧化碳去除效果。

④ 当原水 pH 值较高、含铁量较低时，自然氧化除铁法可以不去除二氧化碳以提高 pH 值，这时曝气主要是为了向水中充氧，这时可以选择射流泵、跌水曝气等简单曝气装置。

⑤ 普通快滤池、无阀滤池、虹吸滤池、双级压力滤池等均可用于地下水除铁，滤池的类型应根据原水水质、工艺流程、处理水量等因素来确定。详见本章 6.2.2。

⑥ 选用的滤料主要有石英砂、无烟煤、天然锰砂等。所以滤料除满足滤料应具备的一般要求外，还要对铁有较大的吸附容量和较短的"成熟"期。曝气氧化法除铁工艺滤池滤料一般采用石英砂和无烟煤。详见本章 6.2.3。

⑦ 石英砂滤料最大粒径在 $1.0\sim1.5mm$，最小粒径在 $0.5\sim0.6mm$ 之间选择。当采用双层滤料时，无烟煤滤料最大粒径可在 $1.6\sim2.0mm$，最小粒径可在 $0.8\sim1.2mm$ 之间选用，石英砂粒径的选用同上。石英砂滤料及双层滤料滤池的承托层组成，同一般快滤池。

⑧ 除铁滤池的滤速可高达 $20\sim30m/h$，但以选用 $5\sim10m/h$ 为宜，含铁量低可选上限，含铁量高可选下限。详见本章 6.2.4。

⑨ 滤料层厚度的确定见本章 6.2.4。

⑩ 滤池的工作周期和反冲洗强度见本章 6.2.5。

⑪ 期终水头损失一般控制在 $1.5\sim2.5m$。因为滤池反冲洗而导致的水量增大系数 α_1 为

$$\alpha_1 = \frac{1}{1-0.06\dfrac{qt}{vT}}$$

式中　q——滤池的反冲洗强度，$L/(s \cdot m^2)$；

t——滤池的反冲洗时间，min；

v——滤速，m/h；

T——反冲洗周期，h。

考虑设备漏水而引入系数 α_2（其值为 $1.02\sim1.05$），处理水量应为 $Q=\alpha_1\alpha_2Q_0$。

⑫ 曝气→反应→沉淀→过滤工艺的滤池滤速低，为 $1.5\sim2.0\text{m/h}$，反应、沉淀池中停留时间 $1.5\sim3.0\text{h}$，且沉淀效率不高，已很少采用。曝气→反应→双层滤料滤池工艺适用于原水含铁含锰量较高时，适当降低滤速，可延长滤池工艺周期，保证除铁效果。

⑬ 当需投加石灰来提高水的 pH 值，应在石灰投加后设混合装置，并设反应沉淀构筑物去除石灰中含有的大量杂质。此外，还需设置石灰乳制备和投加装置。

⑭ 三价铁经水解、絮凝后形成的悬浮物，可用滤池过滤去除。当含铁浓度较高时，常在滤池前设置沉淀装置，去除部分悬浮物。沉淀装置同时又起着延长氧化反应和絮凝反应时间的作用。

⑮ 一般三价铁的水解过程比较迅速，随后的絮凝过程则比较缓慢，所以三价铁的絮凝过程也应该考虑在反应池中完成。絮凝形成的氢氧化铁悬浮物，部分沉淀于反应池中，所以反应池也兼起沉淀池的作用。

⑯ 反应池应设导流墙，以免产生短流，影响反应效果。沉淀池多为平流式沉淀池，构造与一般平流式沉淀池相同。

6.3.2　接触氧化法

接触氧化法除铁适用于原水含铁量为 10mg/L 左右时，如含铁量超过不多仍采用接触氧化法时，可适当降低滤速或增加滤层厚度。

① 为使曝气水中能含有除铁所需溶解氧，需向单位体积的水中加入空气，其体积为

$$V=[O_2]/(0.231\rho_k\alpha\eta_{max})$$

式中　V——气水比；

ρ_k——空气密度，g/L，平均值为 1.2g/L；

α——溶解氧饱和度；

0.231——氧在空气中所占的质量分数；

η_{max}——氧气的最大理论利用率。

V 与 $V\eta_{max}$ 的关系见图 6-6。

② 在接触氧化除铁工艺中，曝气的主要目的是向地下水中充氧，所以宜选用构造简单、体积小、效率高、便于和接触氧化除铁滤池组成一体的曝气装置，如射流泵、跌水曝气等。

a. 压缩空气曝气装置在滤池前向水中加入压缩空气，压缩空气一般由空气压缩机供给。为加速曝气溶氧过程，加气后设置气水混合器，有喷嘴式气水混合器、穿孔管式气水混合器。

喷嘴式混合器一般都做成圆柱形，圆柱形的直径和高度为来水管管径 d 的 n 倍。若来水管中的流速为 v，则水在气水混合器内的停留时间为

$$t=n^3d/v$$

穿孔管式气水混合器用穿孔管来分布空气。孔眼孔径为 $2\sim5\text{mm}$，孔眼空气流速为 $10\sim15\text{m/s}$，孔眼设于穿孔管下方。

b. 射流泵曝气装置利用高压水流或气流高速喷射的作用，使水与空气充分混合。在除

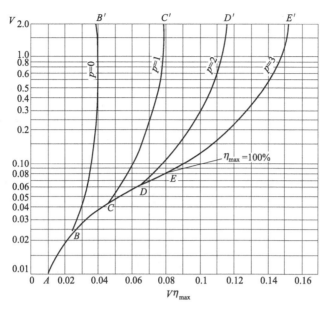

图 6-6 V 与 $V\eta_{max}$ 的关系曲线（水温 10℃）

铁工艺中主要有以下几种应用形式。用射流泵抽气注入深井泵（或水泵）的吸气管中，经水泵叶轮搅拌曝气；用射流泵抽气注入压力滤池前的压力水管中，经管道或气水混合器混合曝气；用射流泵抽气注入重力式滤池前的管道中，经管道或气水混合池混合曝气；使全部含铁矿井水通过射流泵曝气。

c. 跌水曝气装置中水从高处自由跌下，挟带一定量的空气进入下部受水池中，被带入水中的空气以气泡形式与水接触，溶进氧气。

③ 用作接触氧化除铁滤池的滤料可以采用天然锰砂，也可以采用石英砂、无烟煤等。对于含铁量低的地下水，由于天然锰砂具有较大的吸附二价铁离子的能力，使投产初期出水水质相对较好，所以宜优先选用。

④ 为提高过滤效果可采用减速过滤、粗滤料过滤、上向流过滤、双向流过滤、多层滤料过滤、辐射流过滤、高分子化合物助滤、采用新滤料、改善滤料的表面性质等措施。

⑤ 滤料的粒径、级配及滤池的过滤周期、滤料层厚度、承托层厚度、反冲洗强度、膨胀率、冲洗时间、期终水头损失的控制等参数与自然氧化法滤池基本相同。表 6-7 是接触氧化滤池设计参考数据。

表 6-7 接触氧化滤池设计参考数据

矿井水含铁浓度 /(mg/L)	滤料粒径范围 /mm	滤层厚度 /m	滤速 /(m/h)	滤后水含铁浓度 /(mg/L)
<5	0.6～2.0	0.6～1.0	10～15	<0.3
	0.6～1.5	0.6～1.0	10～15	
	0.6～1.5	0.6～0.8	10～15	
	0.5～1.0	0.6～0.7	10～12	
5～10	0.6～2.0	0.7～1.2	8～12	<0.3
	0.6～1.5	0.7～1.2	8～12	
	0.6～1.5	0.7～1.0	8～12	
	0.5～1.0	0.7～0.8	8～10	

续表

矿井水含铁浓度 /(mg/L)	滤料粒径范围 /mm	滤层厚度 /m	滤速 /(m/h)	滤后水含铁浓度 /(mg/L)
10~20	0.6~2.0	0.8~1.5	6~10	<0.3
	0.6~1.5	0.8~1.5	6~10	
	0.6~1.2	0.8~1.2	6~10	

⑥ 天然锰砂滤池的滤速最高可达 20~30m/h，实际设计时，接触氧化法除铁滤池的滤速应根据原水水质来确定，以 5~10m/h 为宜。含铁量高可选下限，含铁量低可选上限。

⑦ 接触氧化法除铁目前在生产中最常使用的是以滤池为主体的单级流程接触氧化除铁工艺系统。在特殊情况下，单级处理系统不能达到处理要求，需要采用较为复杂的二级处理系统。

⑧ 当矿井水含铁浓度特别高时，必须设置较大型的曝气装置，如喷淋式曝气装置、多级跌水曝气装置和表面叶轮曝气装置等，以强化溶氧过程。当需去除二氧化碳以减少除铁水的腐蚀性时，也可采用二级处理系统。

⑨ 当要求出水的含铁浓度不大于 0.2~0.3mg/L 时，接触氧化设备即能达到；当要求出水含铁浓度不大于 0.05~0.1mg/L 时，尤其地下水含铁浓度较高时，需做实验确定工艺流程。

6.4 除锰方法设计

铁和锰的化学性质相近，常共存于矿井水中，但铁的氧化还原电位低于锰，易被 O_2 氧化，相同 pH 值时二价铁比二价锰的氧化速率快，以致影响二价锰的氧化。因此，地下水除锰比除铁困难。

曝气自然氧化法除锰要将水的 pH 值提高到 9.5 以上，需碱化后除锰，除锰水还需要再酸化，流程复杂，成本高，一般推荐用接触氧化法除锰。其原理是对含锰原水采用叶轮表面曝气，通过高强力机械搅拌，提高水中溶解氧和 pH 值，使高价锰生成氢氧化物沉淀，然后经滤料过滤，高价锰的氢氧化物即吸附在滤料表面，形成锰质滤膜，使滤料成为"锰质熟砂"。这种自然形成的熟砂具有接触催化作用，可使水中二价锰在比较低的 pH 值条件下，被水中溶解氧氧化为高价锰而由水中去除。这一除锰过程称为曝气接触氧化法除锰（图 6-7）。

图 6-7　曝气接触氧化法除锰工艺流程图

① 一般认为曝气接触氧化法除锰的界限 pH 值为 7.5 左右（少数情况下 pH 值<7.5 亦可除锰），所以曝气的主要目的是散除水中的二氧化碳，以提高水的 pH 值。

② 由于铁离子的干扰性，只有水中基本不存在二价铁的情况下，二价锰才能被氧化。所以，水中铁、锰共存时，应先除铁后除锰。

③ 当含铁量小于 2.0mg/L、含锰量小于 1.5mg/L 时，水中铁、锰可经一级过滤去除。

除锰工艺流程为：

原水→曝气→催化氧化过滤

④ 铁、锰含量较高时，或含锰量一般，但含铁量很高时，除锰采用两级过滤工艺流程：

原水→曝气→除铁滤池→除锰滤池

a. 第一级除铁滤池滤速一般为 $5\sim10\text{m/h}$，含铁量高时取低滤速，其工艺参数的选取参见除铁部分。

b. 第二级除锰滤池滤料应优先选用天然锰砂（马山锰砂、乐平锰砂、湘潭锰砂等），也可用石英砂。其粒径一般为 $0.5\sim1.2\text{mm}$，滤层厚度为 $800\sim1500\text{mm}$，滤速为 $5\sim8\text{m/h}$。

双层滤料的无烟煤最大粒径为 $1.6\sim2.0\text{mm}$，最小粒径为 $0.8\sim1.2\text{mm}$，下层石英砂粒径同上。无烟煤层厚 $300\sim500\text{mm}$，石英砂层 $400\sim600\text{mm}$，总厚度 $700\sim1000\text{mm}$。

c. 天然锰砂的反冲洗强度为 $12\sim20\text{L/(s}\cdot\text{m}^2)$，滤层膨胀率为 $15\%\sim25\%$；石英砂反冲洗强度为 $12\sim15\text{L/(s}\cdot\text{m}^2)$，滤层膨胀率为 $25\%\sim35\%$；反冲洗时间 $5\sim15\text{min}$。

d. 除锰滤池的过滤工作周期比较长，达 $7\sim15$ 天，但为不使滤层板结，一般取 $3\sim5$ 天反冲洗一次。

⑤ 曝气接触氧化除铁工艺要求水曝气后立即进入滤池过滤，且不要提高水的 pH 值。当除铁后的水 pH 值满足不了接触氧化除锰的要求时，在除铁后还要再进行曝气，工艺流程为：

原水→简单曝气→除铁滤池→充分曝气→除锰滤池

⑥ 在曝气装置后设反应池对接触氧化除铁除锰效果有一定的提高作用，此外水中的含锰量在反应池以后也略有降低，但一般认为反应池不一定是必需的。

⑦ 两级过滤工艺两级滤池都要反冲洗，水厂自用水量较大。因除铁滤池、除锰滤池反冲洗导致的水量增大系数 α_1、α_2 均为 $\dfrac{1}{1-0.06qt/vT}$，其中 q、t、v、T 分别为各滤池的反冲洗强度、反冲洗时间、滤速、反冲洗周期。考虑设备漏水而引入系数 α_3（其值为 $1.02\sim1.05$），处理水量应为 $Q=\alpha_1\alpha_2\alpha_3Q_0$。

⑧ 曝气装置的设计和除铁曝气装置相同。

第7章

矿井水中其他污染物的处理

矿井水由于来源和形成过程不同,其中所含的污染物质也有所不同。含特殊污染物的矿井水主要是指含氟化物、重金属及放射性元素等有毒物质的矿井水,该类矿井水较其他种类矿井水性质特殊,处理难度较大,需根据所含污染物种类的实际测试采用相应合理的水处理方案。

7.1 氟的去除

氟是人体既不能缺少又不可摄取过多的临界元素,人体各组织都含有微量的氟,主要聚积于牙齿和骨骼中。饮用水缺氟会引起龋齿,过量会引起氟斑齿。所以我国生活饮用水规定含氟不得超过 1.0mg/L,适宜浓度 0.5~1.0mg/L。

含氟矿井水,也叫高氟矿井水,其氟含量超过国家污水综合排放标准限值 10mg/L,考虑到处理技术和成本,目前对此类矿井水处理一般是处理到符合排放标准即可,很少将含氟矿井水用作生活水源。

7.1.1 处理方法概述

氟化物含量过高的矿井水往往偏碱性 (pH 值常大于 7.5),其处理方法如下。

(1) 混凝沉淀法 在含氟矿井水中投加絮凝剂,使之生成絮体而吸附氟离子,经沉淀和过滤将其去除。主要的絮凝剂为铝盐,包括硫酸铝、氧化铝和碱式氯化铝等。电凝聚法除氟原理与絮凝沉淀法类似,在电解槽中通过铝离子的溶解生成絮体以吸附去除氟离子。

(2) 吸附过滤法 主要的吸附剂有活性氧化铝、骨炭、活性炭和磷酸三钙等。含氟矿井水通过由吸附剂组成的滤层,氟离子即被吸附在滤层上。吸附剂可重复利用,当其吸附能力降至一定极限值时,用再生剂再生,可恢复吸附剂的除氟能力。

(3) 膜法 利用半透膜分离水中氟化物,包括电渗析及反渗透两种方法。膜法处理的特点是在除氟的同时，也去除水中的其他离子，尤其适合于含氟苦咸水的淡化。

（4）离子交换法　利用离子交换树脂的交换能力，将水中的氟离子去除。普通阴离子交换树脂对氟离子的选择性过低，螯合有铝离子的氨基磷酸树脂对氟离子有很好的吸附效果。

选择除氟方法应根据矿井水水质、规模、设备和材料来源经过技术经济比较后确定。目前常用的方法有活性氧化铝法、电渗析法和絮凝沉淀法。这三种方法的特点和比较参见表 7-1。

表 7-1　除氟方法的特点和比较

方法	处理水量	原水含盐量	出水含盐量	pH 值	水利用率
活性氧化铝法	大	无要求	不变	6.0～7.0	高
电渗析法	小	500～10000mg/L	>200mg/L	无要求	低
絮凝沉淀法	小	含量低	增高	6.5～7.5	高

当处理水量较大时，宜选用活性氧化铝法；当除氟的同时要求去除水中氯离子和硫酸根离子时，宜选用电渗析法。絮凝沉淀法适合于含氟量偏低的除氟处理，这是由于除氟所需的絮凝剂投加量远大于除浊度要求的投加量，容易造成氯离子或硫酸根离子超过《生活饮用水卫生标准》的规定。

7.1.2　混凝沉淀法

在除氟方法中，较为简便的方法是混凝沉淀法，即加入漂白粉或石灰乳、铝盐（如硫酸铝、氯化铝）及铝酸钠等，先进行混凝，使水中形成矾花，待矾花沉淀后上层清液即可被利用。

7.1.2.1　铝盐沉淀法

利用铝盐在一定的 pH 值下产生水解，其产物对水中胶体状态的氟化物具有很强的吸附力，但处理效果受水的 pH 值影响较大，一般要求水的 pH 值接近中性，处理效果最佳。如阜新艾友矿矿井水 SS 为 239mg/L，含氟 10mg/L，当 pH 值调整到 7.0 时，加入 60mg/L 聚合氯化铝（PAC），结果出水 SS 达标，氟含量降为 8.1mg/L，符合排放标准。这种方法的优点是在除氟过程中，矿井水的 SS 也得到去除，但因铝盐水解产物多核铝聚合离子对游离态半径很小的氟离子吸附力很小，需投加大量铝盐才能去除少量的氟，所以处理费用较高。目前，在煤矿含氟矿井水处理中很少采用此法。

7.1.2.2　石灰乳沉淀法

石灰乳沉淀法是利用石灰乳中的 Ca^{2+} 与矿井水中的氟结合生成 CaF_2 沉淀，通过固液分离，以实现除氟。由于 CaF_2 在常温下溶解度比较大，所以利用此法处理后的出水中仍有一定量的氟。通过下列理论计算，可估算其出水氟含量。在 18℃ 时，CaF_2 的溶度积 K_{sp} 为 3.4×10^{-11}，Ca 在水中的离解平衡：

$$CaF_2 \Longleftrightarrow Ca^{2+} + 2F^-$$

由上式可求得利用石灰乳处理后出水残留 Ca^{2+} 浓度约为 2.04mg/L，其对应的 F^- 浓度为 7.8mg/L。由此可知，利用石灰乳沉淀处理含氟矿井水，出水含有一定量的氟，但能满足排放标准的要求。因其运行费用比较低，煤矿目前经常采用此法除氟。

7.1.2.3　混凝剂投加量的试验研究

焦志彬以平煤八矿矿井水为研究对象，通过混凝剂对比试验，确定最佳混凝剂投加方案，以降低矿井水中氟离子的含量。原水水质见表 7-2。

表 7-2　矿井水水质

项目	色度	浑浊度	肉眼可见物	pH 值	总硬度	铁	硫酸盐	溶解性总固体	氟化物
检测值	64 度	1152NTU	有	8.56	506.7mg/L	1.93mg/L	663mg/L	1450mg/L	1.97mg/L

试验考察了多种药剂对氟离子的去除效果。聚合氯化铝（PAC）投加量为 5mg/L 时处理效果最佳，对氟离子的去除率为 30.7%；聚合氯化铝铁（PAFC）除氟的性能略优于 PAC；投加石灰可以提高混凝除氟的效率，但投药量过大，出水 pH 值偏高，不利于氟的去除。石灰除氟多用于高氟水除氟，最佳氟残留量一般在 5～20mg/L，因此，石灰投加不适合低氟水的去除，其多用于酸性矿井水的除氟处理，在调节 pH 值的同时，适当去除氟离子。

图 7-1　混凝沉淀除氟工艺流程

7.1.2.4　除氟设施设计要求

（1）工艺流程　见图 7-1。

（2）设计参数

① 水中铝离子含量高时采用硫酸盐混凝剂，当水中硫酸盐含量高时，宜用氯盐混凝剂，当以上两种盐含量均高时可用碱式氯化铝。

② 混凝时间 5～60min，pH 值一般应控制在 6.5～7.5 之间。

③ 药剂用量（以 Al^{3+} 计）一般是原水含氟量的 10～15 倍，所以仅适用于含氟量低或需同时去除水中浊度时。对于含氟量超过 4mg/L 的原水，投加比例应增加，且处理效果不佳。另外，铝盐混凝剂投量太大使处理后的水中含有大量溶解铝，因此应用越来越少。

④ 需设置絮凝、沉淀池，沉淀采用变速或间歇沉淀的方式，除氟效果好。

⑤ 当原水水质较好时可省去沉淀或过滤处理单元，一般采用泵前加药、水泵混合，沉淀。

⑥ 水温越高所需沉淀时间越长，一般水温宜在 7～32℃。

7.1.3　吸附过滤法

吸附过滤法的介质有活性氧化铝、磷酸三钙（骨炭）、活性炭和氢氧化铝等。含氟水经过这种特殊滤料后，氟离子被吸附生成难溶氟化物而被去除。当吸附能力失效后，用原水反冲洗并用再生液（活性氧化铝用硫酸铝溶液、磷酸三钙用 1% 的 NaOH 溶液）进行再生，以恢复吸附剂的除氟能力。

目前吸附法主要采用活性氧化铝作吸附剂，它与磷酸三钙吸附除氟的工艺类同，这里只介绍活性氧化铝处理法的工艺设计。

活性氧化铝是一种用途很广的吸附剂，除氟应用的活性氧化铝属于低温态，有氧化铝的水化物在约 400℃ 下焙烧产生，其特征是具有很大的表面积。表 7-3 列举一些除氟用氯化铝产品的规格型号和主要技术指标。

表 7-3　活性氧化铝产品技术参数

型号	晶相	粒径 /mm	堆密度 /(g/cm³)	比表面积 /(m²/g)	孔容积 /(mL/g)	耐压强度 /(N/个)
WHA104	x-φ	1～2.5	≥0.72	≥320	≥0.38	35
WHA104	x-φ	0.5～1.8	≥0.72	≥320	≥0.4	10
WHA104	x-φ	扁粒	≥0.72	≥320	≥0.4	—

活性氧化铝对阴离子的吸附交换顺序如下：$OH^- > PO_4^{2-} > F^- > SO_3^- > Fe(CN)_6^{4-} > CrO_4^{2-} > SO_4^{2-} > Fe(CN)_6^{3-} > Cr_2O_7^{2-} > I^- > Br^- > Cl^- > NO_3^- > MnO_4^- > ClO_4^- > S^{2-}$。

可见，它比离子交换树脂对氟离子（F^-）有较高的吸附选择性，而对水体中常有的离子（例如 SO_4^{2-}、Cl^-）选择性低。所以活性氧化铝对氯离子和硫酸根离子没有明显的去除能力。

7.1.3.1　影响活性氧化铝除氟能力的因素

① 颗粒粒径：粒径越小，吸附容量越高，但粒径过小，将造成颗粒的强度低，从而影响其使用寿命。

② 原水的 pH 值：当 pH 值大于 5 时，pH 值越低，活性氧化铝的吸附容量越高。

③ 原水的初始氟浓度：初始氟浓度越高，吸附容量较大。

④ 原水的碱度：原水中重碳酸根浓度高，活性氧化铝的吸附容量将降低。

⑤ 砷的影响：活性氧化铝对水中的砷有吸附作用，对 As^{5+} 的吸附能力远大于 As^{3+}。砷在活性氧化铝上的集聚将造成对氟离子吸附容量的下降，且再生时洗脱砷离子比较困难。

7.1.3.2　处理流程

活性氧化铝除氟处理工艺流程见图 7-2。

吸附滤池可采用重力式或压力式，也可多级串联使用。由于矿井水往往浊度较大或含悬浮物较高，故在吸附滤池前应先进行预处理。

图 7-2　活性氧化铝除氟处理工艺流程

7.1.3.3　吸附滤池设计要求

（1）滤料　活性氧化铝的粒径应小于 2.5mm，一般宜为 0.5~1.5mm。滤料的不均匀系数 $K_{80} \leq 2$。滤料应有足够的机械强度，耐压强度大于 10N/个，使用中不易磨损和破损。

（2）原水进入滤池前，应投加硫酸、盐酸、醋酸等溶液或投加二氧化碳气体降低 pH 值，调整 pH 值在 6.0~7.0 之间。投加量可根据原水碱度和 pH 值计算或通过实验确定。

① 用硫酸调整 pH 值至 6.0~6.5 时，吸附容量可为 4~5g(F)/kg(Al_2O_3)。

② 用二氧化碳调整 pH 值到 6.5~7.0 时，吸附容量可为 3~4g(F)/kg(Al_2O_3)。

③ 原水不调整 pH 值时，吸附容量可为 0.8~1.2g(F)/kg(Al_2O_3)。

（3）滤速和运行方式

① 进水 pH 值大于 7.0 时，采用间断运行方式。滤速为 2~3m/h，连续运行时间 4~6h，间断运行 4~6h。

② 进水 pH 值小于 7.0 时，可采用连续运行方式，滤速为 6~8m/h。

（4）过滤流向　一般采用自上而下的方式；当用二氧化碳气体调整 pH 值时，为防止气体挥发，增加溶解量，宜采用自下而上的方式。

（5）滤料层厚度

① 原水含氟量小于 4mg/L 时，滤层厚度宜大于 1.5m。

② 原水含氟量大于 4mg/L 时，滤层厚度宜大于 1.8m，也可采用两个滤池串联运行。

（6）滤池构造

① 滤池可采用敞开式或压力式。敞开式适用于处理规模较大的场合，管理方便，但需设置调节构筑物和二次提升。压力式适合于处理规模较小的场合，不需设置调节构筑物和二次提升。

② 滤池的结构材料应易于维修和更换配件，以及适应 pH 值 2~13 和环境温度的要求。

7.1.3.4　再生

当滤池出水含氟量达到终点含氟量时，滤池停止工作，滤料应进行再生处理。

（1）再生剂　再生剂采用氢氧化钠或硫酸铝。从水质考虑，氢氧化钠溶液较为适宜，因为硫酸根离子或铝离子都会对水质有影响。

氢氧化钠再生剂的溶液浓度采用 0.75%~1%。消耗量可按每去除 1g 氟化物需 8~10g 固体氢氧化钠计算。

硫酸铝再生剂的溶液浓度采用 2%~3%。消耗量可按每去除 1g 氟化物需 60~80g 固体硫酸铝 $[Al_2(SO_4)_3 \cdot 18H_2O]$ 计算。

(2) 再生操作方法　采用氢氧化钠再生时，再生工艺过程可分为反冲—再生—二次反冲—中和 4 个阶段，如图 7-3 所示。当采用硫酸铝再生时，可省去中和阶段。

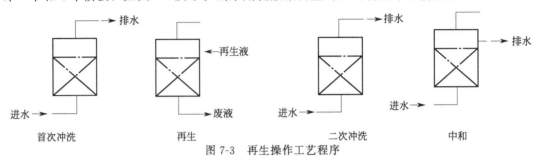

图 7-3　再生操作工艺程序

① 首次反冲滤层，膨胀率采用 30%~50%，反冲洗时间 10~15min，冲洗强度视滤料粒径大小，一般可采用 12~16L/(m² · s)。

② 再生溶液自上而下通过滤层，再生剂采用氢氧化钠溶液时，再生时间为 1~2h，再生液流速为 3~10m/h；采用硫酸铝溶液时，再生时间为 2~3h，流速为 1~2.5m/h。再生后滤池的再生溶液必须排空。

③ 二次反冲洗强度采用 3~5L/(m² · s)，流向自下而上通过滤层，反冲洗时间为 1~3h，也可用淋洗的方法，淋洗采用原水以 1/2 正常过滤流量从上部淋下，淋洗时间 0.5h。

④ 中和可采用 1% 硫酸溶液调节进水 pH 值降至 3 左右，进水流速与正常除氟过程相同，中和时间为 1~2h，直至出水 pH 值降至 8~9 为止。

⑤ 首次反冲洗、二次反冲洗、淋洗以及配制再生溶液均可利用原水。

(3) 再生池有效容积按单个最大吸附滤池一次再生所需再生溶液的用量计算，一般情况下再生溶液的用量为滤料体积的 3~6 倍，再生溶液循环使用取低值，一次性使用取高值。再生池设置再生泵，再生泵需有良好的防腐性能，流量按单个滤池要求设计。

7.1.3.5　辅助设施设计

① 酸稀释池有效容积可按每次调节进水 pH 值所需酸用量进行计算。硫酸的稀释倍数按使用浓度 0.5%~1% 计算。酸稀释池设酸投加泵，投加泵应具防腐性能，流量为调整原水 pH 值的酸溶液投加量。

② 二氧化碳发生器。采用以白云石等为原料的电热式二氧化碳发生器。二氧化碳投加量根据原水碱度和 pH 值进行计算或实际测定。发生器至少应有 2 台。在有二氧化碳气源的地方，也可外购气体，用钢瓶输送至矿井水处理站。

7.1.3.6　除氟站设计

除氟站设计要点如下。

① 除氟工艺可按连续运行设计，滤池宜设置 2 个以上。

② 当原水含氟量小于 4mg/L 时，可采用多个滤池并联运行；当含氟量大于 4mg/L 时，宜采用每两个滤池为一组串联运行，以提高滤料的工作吸附容量。

③ 除氟站内必须配备中和酸碱的化学品（例如碳酸氢钠和硼酸溶液），以便处置漏溢。应为操作人员设置淋浴和洗眼设备。

④ 除氟站的管道一般有原水管、处理水出水管、废水排放管、酸液管或二氧化碳气体管、再生液（碱液或硫酸铝液）管以及取样管等。酸、碱液管道、阀门等的材质应采用塑料（如聚氯乙烯）或不锈钢。

⑤ 可采用化学沉淀或蒸发的方法处理废水。浓缩的废水或沉淀物可进行填埋或者回收氟化物。废液的处理可采用氯化钙或石灰沉淀池、自然蒸发法、闪蒸法等方法。氯化钙法处理氢氧化钠再生废液具有投药量省，上清液含氟量低，泥量少等优点。一般工业氯化钙投加量为 $2\sim4kg/m^3$。废液处理池容积同再生池，内设耐磨腐蚀泵，用以排出液体。

7.1.4　电渗析法

电渗析法不仅可以去除水中氟离子，还能同时去除其他离子，特别是除盐效果明显。应用电渗析器除氟运行管理简单，不需化学药剂，只需调节直流电压即可。

有关电渗析的技术原理可参见本书第 4 章，本节主要叙述应用于除氟的特殊要求。

7.1.4.1　适用范围

① 电渗析器膜上的活性基团，对细菌、藻类、有机物、铁、锰等离子较敏感，在膜上发生不可逆反应，因此进入电渗析器的原水应符合下列条件。

a. 含盐量为 $500\sim10000mg/L$。

b. 浊度 5NTU 以下。

c. COD_{Cr} 小于 $3mg/L$。

d. 铁小于 $0.3mg/L$。

e. 锰小于 $0.3mg/L$。

f. 游离余氯小于 $1mg/L$。

g. 细菌总数不大于 1000 个/mL。

h. 水温 $5\sim40℃$。

当矿井水水质超出上述范围，应进行相应的预处理或改变电渗析的工艺设计。

② 出水水质。作为矿区生活饮用水时，处理后出水含盐量不宜小于 $200mg/L$，当出水中含碘量小于 $10\mu g/L$ 时，应采取加碘措施，一般可加碘化钾。

7.1.4.2　工艺设施设计

① 工艺流程：一般工艺流程为含氟原水→预处理→电渗析器→消毒→出水。

② 主要设备：电渗析除氟的主要设备包括电渗析器、倒极器、精密过滤器、原水箱或原水加压泵、淡水箱、酸洗槽、酸洗泵、浓水循环箱、供水泵、压力表、流量计、配电柜、硅整流器，变压器、操作控制台、大修洗膜池等。

③ 电渗析器进水水压不应大于 0.3MPa。电渗析的淡水、浓水、极水可按下述要求设计：

a. 淡水流量可根据处理水量确定。

b. 浓水流量可略低于淡水流量，但不得低于淡水流量的 2/3。

c. 极水流量一般可为 1/4~1/3 的淡水流量。

d. 浓、淡水进、出连接孔流速一般可采用 0.5~1m/s。

④ 电渗析器工作电压可根据原水含盐量、含氟量及相应去除率或通过极限电流试验确定。膜对电压可按表 7-4 选用。工作电流可根据原水含盐量、含氟量及相应去除率或通过极

限电流试验确定。电流密度可按表7-5选用。

表7-4 电渗析器的膜对电压

用途	原水含盐量 （溶解性总固体） /(mg/L)	原水含氟量 /(mg/L)	不同厚度隔板的膜对电压 /(V/对)	
			0.5～1mm	1～2mm
除氟、除盐	500～10000	1.0～1.2	0.3～1.0	0.6～2.0

表7-5 电渗析器的电流密度

原水含盐量/(mg/L)	<500	500～2000	2000～10000
电流密度/(mA/cm²)	0.5～1.0	1～5	5～20

⑤ 电渗析流程长度、级、段数应按脱盐率确定。脱盐率可按下式计算，该式表明除氟和脱盐是不同步的。

$$Z = \frac{100Y - C}{100 - C}$$

式中　Z——脱盐率，%；

　　　Y——除氟率，%；

　　　C——系数，重碳酸盐水型 C 为 -45，氯化物水型 C 为 -65，硫酸盐水型 C 为 0。

⑥ 离子交换膜常采用选择透过率大于90%的硬质聚乙烯异相膜，厚度0.5～0.8mm，阳离子迁移数和阴离子迁移数均应大于0.9。

⑦ 电极一般采用高纯石墨电极、钛涂钌电极，不得采用铅电极。

⑧ 倒极器。可采用手动或气动、电动、机械等自动控制倒极方式。自动倒极装置应同时具有切换电极极性和改变浓、淡水流动方向的作用。倒极周期应根据原水水质及工作电流密度确定。一般频繁倒极周期采用0.5～1h；定期倒极周期不应超过4h。

⑨ 原水水箱容积应按大于小时供水量的2倍来计算。

⑩ 浓水水箱有效容积除满足浓水系统用水外，还应留有1～2m³储存量。

⑪ 酸洗槽

a. 酸洗周期可根据原水硬度、含盐量确定，当除盐率下降5%时，应停机进行动态酸洗。

b. 采用频繁倒极方式时，周期为1～4周，酸洗时间为2h。

c. 酸洗液为1.0%～1.5%的工业盐酸，不得大于2%。

d. 酸洗槽的有效容积应略大于充满单台电渗析器的用量。

⑫ 变压器。变压器容量应根据原水含盐量、含氟量及倒换电极时最高冲击电流等因素确定，一般应为正常工作电流的2倍。

⑬ 电源。电渗析器必须采用可调的直流电源。

⑭ 操作控制台应满足整流、调整、倒极操作及电极指示等要求。

⑮ 处理站内应设排水设施，可以采用明渠或地漏。

⑯ 电渗析系统内的阀门、管道、储水设施、泵等应采用非金属材料，常用聚乙烯或聚丙烯、混凝土等材料，不能采用钢铁材质。

7.2　含重金属矿井水的处理

无论采用何种方法处理矿井水中的重金属，都不能分解破坏重金属，而只能够转移其存在的位置、物理和化学形态；经化学沉淀处理后，矿井水中的重金属从溶解的离子状态转变为难溶性化合物而沉淀，从水中转入污泥中；经过离子交换处理后，矿井水中的重金属离子转移到离子交换树脂上，经再生后则又转移到再生废液中。由此可知，含重金属矿井水经处理后常形成两种产物：一种是基本上脱除了重金属的处理水；另一种是含有从矿井废水中转移出来的大部分或全部的重金属浓缩产物，如沉淀污泥，失效的离子交换剂、吸附剂或再生液、洗脱液等。因此，在含重金属矿井水处理中，应注意二次污染的防治。

目前含重金属矿井水的处理方法可分为以下两大类。

第一类是使呈溶液状态的重金属转变为不溶的重金属沉淀物，经沉淀从废水中去除。具体方法有中和法、硫化法、还原法、氧化法、离子交换法、离子浮上法、活性炭吸附法、电解法和隔膜电解等。孟凡娜等采用改性天然丝光沸石处理含重金属离子的矿井水，其反应条件为：水温 60℃，pH 值为 5.2，反应时间为 80min。选用粒度为 80～100 目的 Na 型沸石，投加量按 10.0g/L 处理矿井水，结果表明，矿井水中 Cd^{2+}、Pb^{2+}、Cu^{2+}、Zn^{2+} 重金属离子含量降低到国家规定的排放标准之下。罗道成等研究了吸附法对矿井水中重金属的处理效果，发现多孔质沸石对矿井水中 Pb^{2+}、Cu^{2+}、Zn^{2+} 等重金属离子具有很好的吸附作用，吸附剂脱附再生处理后可重复使用。另外，于鑫等研究表明，粉煤灰对矿井水中的重金属离子也有很好的吸附作用。

第二类是浓缩和分离。具体方法有反渗透法、电渗析法、蒸发浓缩法等。何文丽等研究了投加高铁酸钾强化混凝去除矿井水中铅、镉、铁、锰的效果，结果表明，当高铁酸钾的质量浓度为 30mg/L 时，混凝沉淀对低浓度矿井水中铅、镉、铁、锰的去除率分别约为 55%、28%、93%、54%，处理后的该种矿井水中重金属含量可以达到饮用水标准。

近几年来，KDF 滤料被应用于重金属的去除。KDF 是一种新型的水处理材料，由铜、锌两种金属按一定比例组合而成，由 Don Heskett 教授 1984 年发明，并通过美国国家卫生基金会（NSF）、水质协会（WQA）等机构的认证。与传统的滤料相比，KDF 具有使用寿命长，可以 100% 恢复过滤能力，能有效地减少或去除水中的氯和重金属、控制微生物，维护方便，综合性能优良等特点，具有多种水处理能力。解放军理工大学孙兵用 KDF55 对水中铅、汞的去除进行了研究，结果表明，KDF 滤料对饮水中铅、汞有较好的去除能力，稳定运行时去除率均达到 80% 以上，最高去除率达 99.46%。都的箭通过实验，研究了接触反应时间、KDF 滤料层高度和滤速等对铅、汞去除效果的影响以及 KDF 滤料池的最佳运行工况。结果表明，KDF 滤料对水中可溶性微量重金属铅和汞有较好的去除能力，对铅的去除率能达到 95% 以上，对汞的去除率能达到 80% 以上；铅和 KDF 滤料的临界接触反应时间为 4～6s，汞和 KDF 滤料的临界接触反应时间为 3～10s；当滤速＜72m/h 时可保证 KDF 滤料与可溶性重金属进行充分接触反应；KDF 滤料层高度与滤柱直径的比值在 (1∶1)～(5∶3) 范围内经济有效。

7.3 微量放射性污染物的去除

目前国内对于水中总 α、β 放射性处理方法的研究不多，国外较成熟的处理方法主要有化学沉淀法、膜处理法、离子交换法、蒸发法和吸附法。反渗透、电渗析等膜处理法和离子交换法由于设备投资及运行费用很高，对较大规模的矿井水处理，一般煤矿难以承受，相比之下化学沉淀法和蒸发法比较简便易行。部分方法的基本原理及适用性说明见表 7-6，煤矿可根据水质条件安排单项处理或组合联用。

表 7-6　含放射性废水的基本处理方法

序号	技术特征	化学沉淀法	离子交换法	蒸发法
1	依据原理	凝聚-絮凝-沉淀分离原理	放射性核素在液相和固相中骨架(含离子化极性基团)间的交换	水分以蒸汽相形式被分离,不挥发盐分及绝大多数放射性核素,使其残留在蒸残液中
2	废水(液)的限制条件	可处理高含盐量溶液,当含有油质洗涤剂、络合剂时,可能有不利影响	适于处理悬浮固体含量低、含盐量低、无非离子型放射性物质	适宜处理洗涤剂含量低的废水
3	净化系数	<10～100(β、γ);10^3(α);特殊情况>10^3(α)	>10～10^4;平均10^2～10^3	10^3～10^5
4	浓缩倍数	10～100(湿污泥);20～10^4(干固体)	500～10^4	取决于溶液中的含盐量
5	常联用的其他方法	蒸发、超滤	蒸发	冷凝、离子交换
6	缺点	絮凝物体积较大,污泥需再处理	热辐射稳定性较差	易结垢、气泡、盐分沉积、不耐腐蚀
7	维修要求	避免管道堵塞,防止发生腐蚀	避免交换床堵塞	避免结垢、气泡、盐分沉积、不耐腐蚀
8	费用	较低	较高(主要为合成离子交换树脂价高)	能耗大、耗资高

注:净化系数=原水比强/净化后比强;浓缩倍数=原水体积/处理后体积。

某矿井水中微量放射性物质的去除工艺如图 7-4 所示。

图 7-4　矿井水中微量放射性物质去除工艺流程图

水中放射性核素的氢氧化物、碳酸盐、磷酸盐等化合物大都是不溶性的,因此化学沉淀法可以将其部分去除,而合适的吸附剂对于水中一种或几种放射性核素可以同时具有很高的选择吸附性和吸附容量。

陈维维等研究了混凝沉淀工艺处理矿井水中天然总 α 放射性核素铀、镭的技术和条件,可使铀的去除率达到 80% 左右,使用专用混凝剂 MTU 可使铀去除率达到 87%,添加镭吸附助剂 MHR 可使镭去除率提高到 80% 以上。何绪文等以聚合铝作为混凝剂对煤矿矿区饮用水源中的放射性核素的去除进行了研究,证明了该法对去除放射性核素非常有效。

张刚等针对鹤岗矿务局南山煤矿含放射性矿井水流化床净化工艺中存在的 PAM 配制与投加、流化床运行方式及高岭土加药点不当等问题进行了分析讨论,得出将高岭土投加点改至 PAC 加药点之前,既不影响高岭土对放射性指标的控制,又能保证流化床工艺高负荷条件下的出水水质。

7.4　有机物的去除

在煤矿开采过程中,不可避免地会将乳化油、废机油等混入矿井水中,从而造成矿井水含有机污染物。这些有机物密度比水小，常规水处理技术混凝→沉淀→过滤工艺对矿井水有机物的去除效果不佳。目前，常用加药上浮或吸附方式解决矿井水中的有机污染物问题，但其实质性的处理效果如何仍无定论。在电渗析法水处理过程中有可能产生有机物污染电渗析膜，从而影响电渗析法处理系统的正常运行。矿井水中有机物尽管含量较少，但由于常规技术难以清除，因而制约着矿井水的洁净利用。

　　20 世纪 70 年代国内外出现的光化学氧化技术，对于处理环境中难降解有机物有很好的效果。某些致癌物质如苯并芘、苯并蒽等在天然条件下会自行消失，是太阳光分解的结果。光氧化法，是指利用光的照射，或光的照射同一些特定化学物质共同作用，以去除水中有机污染物的一种水处理方法，因而光氧化也称光降解。光氧化法有光化学氧化法、光激发氧化法和光催化氧化法等类型。由于煤矿矿井水中微量有机物的来源之一是矿井液压支架乳化油，因此廖旭光等用乳化油配制成模拟矿井水，设计光化学氧化和活性炭吸附的组合工艺（图 7-5）进行了实验室研究。在实验中，通过短波紫外光光子的能量，使得对入射紫外光有吸附作用的分子化学键活化或断裂，进而与水中溶解氧等发生反应而生成相应的自由基或离子，使其他不吸收紫外光的分子发生氧化反应。紫外光也可以激发水中的溶解氧而产生激发态氧分子并与有机自由基作用，从而达到氧化有机物的目的。

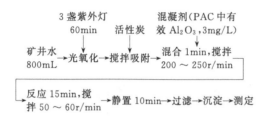

图 7-5　光化学氧化和活性炭吸附法去除矿井水中乳化油的工艺流程图

　　经过光化学氧化后，矿井水中有机物大分子破裂，有利于活性炭吸附处理，从而使矿井水中有机物去除率达 95％以上。

　　近年来，以 TiO_2 为代表的光催化材料得到了广泛研究和应用。最初主要是利用 TiO_2 的光催化作用进行太阳能转换，后来研究范围扩展到有机物合成、贵金属回收、N_2 和 CO_2 的还原、有机和无机污染物废水处理、杀菌、除臭、净化空气等领域，从而使光催化技术成为 20 世纪 70 年代以来的一项十分热门的环保技术。特别是在水的深度处理方面应用十分广泛。

　　随着矿井水深度处理技术的发展，光催化技术的应用成果不断报道，特别是改性纳米 TiO_2 光催化技术的应用已经取得理想效果，不仅能有效去除矿井水中的有机污染物，而且对其中的重金属和有毒有害微量元素也具有一定降解效果。

　　由澳大利亚 ORICA 公司开发的一种新型树脂——磁性离子交换树脂（MIEX），是当今快速发展起来的一项水处理新技术，主要用于去除水中的天然有机物（NOM）。它带有磁性，具有连续操作性，动力学反应速率高，有较大的比表面积，对带负电基团的有机污染物具有显著的去除效果。能够有效的控制消毒副产品的产生，并可大大节省絮凝剂投加量，提高常规工艺处理能力。

第8章
煤矿矿井水处理
工艺设施计算例题

本章以计算例题的形式，对煤矿矿井水各种主要处理工艺技术和设施的设计计算内容、方法和要求进行具体介绍。

8.1 浑浊矿井水的澄清处理

浑浊是矿井水的普遍污染特征，为了详细介绍矿井水澄清处理的各种主要处理设施的设计计算和选型，本节列出了 4 个系列性工艺计算例题，涵盖了常用的下列几种处理构筑物和设备：机械絮凝池、斜管沉淀池、高密度沉淀池、普通快滤池、虹吸滤池、重力无阀滤池和一体化净水器（隔板絮凝池、平流沉淀池和压力滤池，见 8.3 节【例题 8-5】和【例题 8-6】）。

【例题 8-1】 机械絮凝池—斜管沉淀池—重力式无阀滤池澄清工艺设施计算。

一、已知条件

矿井水处理厂设计规模 $Q_1 = 40000 \mathrm{m^3/d}$，厂区自用水量为 5%。原水浊度为 300～500mg/L。最大混凝剂用量为 $W = 200 \mathrm{mg/L}$，按粗制硫酸铝计算。矿井水在井下水仓停留 4～8h 后，经水泵提升至地面处理。净水工艺为：矿井水→混凝剂（水泵混合）→机械絮凝池→斜管沉淀池→重力式无阀滤池→ClO_2 消毒→回用。

二、设计计算

处理厂自用水量 $Q_2 = 5\% Q_1 = 2000 \mathrm{m^3/d}$

处理厂规模为：$Q = Q_1 + Q_2 = 40000 + 2000 = 42000 (\mathrm{m^3/d}) = 1750 \mathrm{m^3/h} = 0.4861 \mathrm{m^3/s}$

1. 药剂投配

最大混凝剂投加量为 200mg/L 粗制硫酸铝，采用湿投法，直接将硫酸铝溶液投加至矿井水提升泵吸水喇叭口附近，水泵混合。加药流速保持在 1～1.5m/s 之间。按硫酸铝溶液浓度 $b = 5\%$ 考虑，每日调 3 次，8h 一次。

本设计采用湿投方法，压缩空气搅拌调制药剂。

（1）溶液池容积

$$W_1 = \frac{aQ}{417bn}$$

式中　W_1——溶液池容积，m^3；

Q——设计处理水量，m^3/h；

a——混凝剂最大投加量，mg/L；

b——混凝剂的浓度，一般采用 5%～20%；

n——每日调制次数，一般不超过 3 次。

设计中取 $b=15\%$，$n=3$ 次，$a=200mg/L$，$Q=4.0 \times 10^4 m^3/d = 1750 m^3/h$

$$W_1 = \frac{200 \times 1750}{417 \times 5 \times 3} = 56 (m^3)$$

采用 2 个池子，每格容积约为 $28m^3$。

溶液池采用钢混结构，单池尺寸为 $L \times B \times H = 3.5m \times 5m \times 2.0m$，高度中包括超高 0.40m。

溶液池实际有效容积：$W_1' = 3.5 \times 5 \times 1.6 = 28(m^3)$，满足要求。

池旁设工作台，宽 1.0～1.5m，池底坡度为 0.02。底部设置 $DN100m$ 的放空管，采用硬聚氯乙烯塑料管，池内壁用环氧树脂进行防腐处理。沿池面接入药剂稀释用给水管 $DN80mm$ 一条，于两池分设防水阀门，按 1h 放满考虑。

（2）溶解池容积

$$W_2 = (0.2 \sim 0.3)W_1$$

式中　W_2——溶解池容积，m^3；一般采用 $(0.2 \sim 0.3)W_1$；

W_1——溶液池容积，m^3。

设计中取 $W_2 = 0.2W_1$

$$W_2 = 0.2 \times 56 \approx 11.2(m^3)$$

溶解池尺寸：$L \times B \times H = 3.5m \times 3m \times 1.5m$，高度中含超高 0.3m。

溶解池实际有效容积：$W_2' = 3.5 \times 3 \times 1.2 = 12.6(m^3)$。

溶解池采用钢筋混凝土结构，内壁用环氧树脂进行防腐处理，池底设 0.02 的坡度，设 $DN100mm$ 排渣管，采用硬聚氯乙烯管。给水水管管径 $DN80mm$，按 10min 放满溶解池考虑，管材采用硬聚氯乙烯管。

（3）压缩空气搅拌调制药剂的计算

① 需用风量

空气供给强度：溶解池采用 $8L/(s \cdot m^2)$，溶液池采用 $5L/(s \cdot m^2)$。

溶解池　　　　　　　$Q_1 = 3.5 \times 3 \times 8 = 84(L/s)$

溶药池　　　　　　　$Q_2 = 3.5 \times 5 \times 5 = 87.5(L/s)$

$$Q_风 = Q_1 + Q_2 = 84 + 87.5 = 171.5(L/s) = 10 m^3/min$$

② 选配机组。选用 D22×21-10/5000 型鼓风机两台（1 用 1 备），其风量为 $10m^3/min$，风压（静压）为 $4.9032 \times 10^4 Pa$（$5000mmH_2O$）；配用电机功率 17kW，转速 1460r/min。

（4）计量设备　计量设备有孔口计量、浮杯计量、定量投药和转子流量计。设计采用耐酸泵与转子流量计配合投加。

$$计量泵每小时投加药量\ q = \frac{W_1}{8}$$

式中　q——计量泵每小时投加药量，m^3/h；

　　　W_1——溶液池容积，m^3。

设计中取 $W_1=56m^3$

$$q=\frac{56}{8}=7m^3/h$$

加药管路总长 30m，经计算所需泵的扬程为 12m。

选用 3 台 25F-16 型耐酸泵，扬程 16m，流量 $3.6m^3/h$，轴功率 0.52kW，配电机功率 0.8kW，2 用 1 备。

（5）药库　药剂按最大投加量的 7～15d 储存。硫酸铝所占体积：

$$T_{15}=\frac{a}{1000}\times Q\times 15$$

式中　T_{15}——15 天硫酸铝用量，t；

　　　a——硫酸铝投加量，mg/L；

　　　Q——处理水量，m^3/d。

设计中 $a=200mg/L$

$$T_{30}=\frac{200}{1000}\times 40000\times 15=120000kg=120t$$

硫酸铝相对密度为 1.62，则硫酸铝所占体积为：$120\div 1.62=74.07(m^3)$

药剂堆放高度按 1.5m 计（常用吊装设备），则所需面积为 $49.38m^2$。

考虑药剂的运输、搬运和磅秤所占的面积，不同药品间留有间隔等，这部分面积按药品占有面积的 30% 计，则药库所需面积

$49.38\times 1.3=64.2(m^3)$，设计中取 $64.8m^2$。

药库平面尺寸取：7.2m×9m。

库内设电动单梁悬挂起重机一台。

2. 机械絮凝池

（1）池体　采用 4 档池子进行絮凝，则每组池子的设计水量（包括水厂自用水量为 5% 产水量）为：

$Q_{絮凝}=1.05Q/(4\times 24)=1.05\times 4\times 10^4/(4\times 24)=437.5(m^3/h)=7.29m^3/min=0.12152m^3/s$

絮凝时间　取 $t_{絮凝}=20min$

絮凝池容积　$V_{絮凝}=Q_{絮凝}t_{絮凝}=7.29\times 20=145.8(m^3)$

絮凝池水深　取 $H_{有效}=4m$

絮凝池平面面积　$F_{絮凝}=V_{絮凝}/H_{有效}=145.8/4=36.45(m^2)$

絮凝池宽度　取 $B_{絮凝}=3.17m$

每组分 4 格，则

絮凝池总长　$L_{絮凝}=B_{絮凝}\times 4=3.17\times 4=12.68(m)$

排泥管　选用 $DN200$ 穿孔排泥管

实际絮凝时间

$$t_{实}=L_{絮凝}\times B_{絮凝}\times 4/Q_{絮凝}=12.68\times 3.17\times 4/7.29=22(min)$$

（2）机械搅拌器　取叶轮外径与池壁最小间距为 0.235m，则叶轮的直径为：$D_{叶轮}=3.17-2\times 0.235=2.7(m)$

① 叶轮。每排搅拌器设两个叶轮，即 $n_{排}=2$。

② 叶轮直径取池宽的 85%，采用 2.7m。

叶轮桨板中心点线速度采用：$v_1 = 0.5\text{m/s}$，$v_2 = 0.4\text{m/s}$，$v_3 = 0.3\text{m/s}$，$v_4 = 0.2\text{m/s}$

桨板长度　叶轮下端离池底 0.3m，上端在水面下 0.3m，两排间距 0.4m，则

$$L_{桨板} = (4 - 0.3 - 0.3 - 0.4)/2 = 1.5(\text{m})$$

③ 桨板宽度　每个叶轮上桨板块数采用 $y_{桨板} = 4$。

桨板面积为：$A_{桨板} = (0.1 \sim 0.2)B_{絮凝}H_{有效} = (0.1 \sim 0.2) \times 3.17 \times 4 = 1.268 \sim 2.536(\text{m}^2)$

桨板宽度为：$b_{桨板} = A_{桨板}/(n_{排}L_{桨板}$ $y_{桨板}) = (1.2682 \sim 2.536)/(2 \times 1.50 \times 4) = 0.106 \sim 0.211(\text{m})$

取宽度 $b_{桨板} = 0.15\text{m}$

④ 校核

$L_{桨板}/D_{叶} = 1.5/2.7 = 0.56 < 75\%$（符合要求）

$A_{桨板}/(B_{絮凝}H_{有效}) = 2 \times 4 \times 0.15 \times 1.5/(3.17 \times 4) = 14\%$（在 10% ~ 20% 范围内，符合要求。）

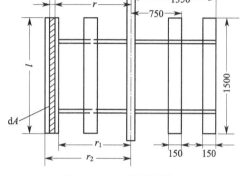

图 8-1　垂直轴桨板设备

（3）搅拌设备（图 8-1）

① 叶轮桨板中心点旋转直径 D_0 为

$$D_0 = 2 \times \left(\frac{L - L_0}{2} + L_0\right) = 2 \times \left(\frac{1350 - 600}{2} + 600\right) = 1950(\text{mm})$$

叶轮转速分别为

$$n_1 = \frac{60v_1}{\pi D_0} = \frac{60 \times 0.5}{3.14 \times 1.95} = 4.90(\text{r/min})$$

$$\omega_1 = 0.49\text{rad/s}$$

$$n_2 = \frac{60v_2}{\pi D_0} = \frac{60 \times 0.4}{3.14 \times 1.95} = 3.92(\text{r/min})$$

$$\omega_2 = 0.392\text{rad/s}$$

$$n_3 = \frac{60v_3}{\pi D_0} = \frac{60 \times 0.3}{3.14 \times 1.95} = 2.94(\text{r/min})$$

$$\omega_3 = 0.294\text{rad/s}$$

$$n_4 = \frac{60v_4}{\pi D_0} = \frac{60 \times 0.2}{3.14 \times 1.95} = 1.96(\text{r/min})$$

$$\omega_4 = 0.196\text{rad/s}$$

桨板宽长比 $b/l = 0.15/1.5 < 1$，查表 8-1 得 $\varphi = 1.10$。

表 8-1　阻力系数

b/l	小于 1	1~2	2.5~4	4.5~10	10.5~18	大于 18
φ	1.10	1.15	1.19	1.29	1.40	2.00

$$k = \frac{\varphi\rho}{2g} = \frac{1.10 \times 1000}{2 \times 9.81} = 56$$

桨板旋转时克服水的阻力所耗功率如下。

第一格外侧桨板：

$$N_{1外} = \frac{ykl}{408}(r_{2外}^4 - r_{1外}^4)\omega^3 = \frac{4 \times 56 \times 1.5}{408}(1.35^4 - 1.2^4)\omega^3 = 1.028\omega^3$$

第一格内侧桨板：

$$N_{1内} = \frac{ykl}{408}(r_{2内}^4 - r_{1内}^4)\omega^3 = \frac{4 \times 56 \times 1.5}{408}(0.75^4 - 0.6^4)\omega^3 = 0.154\omega^3$$

第一格搅拌轴功率：

$$N_1 = N_{1外} + N_{1内} = (1.028 + 0.154) \times 0.49^3 = 1.182 \times 0.49^3 = 0.139 \text{kW}$$

以同样的方法，可求得第二、第三、第四格搅拌轴功率分别为 0.071kW、0.03kW、0.0089kW。

② 设三台搅拌设备合用一台电动机，则絮凝池所消耗总功率为

$$\sum N_0 = 0.139 + 0.071 + 0.03 + 0.0089 = 0.249(\text{kW})$$

电机功率（取 $\eta_1 = 0.75$，$\eta_2 = 0.7$）：

$$N = \frac{0.249}{0.75 \times 0.7} = 0.474 \text{kW}$$

(4) G 值及 GT 值（按水温 20℃计，$\mu = 1.029 \times 10^{-4} \text{Pa} \cdot \text{s}$）

第一格：$G_1 = \sqrt{\dfrac{102N_1}{\mu V_1}} = \sqrt{\dfrac{102 \times 0.139}{102.9 \times 3.2 \times 3.2 \times 4} \times 10^6} = 58(\text{s}^{-1})$

第二格：$G_2 = \sqrt{\dfrac{102 \times 0.071}{102.9 \times 40.96} \times 10^6} = 41(\text{s}^{-1})$

第三格：$G_3 = \sqrt{\dfrac{102 \times 0.03}{102.9 \times 40.96} \times 10^6} = 27(\text{s}^{-1})$

第四格：$G_4 = \sqrt{\dfrac{102 \times 0.0089}{102.9 \times 40.96} \times 10^6} = 15(\text{s}^{-1})$

絮凝池平均速度梯度：$G = \sqrt{\dfrac{102N_0}{\mu V}} = \sqrt{\dfrac{102 \times 0.249}{102.9 \times 163.84} \times 10^6} = 38.8(\text{s}^{-1})$

$$GT = 38.8 \times 22 \times 60 = 5.12 \times 10^4$$

经核算，G 值和 GT 值均符合要求。

(5) 絮凝池隔墙上的孔口

① 絮凝池孔口流速。孔口流速依次采用 $v_{孔0} = 0.5\text{m/s}$，$v_{孔1} = 0.4\text{m/s}$，$v_{孔2} = 0.3\text{m/s}$，$v_{孔3} = 0.2\text{m/s}$，$v_{孔4} = 0.1\text{m/s}$

② 各排孔口面积及尺寸。采用隔墙淹没式出水口，各排孔口面积及尺寸为：

进水槽由上进入第一排

$$f_{反0\sim1} = Q_{絮凝}/(3600v_{孔0}) = 437.5/(3600 \times 0.5) = 0.243(\text{m}^2)$$

设 6 个孔，孔口尺寸采用 0.25m×0.18m，共计 0.25×0.18×6 = 0.27(m²)

第一排由下进入第二排

$$f_{反1\text{-}2} = Q_{絮凝}/(3600v_{孔1}) = 437.5/(3600 \times 0.4) = 0.304(\text{m}^2)$$

设 6 个孔，孔口尺寸采用 0.25m×0.22m，共计 0.25×0.22×6 = 0.33(m²)

第二排由下进入第三排

$$f_{反2-3}=Q_{絮凝}/(3600v_{孔2})=437.5/(3600\times0.3)=0.405(\text{m}^2)$$

设 6 个孔，孔口尺寸采用 0.25m×0.28m，共计 0.25×0.28×6=0.42(m²)

第三排由下进入第四排

$$f_{反3-4}=Q_{絮凝}/(3600v_{孔3})437.5/(3600\times0.2)=0.61(\text{m}^2)$$

设 6 个孔，孔口尺寸采用 0.25m×0.43m，共计 0.25×0.43×6=0.645(m²)

第四排由上进入沉淀池布水区

$$f_{反4-同}=Q_{絮凝}/(3600v_{孔4})=437.5/(3600\times0.1)=1.215(\text{m}^2)$$

设 6 个孔，孔口尺寸采用 0.25m×0.85m，共计 0.25×0.85×6=1.275(m²)

③ 各排孔口的水头损失。根据经验公式 $h_{孔m}=0.14v_{孔n}^2$ 有：

$$h_{0-1}=0.14v_{孔0}^2=0.14\times0.5^2=0.035(\text{m})$$
$$h_{1-2}=0.14v_{孔1}^2=0.14\times0.4^2=0.0224(\text{m})$$
$$h_{2-3}=0.14v_{孔2}^2=0.14\times0.3^2=0.0126(\text{m})$$
$$h_{3-4}=0.14v_{孔3}^2=0.14\times0.2^2=0.0056(\text{m})$$
$$h_{4-同}=0.14v_{孔4}^2=0.14\times0.1^2=0.0014(\text{m})$$

$\sum h_{孔m}=h_{0-1}+h_{1-2}+h_{2-3}+h_{3-4}+h_{4-同}=0.035+0.0224+0.0126+0.056+0.0014=0.07(\text{m})$

根据给水排水设计手册有关公式计算出的水头损失数值也很小，每排水头损失选用 0.05，则从进水槽至沉淀池布水区水位差为 0.25m。

（6）斜管沉淀池布水区　进水采用斜管整流布水两组，每组流量

$$Q_{布}=1.05Q_{总}/2=1.05\times40000/2=21000(\text{m}^3/\text{d})=875\text{m}^3/\text{h}=0.243\text{m}^3/\text{s}$$

① 设计流速。取用 $v_{下}=0.02\text{m/s}$（一般要求在 0.1～0.05m/s 以下）。

② 断面积

$$F_{布}=Q_{布}/v_{下}=0.243/0.02=12.15(\text{m}^2)$$

斜容积利用率采用 $\eta_{斜}=0.9$，则实际所需面积为：

$$F'_{布}=F_{布}/\eta_{斜}=12.15/0.9\approx13.5(\text{m}^2)$$

③ 池宽。为与絮凝池配合，取用池宽为

$$B_{布}=6.6\text{m}\ (3.17\times2+0.26=6.6)$$

④ 池长：$L_{布}=F'_{布}/b_{布}=13.5/6.6\approx2.05(\text{m})$，取用 $L_{布}=1.9\text{m}$。

实际流速为：$v'_{下}=Q_{布}/F'_{布}=0.243/(6.6\times1.9)=0.0194(\text{m/s})$

⑤ 池高：取用 $H_{布}=2.3\text{m}$

⑥ 池容积：$V_{布}=b_{布}H_{布}L_{布}=6.6\times2.3\times1.9\approx28.8(\text{m}^3)$

⑦ 停留时间：$T_{布}=V_{布}/Q_{布}=28.8/14.6\approx1.97(\text{min})$

⑧ 总絮凝时间：$T_{絮总}=t'_{絮凝}+t_{布}=22+1.97\approx24(\text{min})$

3. 斜管沉淀池

采用两组池子，每组设计水量为：

$Q_{斜}=1.05Q_{总}/2=1.05\times4\times10^4/2=21000(\text{m}^3/\text{d})=875\text{m}^3/\text{h}=14.58\text{m}^3/\text{min}=0.243\text{m}^3/\text{s}$

（1）池体尺寸　采用斜管沉淀区页面负荷为 $10.8\text{m}^3/(\text{m}^2\cdot\text{h})$，即上升流速为 $v_{上}=$

3mm/s。

① 斜管断面面积：$F_斜 = Q_斜 / v_上 = 0.243/0.003 = 81(m^2)$

池宽度采用 $B_斜 = 6.6m$（斜管尺寸为 $1000mm \times 800mm$，池宽取 8 组单体斜管的宽度）

选用聚丙烯材料斜管（$L_管 = 1.0m$，$d_管 = 30mm$，倾角 $60°$，斜管容积利用率采用 $\eta_斜 = 0.9$），倾斜区安装长度为：$L_{管2} = L_管 \cos 60° = 1 \times 0.5 = 0.5(m)$

② 斜管区长度。斜管容积利用率采用 $\eta_斜 = 0.9$，池体容积利用率采用 $\eta_结 = 0.95$，则实际所需面积为：

$$F'_斜 = F_斜 / (\eta_斜 \eta_结) = 81/(0.9 \times 0.95) \approx 95(m^2)$$

斜管区长度为：$L'_斜 = F'_斜 / B_斜 = 95/14.4 = 14.4(m)$。取 $L = 14.9m$。

③ 池子总长

池子沉淀区长：$L_{沉净} = L_斜 + L_{管2} = 14.9 + 0.5 = 15.4(m)$

池体结构尺寸考虑 0.2m，则池子同向流区的长度：$L_{沉布} = L_布 + 0.2 = 1.9 + 0.2 = 2.1(m)$

沉淀池总长为：$L_{沉总} = L_{沉净} + L_{沉布} = 15.4 + 2.1 = 17.5(m)$

④ 池子高度。超高 $H_{斜超} = 0.6m$；清水区高度 $H_{斜清} = 1.38m$；配水区高度 $H_{斜配} = 1.5m$；斜管高度 $H_{斜管} = 0.87m$；泥斗高度 $H_{斜泥} = 1.5m$。

有效水深为：$H_{沉水} = H_{斜清} + H_{斜管} + H_{斜配} = 1.38 + 0.87 + 1.5 = 3.75(m)$

池子总高为：$H = H_{斜超} + H_{斜清} + H_{斜配} + H_{斜管} + H_{斜泥} = 0.6 + 1.38 + 1.5 + 0.87 + 1.5 = 5.85(m)$

⑤ 池子有效容积

$$V_{沉0} = B_斜 L_{沉净} H_{沉水} = 6.6 \times 15.4 \times 3.75 \approx 381(m^3)$$

⑥ 沉淀池停留时间

$$t_{沉淀} = V_{沉0} / Q_斜 = 381/875 = 0.435h = 26.1(min)$$

（2）集水系统

采用淹没孔口式集水槽。

① 集水槽布置。沿池长方向布置 4 条集水槽。

② 集水槽中心距：$L_{集中} = B_斜/4 = 6.6/4 = 1.65(m)$

③ 每槽计算流量：$q_{集槽} = Q_斜/(3600 \times 4) = 875/(3600 \times 4) = 0.061(m^3/s)$

④ 集水槽宽度：$b_集 = 0.9(1.2q_{集槽})^{0.4} = 0.9 \times (1.2 \times 0.061)^{0.4} \approx 0.316(m)$，取 $b_集 = 0.35m$。

⑤ 起端槽内水深：$h_{集起} = 0.75b_集 = 0.75 \times 0.35 \approx 0.263(m)$，取 $h_{集起} = 0.3m$。

⑥ 末端槽内水深：$h_{末端} = 1.25b_集 = 1.25 \times 0.35 \approx 0.438(m)$，取 $h_{集末} = 0.45m$。

⑦ 集水总渠高度：$B_{集总} = 0.9(1.2Q_斜)^{0.4} = 0.9 \times (1.2 \times 0.243)^{0.4} = 0.55(m)$

⑧ 集水总渠中水深：$h_{集总} = 1.25B_{集总} = 1.25 \times 0.55 \approx 0.7(m)$

⑨ 集水槽开孔计算。采用集水槽孔口自由出流。取孔口前水头为 $h_{孔前} = 0.1m$，孔口流量系数 $\mu = 0.62$，则每条集水槽所需孔眼面积：

$$f_{集孔} = \frac{q_{集槽}}{\mu \sqrt{2gh}} = \frac{0.061}{0.62\sqrt{2 \times 9.8 \times 0.1}} = 0.0703(m^2)$$

采用 $\phi 25mm$ 孔，每孔面积：$a_孔 = \pi \times 0.025^2/4 = 0.0005(m^2)$

集水槽两边开孔，则每边开孔数为：

$$n_{集孔} = f_{集孔}/(2a_孔) = 0.0703/(2 \times 0.0005) = 70.3(个)，取 n_{集孔} = 76 个。$$

集水槽超高取 0.2m。

集水槽为非满流集水，集水槽跌落差取 0.1m，集水槽总渠跌落差取 0.15m。

（3）出水和排泥

① 出水槽。出水槽中流速取为 $v_{沉槽出}=0.3\sim0.5m/s$，则出水槽断面积为：

$$A_{沉槽出}=0.243/(0.3\sim0.5)=0.81\sim0.486(m^2)$$

考虑超越管（$DN800$）的安装，取槽宽 $B_{沉槽出}=1.2m$，则槽高为：

$$H_{沉槽出}=(0.81\sim0.486)/1.2=0.675\sim0.405(m)$$

事故时校核：事故时一组池子运行，进水量为总进水量的 70%，即：

$$Q_{事总}=2\times0.7Q_{沉淀}=2\times0.7\times0.243=0.34(m^3/s)$$

此时若槽中流速 $v_{事槽出}=0.3\sim0.5m/s$，则槽面积为：

$$A_{事槽出}=Q_{事总}/v_{事槽出}=0.34/(0.3\sim0.5)=1.13\sim0.68(m^2)$$

取 $B_{事槽出}=1.2m$，则槽高为：$H_{事槽出}=(1.13\sim0.68)/1.2=0.94\sim0.57(m)$

实际采用 $B_{沉槽出}=1.2m$，$H_{沉槽出}=0.7m$。

实际槽中流速为：

$$v_{沉出槽}=Q_{沉支}/(H_{沉槽出}B_{沉槽出})=0.243/(1.2\times0.7)=0.29(m/s)$$

$$v_{槽事出}=Q_{沉支}/(H_{沉槽出}B_{沉槽出})=0.34/(1.2\times0.7)=0.40(m/s)$$

② 排泥管

a. 絮凝池排泥管。絮凝池采用穿孔管排泥。选用管径为 $DN200$ 钢管。孔径为 $\phi25$，孔眼向下与垂直线成 45°角，分两行交叉排列，孔眼间距为 300mm。

b. 沉淀池排泥管。沉淀池采用多斗式排泥。每两斗为 1 组，横向并联布置。

（4）校核

① 雷诺数 Re。斜管内的水流速度为：$v=\dfrac{Q}{A_1\sin\theta}=\dfrac{0.243}{15.4\times6.6\times\sin60°}=0.296(cm/s)$

$$R=\frac{d}{4}=\frac{30}{4}=7.5(mm)=0.75cm$$

设计中当水温 $t=20℃$ 时，水的运动黏度 $\nu=0.01cm^2/s$

$Re=\dfrac{Rv}{\nu}=\dfrac{0.75\times0.296}{0.01}=22.16<500$，满足设计要求。

② 弗劳德数 Fr

$$Fr=\frac{v^2}{Rg}=\frac{0.296^2}{0.75\times981}=1.19\times10^{-4}$$

Fr 介于 $0.001\sim0.0001$ 之间，满足设计要求。

③ 斜管中的沉淀时间：$T=\dfrac{l}{v}=\dfrac{1}{0.00296}=338(s)=5.63min$

满足要求（一般在 $4\sim7min$ 之间）。

机械絮凝池-斜管沉淀池的工艺平面图及剖面图见图 8-2 和图 8-3。

4. 重力无阀滤池

（1）滤池平面尺寸

$$滤池所需面积 F=\frac{Q}{v}$$

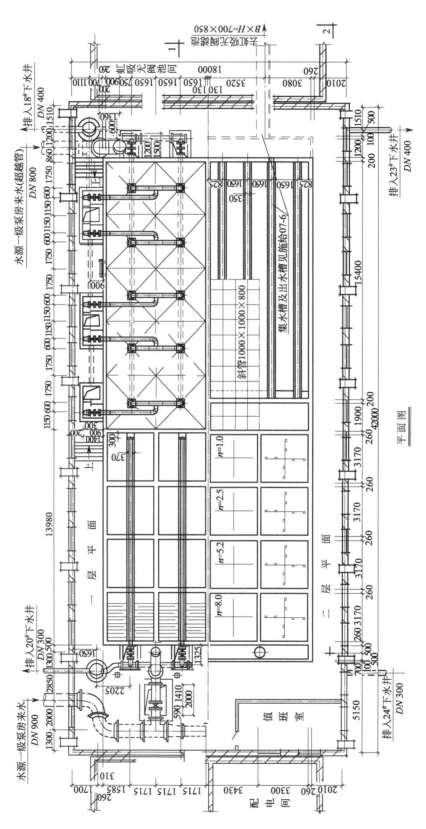

图 8-2　机械絮凝池-斜管沉淀池工艺平面图

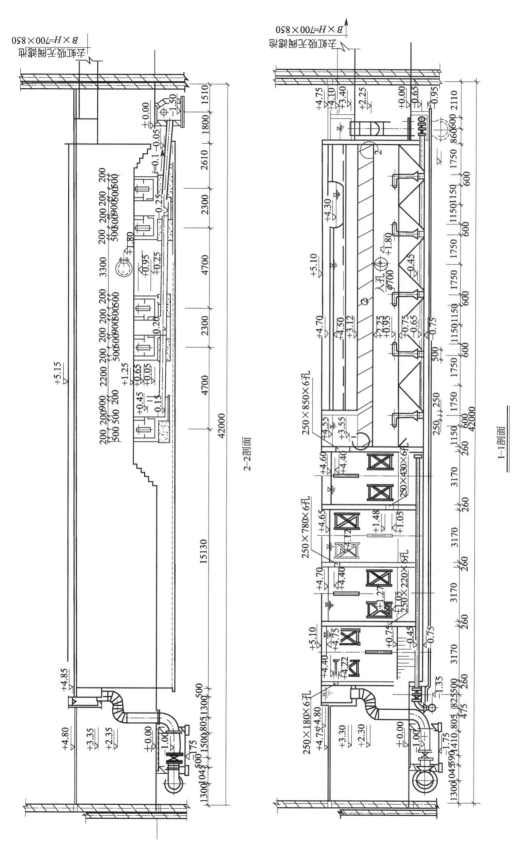

图 8-3　机械絮凝池-斜管沉淀池工艺剖面图

$$单格滤池的面积 \quad f_1 = \frac{F}{n}$$

式中　Q——设计水量，m^3/h；

　　　v——设计流速，m/h，一般采用 $9 \sim 12 m/h$；

　　　n——滤池分格数，格。

式中取 $Q = 1.05 \times 4 \times 10^4 = 42000 m^3/d = 1750 m^3/h = 0.488 m^3/s$，$v = 10 m/h$，$n = 8$ 格

$$F = \frac{1750}{10} = 175 m^2 \qquad f_1 = \frac{175}{8} = 21.88 m^2$$

单格滤池中的连通渠采用边长为 $0.4m$ 的等腰直角三角形，其单个连通渠面积

$$f_2 = \frac{1}{2} \times 0.4 \times 0.4 = 0.08 (m^2)$$

考虑连通渠斜边部分混凝土厚度为 $0.10m$，则直角边边长：$0.4 + \sqrt{2} \times 0.10 = 0.54 (m)$

每格滤池的池内 4 个角处设置 4 个连通渠，则连通渠总面积：$f_2' = 4 \times \frac{1}{2} \times 0.54 \times$

$0.54 = 0.588 (m^2)$

故要求每格滤池的面积：$f_1' = f_1 + f_2' = 21.88 + 0.588 = 22.47 (m^2)$

设计中确定该无阀滤池为正方形，则每边的边长：$L = \sqrt{f_1'} = \sqrt{22.47} = 4.74 (m)$

（2）滤池高度　$H = h_1 + h_2 + h_3 + h_4 + h_5 + h_6 + h_7 + h_8 + h_9$

$$h_7 = \frac{60 f_1 q t}{f_1' \times 2 \times 1000}$$

式中　h_1——底部集水区高度，m；

　　　h_2——滤板高度，m；

　　　h_3——承托层高度，m；

　　　h_4——滤料层高度，m；

　　　h_5——净空高度，m；

　　　h_6——池顶板厚度，m；

　　　h_7——冲洗水箱高度，m；

　　　h_8——超高，m；

　　　h_9——池顶板厚度，m；

　　　q——反冲洗强度，$L/(m^2 \cdot s)$；

　　　t——反冲洗历时，min，一般采用 $5min$；

　　　f_1——每格滤池实际过滤面积，m^2；

　　　f_1'——每格滤池的实际面积，m^2。

设计中取 $h_1 = 0.4m$，$h_2 = 0.1m$，$h_3 = 0.2m$，$h_4 = 0.7m$，$h_5 = 0.5m$，$h_6 = 0.41m$，$h_8 = 0.20m$，$h_9 = 0.1m$；$q = 15 L/(m^2 \cdot s)$，$t = 5 min$。

$$h_7 = \frac{60 \times 21.88 \times 15 \times 5}{22.47 \times 2 \times 1000} = 2.19 (m)$$

$H = 0.4 + 0.1 + 0.2 + 0.7 + 0.5 + 0.41 + 2.19 + 0.2 + 0.1 = 4.80 (m)$。

（3）进水系统　共 4 组，每组两格，每格的流量为 $Q_滤 = 1.05 \times 4 \times 10^4 / 8 = 5250 (m^3/d) = 218.75 m^3/h = 0.061 m^3/s$

① 进水分配箱。进水分配箱过流面积 $A_f = \dfrac{Q_滤}{v_f}$

式中　v_f——进水分配箱内流速，m/s，设计中取 $v_f = 0.05 m/s$。

$$A_f = \frac{0.061}{0.05} = 1.22 (m^2)$$

设计中选进水分配箱尺寸按 $B \times L = 1.2 m \times 1.2 m$。

② 进水管。每格滤池的进水量为 $218.75 m^3/h$，选择 $DN400$ 的进水管，管内流速 $v_1 = 0.48 m/s$，水力坡降为 0.95‰。

$$进水管水头损失: h = il + (\xi_1 + 3\xi_2 + \xi_3 + \xi_4) \frac{v^2}{2g}$$

式中　i——水力坡降；

ξ_1——进口局部阻力系数；

ξ_2——90°弯头局部阻力系数；

ξ_3——三通局部阻力系数；

ξ_4——出口局部阻力系数。

设计中取 $l = 15m$，$\xi_1 = 0.5$，$\xi_2 = 0.87$，$\xi_3 = 1.5$，$\xi_4 = 1.0$

$$h = 0.00095 \times 15 + (0.5 + 3 \times 0.87 + 1.5 + 1.0) \frac{0.48^2}{2 \times 9.8} = 0.08 (m)$$

滤池的出水管选用与进水管相同的管径。

（4）控制标高　假设地面标高为 0.00，排水井堰口标高采用 $-0.7m$，滤池底板入土埋深采用 0.5m。

① 滤池出水口高程：$H_1 = H - h_{10} - h_8$

式中　H_1——冲洗水箱水位（即滤池出水口高程），m；

h_{10}——滤池底板入土埋深，m。

设计中取 $h_{10} = 0.5m$，$h_8 = 0.2m$，已经求得滤池的总高度为 4.80m

$$H_1 = 4.80 - 0.5 - 0.2 = 4.10 (m)$$

② 虹吸辅助管管口高程：$H_2 = H_1 + h_{11}$

式中　h_{11}——期终允许水头损失，m，设计中取 $h_{11} = 1.7m$。

$$H_2 = 4.10 + 1.7 = 5.80 (m)$$

③ 进水分配箱堰顶高程：$H_3 = H_2 + h + h_{12}$

式中　H_3——进水分配箱堰顶高程，m；

h_{12}——安全系数，m，设计中取 $h_{12} = 0.12m$。

$$H_3 = 5.8 + 0.08 + 0.12 = 6 (m)$$

④ 进水分配箱箱底高程：$H_4 = H_2 - 0.5 = 5.8 - 0.5 = 5.3$ （m）

式中，0.5 为最小淹没深度，m。

（5）水头损失

① 虹吸管的流量与管径。反冲洗时通过虹吸管的流量 $Q_k (m^3/s) = Q_c + Q_j$

$$反冲洗水量 Q_c (m^3/s) = q \times f_1$$

式中 Q_j——单格滤池的进水量，m^3/s；

　　　q——反冲洗强度，$L/(m^2 \cdot s)$，一般采用 $15L/(m^2 \cdot s)$。

设计中取 $q = 15L/(m^2 \cdot s)$

$$Q_c = 15 \times 21.88 = 328.2(L/s) = 1181.52 m^3/h = 0.3282 m^3/s$$

又因重力式无阀滤池在反冲洗时不停止进水，固有 $Q_j = 218.75 m^3/h$

$$Q_k = 1181.52 + 218.75 = 1400(m^3/h) = 0.389 m^3/s$$

设计中的管段流速 v 与水力坡降 i 计算如下。

a. 虹吸上升管。管长 $L_{虹上}$ 为 6.0m，管径 $d_{虹上}$ 取 $DN500$，管中流速：

$$v_{虹上} = 4Q_{虹}/(\pi d_{虹上}^2) = 4 \times 0.389/(3.14 \times 0.5^2) = 1.98(m/s)$$

水力坡度：$i_{虹上} = 0.00107 v_{虹上}^2 / d_{虹上}^{1.3} = 0.00107 \times 1.98^2/0.5^{1.3} \approx 0.010 = 10‰$

流量为反冲洗水量 Q_c 时，管内流速 $v_3 = 1.67 m/s$。

b. 虹吸下降管。管长 $L_{虹下}$ 为 7.0m，管径 $d_{虹下}$ 取 $DN450$，管中流速：

$$v_{虹下} = 4Q_{虹}/(\pi d_{虹下}^2) = 4 \times 0.389/(3.14 \times 0.45^2) = 2.45(m/s)$$

水力坡度：$i_{虹下} = 0.00107 v_{虹下}^2 / d_{虹下}^{1.3} = 0.00107 \times 2.45^2/0.5^{1.3} \approx 0.018 = 18‰$

c. 三角形连通管。连通管长度 $L_{连}$ 为 1.6m，共 4 根，直角边长 0.40m，斜边长 0.566m。

反冲洗时流速：

$$v_{连} = Q_冲/(4f_2) = 0.3282/(4 \times 0.08) = 1.03(m/s)$$

水力半径 $R = \omega/\chi$，式中，ω 为过水断面面积，χ 为湿周。

$$R = \omega/\chi = 0.08/(0.4 + 0.4 + 0.566) = 0.0586(m)$$

水力坡度 $i = n^2 v^2/R^{4/3}$，式中，n 为混凝土粗糙系数，一般取 $n = 0.015$，v 为水流速度。

混凝土粗糙系数 $n = 0.015$，水力坡度：

$$i_{连} = n^2 v_{连}^2/R^{4/3} = 0.015^2 \times 1.03^2/0.059^{4/3} \approx 0.00946 = 9.46‰$$

② 反冲洗时的沿程水头损失。沿程水头损失包括水流经过三角形连通管、虹吸上升管和虹吸下降管时的水头损失。

$$h_1 = i_1 l_1 + i_s l_s + i_j l_j$$

式中 i_1——三角形连通管的水力坡降；

　　　l_1——三角形连通管的深度，m，$l_1 = h_2 + h_3 + h_4 + h_5 + h_6$；

　　　i_s——虹吸上升管的水力坡降；

　　　l_s——虹吸上升管的长度，m；

　　　i_j——虹吸下降管的水力坡降；

　　　l_j——虹吸下降管的长度，m。

设计中取 $l_1 = 1.91m$，$l_s = 6m$，$l_j = 7m$，则，$h_1 = 0.00946 \times 1.91 + 0.01 \times 6 + 0.0180 \times 7 = 0.20(m)$

③ 反冲洗时的局部水头损失

$$h_\xi = (\xi_5 + \xi_6)\frac{v_2^2}{2g} + \xi_7 \frac{v_3^2}{2g} + (\xi_8 + \xi_9 + \xi_{10})\frac{v_s^2}{2g} + (\xi_{11} + \xi_{12})\frac{v_j^2}{2g} + 0.05$$

式中 ξ_5——三角形连通管入口局部阻力系数；

ξ_6——三角形连通管出口局部阻力系数；

ξ_7——上升管入口局部阻力系数；

ξ_8——上升管三通局部阻力系数；

ξ_9——60°弯头局部阻力系数；

ξ_{10}——120°弯头局部阻力系数；

ξ_{11}——下降管渐缩局部阻力系数；

ξ_{12}——下降管出口局部阻力系数；

v_2——三角形连通管管内流速，m/s；

v_3——上升管中仅有反冲洗水量 Q_c 部分管段内流速，m/s；

v_s——虹吸上升管管内流速，m/s；

v_j——虹吸下降管管内流速，m/s；

0.05——当水板的水头损失，m。

设计中取 $\xi_5 = 0.5$，$\xi_6 = 1.0$，$\xi_7 = 0.5$，$\xi_8 = 0.1$，$\xi_9 = 0.83$，$\xi_{10} = 1.13$，$\xi_{11} = 0.17$，$\xi_{12} = 1.0$，

$$h_\xi = (0.5 + 1.0)\frac{1.03^2}{2g} + 0.05 + 0.5 \times \frac{1.67^2}{2g} + (0.1 + 0.83 + 1.13)\frac{1.98^2}{2g} + (0.17 + 1.0)\frac{2.45^2}{2g}$$
$$= 0.0811 + 0.05 + 0.071 + 0.412 + 0.357 = 0.97(\text{m})$$

④ 其他水头损失。其他水头损失包括中阻力配水系统、承托层及滤层的水头损失之和。

其他各项水头损失总和 $h_{其他} = h_{配水} + h_{滤料} + h_{承托}$

$$h_{滤料} = \left(\frac{\rho_1}{\rho_2} - 1\right)(1 - m_0)h_4$$

$$h_{承托} = 0.022h_3 q$$

式中　$h_{配水}$——配水系统水头损失，m；

$h_{滤料}$——滤料层水头损失，m；

$h_{承托}$——承托层水头损失，m；

ρ_1——滤料的密度，kg/m³；

ρ_2——水的密度，kg/m³；

m_0——滤料层膨胀前的孔隙率；

h_4——滤料膨胀前的厚度，m。

设计中取 $\rho_1 = 2650\text{kg/m}^3$，$\rho_2 = 1000\text{kg/m}^3$，$m_0 = 0.41$，$h_4 = 0.7\text{m}$，$h_3 = 0.2\text{m}$

$$h_{滤料} = \left(\frac{2.65 \times 10^3}{10^3} - 1\right) \times (1 - 0.41) \times 0.7 = 0.68(\text{m})$$

$$h_{承托} = 0.022 \times 0.2 \times 15 = 0.066(\text{m})$$

配水系统采用短柄滤头，其水头损失取 0.3m

$$h_{其他} = 0.3 + 0.68 + 0.066 = 1.05(\text{m})$$

⑤ 总水头损失：$h_{总} = h_1 + h_\xi + h_{其他}$

如前计算，反冲洗时的沿程水头损失 $h_1 = 0.20\text{m}$，局部水头损失 $h_\xi = 0.97\text{m}$，其他水头损失 $h_{其他} = 1.05\text{m}$

$$h_{总} = 0.20 + 0.97 + 1.05 = 2.22(\text{m})$$

（6）核算

① 冲洗水箱平均水位的高程

$$H_4 = H_1 - \frac{h_7}{2} = 4.10 - \frac{1}{2} \times 2.19 = 3.0(\text{m})$$

② 虹吸水位差：$H_5 = H_4 - H_6$

设计中取排水井堰口标高 H_6 在地面以下 0.7m

$$H_5 = 3.0 - (-0.7) = 3.7(\text{m}) > 2.22\text{m}$$

通过核算可知，虹吸水位差 H_5 大于滤池进行反冲洗时的总水头损失 $h_总$，故反冲洗可以得到保证，且反冲洗强度会略大于设计的强度，此时可通过冲洗强度调节器加以调整。

重力式无阀滤池计算简图如图 8-4 所示。

【例题 8-2】 高密度沉淀池——普通快滤池澄清工艺设施计算

一、已知条件

某矿井水处理厂设计规模 $5 \times 10^4 \text{m}^3/\text{d}$，水厂自用水量系数为 5%。

矿井水在井下水仓停留 4～8h 后，经水泵提升至地面处理。地面处理采用高密度沉淀加普通快滤池过滤工艺。工艺流程为：矿井水→混凝剂（水泵混合）→高密度沉淀→普通快滤池→ClO_2 消毒→回用。

二、设计计算

1. 高密度沉淀池

高密度沉淀池分为 2 组。表面负荷 q 取 $16\text{m}^3/(\text{m}^2 \cdot \text{h})$。斜管结构占用面积 4%。

（1）水量

① 设计水量 $Q_总 = (1 + 5\%)Q = 1.05 \times 50000 = 52500(\text{m}^3/\text{d}) = 2187.5\text{m}^3/\text{h} = 0.61\text{m}^3/\text{s}$

② 采用两组，每组设计流量为：$Q_D = \dfrac{Q_总}{2} = \dfrac{52500}{2} = 26250(\text{m}^3/\text{d}) = 1093.75\text{m}^3/\text{h} = 0.304\text{m}^3/\text{s}$

（2）沉淀部分 为方便排泥，沉淀区下部分安装有中心传动泥渣浓缩机。因此，沉淀区下部为圆形，上部为正方形。沉淀部分由进水区和清水区组成。

① 清水区。沉淀池清水区面积：$F_1 = 1.04\dfrac{Q_D}{q} = 1.04 \times \dfrac{0.304}{16} \times 3600 = 71.14(\text{m}^2)$

清水区宽度 B_1 取 7.9m，则长度 L_1 为：$L_1 = \dfrac{F_1}{B_1} = \dfrac{71.14}{7.9} = 9(\text{m})$

清水区中间出水渠宽度为 0.8m，出水渠壁厚度为 0.2m，清水区总长度：

$$L_2 = 9 + 1.0 + 0.2 \times 2 = 10.4(\text{m})$$

沉淀区平面布置见图 8-5，其中斜管区分为两部分，中间部分为出水渠。斜管区平面尺寸取 $10.4\text{m} \times 7.9\text{m}$，中间出水渠宽度 1.0m，出水渠壁厚为 0.2m。沉淀区长度 $L_沉 = 10.4\text{m}$。

② 进水区。絮凝区来水经淹没式溢流堰向下进入沉淀区的进水区，进水区和沉淀区墙厚 0.5m，进水区宽度为：$B_2 = 10.4 - 7.9 - 0.5 = 2.0(\text{m})$

进水区流速为：$v_j = \dfrac{Q_D}{B_2 L_2} = \dfrac{0.31}{2.0 \times 10.4} = 0.0149(\text{m/s})$

③ 集水槽。采用小矩形出水堰集水槽，堰壁高度 $P = 0.25\text{m}$，堰宽 $b = 0.05\text{m}$。沉淀池

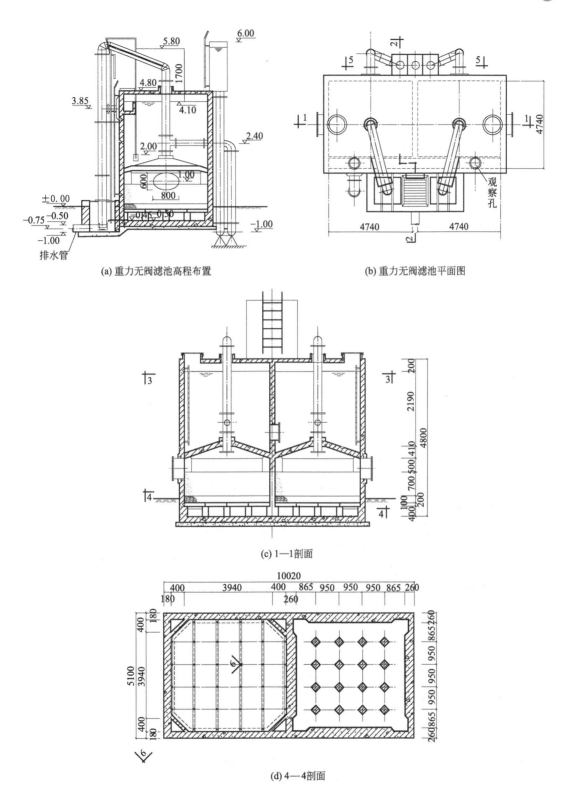

(a) 重力无阀滤池高程布置　　　　(b) 重力无阀滤池平面图

(c) 1—1剖面

(d) 4—4剖面

图 8-4　重力无阀滤池计算简图

布置集水槽 10 个，单个集水槽设矩形堰 40 个，总矩形堰个数 $n = 400$。每个小矩形堰流量 $q = 0.304/400 = 0.00076 (\text{m}^3/\text{s})$。矩形堰有侧壁收缩，流量系数 $m = 0.43$，堰上水头：

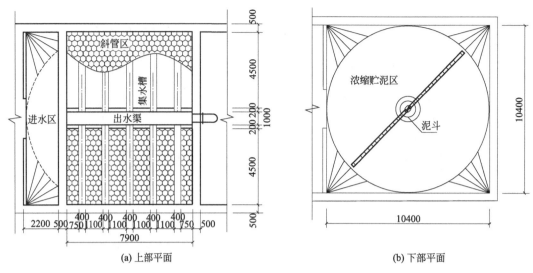

图 8-5　沉淀区平面示意图（单位：mm）

$$H' = \left(\frac{q}{mb\sqrt{2g}}\right)^{2/3} = \left(\frac{0.00078}{0.43 \times 0.06 \times \sqrt{2 \times 9.8}}\right)^{2/3} = 0.035(\text{m})$$

单个集水槽水量 $q' = 0.304/10 = 0.031(\text{m}^3/\text{s})$，集水槽宽取值 $b' = 0.4\text{m}$，末端临界水深：

$$h_k = \left(\frac{q'^2}{gb'^2}\right)^{1/3} = \left(\frac{0.031^2}{9.8 \times 0.4^2}\right)^{1/3} = 0.083(\text{m})$$

集水槽起端水深：$h = 1.73h_k = 1.73 \times 0.083 = 0.144(\text{m})$

集水槽水头损失：$\Delta h = h - h_k = 0.144 - 0.083 = 0.061(\text{m})$

集水槽水位跌落 0.1m，槽深 0.4m。

④ 池体高度。超高 $H_1 = 0.4\text{m}$；根据《室外给排水设计规范》（GB 50013—2006），斜管沉淀池清水区高度 $H_2 = 1.0\text{m}$；斜管倾斜角 60°，斜管长度 0.75m，斜管区高度 $H_3 = 0.75 \times \sin60° = 0.65(\text{m})$；根据 GB 50013—2006 斜管沉淀池布水区高度 $H_4 = 1.5\text{m}$；泥渣回流比 R_1 按设计流量的 2% 计，泥渣浓缩时间 t_n 取 8h，泥渣浓缩区高度为：

$$H_5 = \frac{R_1 Q_D t_n}{F_1} = \frac{0.02 \times 0.304 \times 8 \times 3600}{71.14} \approx 2.5(\text{m})$$

储泥区高度：$H_6 = 0.95\text{m}$，则

沉淀区总高：$H = H_1 + H_2 + H_3 + H_4 + H_5 + H_6 = 0.4 + 1.0 + 0.65 + 1.5 + 2.5 + 0.95 = 7(\text{m})$

⑤ 出水渠。出水渠宽 $B_3 = 0.8\text{m}$，末端流量 $Q_D = 0.304\text{m}^3/\text{s}$，末端临界水深为：

$$h_k = \left(\frac{Q_D^2}{gB_3^2}\right)^{1/3} = \left(\frac{0.304^2}{9.8 \times 0.8^2}\right)^{1/3} = 0.25(\text{m})$$

出水渠起端水深：$h_0 = 1.73h_k = 1.73 \times 0.25 = 0.43(\text{m})$

出水渠上缘与池顶平，水位低于清水区 0.2m，最大水深 0.5m，渠高为

$$H_c = H_1 + 0.2 + 0.5 = 0.4 + 0.2 + 0.5 = 1.1(\text{m})$$

沉淀区剖面见图 8-6。

（3）絮凝区　絮凝区由三个部分组成：一是导流筒内区域，流速较大；二是导流筒外，

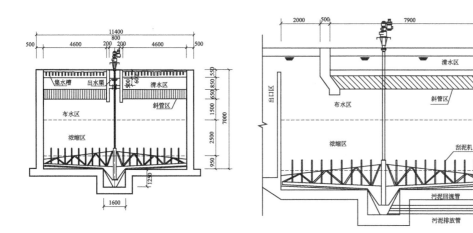

图 8-6　沉淀区剖面示意图

流速适中；三是出口区，流速最小。参照 GB 50013—2006，导流筒内流速控制在 $0.5\sim$ $0.6\mathrm{m/s}$，导流筒外流速控制在 $0.1\sim0.3\mathrm{m/s}$，出口区流速控制在 $0.05\sim0.1\mathrm{m/s}$。

① 絮凝区尺寸。絮凝区水深 $H_7=6\mathrm{m}$，反应时间 $t_2=10\mathrm{min}$，絮凝室面积：

$$F_2=\frac{Q_D t_2}{H_7}=\frac{0.304\times10\times60}{6}=30.4\mathrm{m}^2，取\ 31\mathrm{m}^2。$$

絮凝室分为 2 格，并联工作，每格均为正方形，边长：$B_4=\sqrt{\dfrac{31}{2}}=3.94\mathrm{m}$，取 $4.0\mathrm{m}$。

② 导流筒。絮凝回流比 R_2 取 8，导流筒内设计流量为：

$$Q_n=\frac{1}{2}(R_2+1)Q_D=\frac{1}{2}\times(8+1)\times0.304=1.368(\mathrm{m}^3/\mathrm{s})$$

导流筒内流速 v_1 取 $0.6\mathrm{m/s}$，导流筒直径为：$D_1=\sqrt{\dfrac{4Q_n}{\pi v_1}}=\sqrt{\dfrac{4\times1.368}{\pi\times0.6}}=1.7(\mathrm{m})$

导流筒下部喇叭口高度 $H_8=0.7\mathrm{m}$，角度 $60°$，导流筒下缘直径为：

$$D_2=D_1+2H_8\cot60°=1.7+2\times0.7\times0.577=2.5(\mathrm{m})$$

导流筒以上水平流速 $v_2=0.25\mathrm{m/s}$，导流筒上缘距水面高度为：

$$H_9=\frac{Q_n}{v_2\pi D_1}=\frac{1.368}{0.25\times\pi\times1.7}=1.0(\mathrm{m})$$

导流筒外部喇叭口以上部分面积为：$F_{W1}=B_4^2-\dfrac{\pi D_1^2}{4}=4^2-\dfrac{\pi\times1.7^2}{4}=13.73(\mathrm{m}^2)$

导流筒外部喇叭口以上部分流速：$v_3=\dfrac{Q_n}{F_{W1}}=\dfrac{1.368}{13.73}=0.1(\mathrm{m/s})$

导流筒外部喇叭口下缘部分面积为：$F_{W2}=B_4^2-\dfrac{\pi D_2^2}{4}=4^2-\dfrac{\pi\times2.5^2}{4}=11.09(\mathrm{m}^2)$

导流筒外部喇叭口下缘部分流速：$v_4=\dfrac{Q_n}{F_{W2}}=\dfrac{1.368}{11.09}=0.123(\mathrm{m/s})$

导流筒喇叭口以下部分水平流速 $v_5=0.15\mathrm{m/s}$，导流筒下缘距池底高度：

$$H_{10}=\frac{Q_n}{v_5\pi D_2}=\frac{1.368}{0.15\times\pi\times2.5}=1.2(\mathrm{m})$$

③ 过水洞。每格絮凝室设计流量：$Q_{DG}=\dfrac{Q_D}{2}=\dfrac{0.304}{2}=0.152(\text{m}^3/\text{s})$

絮凝室出口过水洞流速 v_6 取 0.06m/s，过水洞口宽度同絮凝室，高度：

$$H_{11}=\frac{Q_{DG}}{B_4 v_6}=\frac{0.152}{4\times 0.06}=0.63(\text{m})，取 0.7\text{m}。$$

过水洞水头损失：$h=\xi\dfrac{v_6^2}{2g}=1.06\times\dfrac{0.6^2}{2\times 9.81}=0.00019(\text{m})$

④ 出口区。出口区长度同絮凝室宽度，出口区上升流速 $v_7=0.055\text{m/s}$，出口区宽度：

$$B_5=\frac{Q_{DG}}{B_4 v_7}=\frac{0.152}{4\times 0.055}=0.7(\text{m})$$

出口区停留时间：

$$t_3=\frac{B_4 B_5 H_7}{60 Q_{DG}}=\frac{4\times 0.7\times 6}{60\times 0.152}=1.84\text{min}$$

⑤ 出水堰高度。为配水均匀，出口区到沉淀区设一个淹没堰。过堰流 $v_8=0.05\text{m/s}$，堰上水深：$H_{12}=\dfrac{Q_{DG}}{B_4 v_8}=\dfrac{0.152}{4\times 0.05}=0.76(\text{m})\approx 0.8\text{m}$

⑥ 搅拌机。搅拌机提升水量 $Q_T=Q_n=1.368$（m^3/s），提升扬程 $H_T=0.15\text{m}$，搅拌轴功率为：$N_{絮}=\dfrac{Q_T H_T \gamma}{102\eta}=\dfrac{1.368\times 0.15\times 1000}{102\times 0.75}=2.68\text{kW}$

式中，γ 为水的密度，kg/m^3，$\gamma=1000\text{kg/m}^3$。

⑦ 絮凝区 GT 值。絮凝区总停留时间：$T=10+1.84=11.84(\text{min})=710.4\text{s}$

水温按 $10℃$，动力黏度 $\mu=1.305\times 10^{-3}\text{Pa}\cdot\text{s}$。絮凝区 GT 值为：

$$GT=\sqrt{\frac{1000 N_{絮} T}{\mu Q_{DG}}}=\sqrt{\frac{1000\times 12.68\times 710.4}{1.305\times 10^{-3}\times 0.152}}=9.8\times 10^4 < 10^5$$

（4）混合室

① 混合池尺寸。混合池长 $L_3=2.5\text{m}$，宽 $B_6=10.4-4\times 2-0.5\times 2=1.4(\text{m})$，水深 $H_{13}=6.2\text{m}$。

② 停留时间：$t_1=\dfrac{L_3 B_6 H_{12}}{Q_D}=\dfrac{2.5\times 1.4\times 6.2}{0.304}=71(\text{s})\approx 1.19\text{min}$

③ 搅拌机功率。混合室功率 $G=500\text{s}^{-1}$，搅拌机轴功率为：

$$N_{混}=\frac{\mu Q_D t_1 G^2}{1000}=\frac{1.305\times 10^{-3}\times 0.304\times 70\times 500^2}{1000}=6.94(\text{kW})$$

④ 水力计算。出水总管长度 $L_4=1.8\text{m}$，直径 $D_3=0.7\text{m}$，流速为：

$$v_9=\frac{4Q_D}{\pi D_3^2}=\frac{4\times 0.304}{\pi\times 0.7^2}=0.79(\text{m/s})$$

出水总管沿程水头损失：

$$h_{11}=0.000912\frac{v_9^2}{D_3^{1.3}}\left(1+\frac{0.867}{v_9}\right)^{0.3}L_4=0.000912\times\frac{0.79^2}{0.7^{1.3}}\times\left(1+\frac{0.867}{0.79}\right)^{0.3}\times 1.8=0.002(\text{m})$$

出水总管局部水头损失：$h_{12}=(\xi_1+\xi_2)\dfrac{v_9^2}{2g}=(0.5+3.0)\times\dfrac{0.79^2}{2\times 9.8}=0.111(\text{m})$

式中，ξ_1 为出水总管入口系数；ξ_2 为出水总管三通系数。

混合池出水支管 $L_5 = 4.5\text{m}$，直径 $D_4 = 0.7\text{m}$，流速为：$v_{10} = \dfrac{4Q_{DG}}{\pi D_4^2} = \dfrac{4 \times 0.152}{\pi \times 0.7^2} = 0.40\,(\text{m/s})$

出水支管沿程水头损失：

$$h_{21} = 0.000912 \frac{v_{10}^2}{D_4^{1.3}} \left(1 + \frac{0.867}{v_{10}}\right)^{0.3} L_5 = 0.000912 \times \frac{0.4^2}{0.7^{1.3}} \times \left(1 + \frac{0.867}{0.4}\right)^{0.3} \times 4.5 = 0.0015\,(\text{m})$$

出水支管局部水头损失：$h_{22} = (\xi_3 + \xi_4) \dfrac{v_{10}^2}{2g} = (1.02 + 1.0) \times \dfrac{0.4^2}{2 \times 9.8} = 0.016\,(\text{m})$

出水管总水头损失：$h = h_{11} + h_{12} + h_{21} + h_{22} = 0.0022 + 0.111 + 0.0015 + 0.016 = 0.13\,(\text{m})$

絮凝区及混合区的布置见图 8-7。

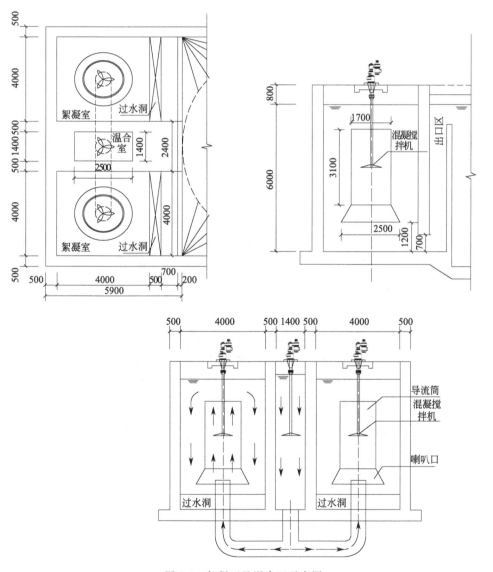

图 8-7　絮凝区及混合区示意图

2. 普通快滤池

(1) 设计参数　设计水量：$Q_总=(1+5\%)Q=1.05\times50000=52500(\text{m}^3/\text{d})=2187.5\text{m}^3/\text{h}=0.61\text{m}^3/\text{s}$

采用 2 组，每组滤池的设计水量为：$Q_D=\dfrac{Q_总}{2}=26250(\text{m}^3/\text{d})=1093.75\text{m}^3/\text{h}=0.304\text{m}^3/\text{s}$

滤速：$v=10\text{m/h}$。

冲洗强度：$14\text{L}/(\text{s}\cdot\text{m}^2)$。

冲洗时间：6min。

(2)设计计算

① 滤池平面尺寸。滤池工作时间为 24h，冲洗周期为 12h，滤池实际工作时间 $T=24-0.1\times\dfrac{24}{12}=23.8(\text{h})$(式中只考虑反冲洗停用时间，不考虑排放初滤水的时间)，滤池面积 $F=\dfrac{Q_D}{vT}=\dfrac{26250}{10\times23.8}=110(\text{m}^2)$。

采用滤池数 $N=6$，布置成对称双行排列，每个滤池的面积 $f=\dfrac{F}{N}=\dfrac{110}{6}=18.4(\text{m}^2)$

采用滤池长宽比：$\dfrac{L}{B}=1.5$ 左右

采用滤池尺寸：$B=3.5\text{m}$，$L=5.3\text{m}$ 实际 $f=18.55\text{m}^2$

校核强制滤速：$v'=\dfrac{Nv}{N-1}=\dfrac{6\times10}{6-1}=12\text{m/h}$

② 滤池高度。支承层高度 H_1 采用 0.45m(0.45~0.50m)；滤料层高度 H_2 采用 0.7m；砂面上的水深 H_3 采用 1.7m(1.5~2.0m)；保护高度 H_4 采用 0.3m(0.25~0.3m)；故滤池总高 $H=H_1+H_2+H_3+H_4=0.45+0.7+1.7+0.3=3.15(\text{m})$

③ 配水系统(参见图 8-8)

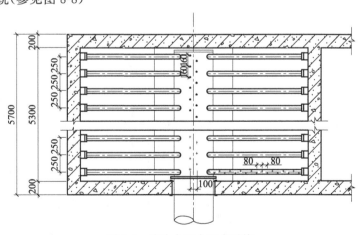

图 8-8　滤池大阻力配水系统

a. 干管：$q_g=fq=14\times3.5\times5.3=259.7(\text{L/s})$

采用管径：$d_g=600\text{mm}$(干管应该埋入池底)

干管始端流速：$v_g=1.0\text{m/s}$

b. 支管

支管中心距离：采用 $a_j = 0.25m$

每池支管数：$n_j = \dfrac{2L}{a_j} = \dfrac{2 \times 5.3}{0.25} = 42$（根）

每根支管的入口流量：$q_j = \dfrac{q_g}{n_j} = \dfrac{259.7}{42} = 6.18$（L/s）

采用管径：$d_j = 70mm$

支管始端流速：$v_j = \dfrac{6.18 \times 4 \times 10^{-3}}{\pi \times 0.06^2} 1.61$（m/s）

c. 孔眼布置。支管孔眼总面积与滤池面积之比 K 采用 0.25%

孔眼总面积：$F_k = Kf = 0.25\% \times 18.4 = 0.05$（m²）$= 50000mm^2$

采用孔眼直径：$d_k = 10mm$

每个孔眼的面积：$f_k = \dfrac{\pi d_k^2}{4} = \dfrac{\pi \times 10^2}{4} = 78.5$（mm²）

孔眼总数：$N_k = \dfrac{F_k}{f_k} = \dfrac{50000}{78.5} = 637$（个）

每根支管的孔眼数：$n_k = \dfrac{N_k}{n_j} = \dfrac{637}{42} \approx 15$（个）

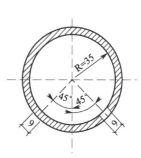

图 8-9　穿孔管剖面

支管孔眼布置成两排，与垂线成 45° 夹角向下交错排列（见图 8-9）。

每根支管的长度：$l_j = \dfrac{1}{2}(B - d_g) = \dfrac{1}{2} \times (3.5 - 0.6) = 1.45$（m）

每排孔眼中心距：$a_k = \dfrac{l_j}{\frac{1}{2}n_k} = \dfrac{1.45}{\frac{1}{2} \times 15} = 0.193$（m）$\approx 0.2m$

孔眼平均流速：$v_0 = qf/(1000n_j n_k f_k) = 14 \times 18.4/(1000 \times 42 \times 15 \times 7.85 \times 10^{-5}) = 5.2$（m/s）

d. 孔眼水头损失

支管壁厚采用：$\delta = 5mm$

流量系数：$\mu = 0.68$

水头损失：$h_k = \dfrac{1}{2g}\left(\dfrac{q}{10\mu K}\right)^2 = \dfrac{1}{2 \times 9.8}\left(\dfrac{14}{10 \times 0.68 \times 0.25}\right)^2 = 3.5$（m）

e. 复算配水系统。支管长度与直径之比不大于 60，则：$\dfrac{l_j}{d_j} = \dfrac{1.45}{0.07} = 20.71 < 60$

孔眼总面积与支管总截面积之比小于 0.5，则：$\dfrac{F_k}{n_j f_j} = \dfrac{0.05}{42 \times 0.785 \times 0.07^2} = 0.31 < 0.5$

干管横截面积与支管总横截面积之比一般为 1.75～2.0，则

$$\dfrac{f_g}{n_j f_j} = \dfrac{0.785 \times 0.6^2}{42 \times 0.785 \times 0.07^2} = 1.75$$

孔眼中心距应小于 0.2，则 $a_k = 0.161m < 0.2m$

④ 冲洗排水槽。排水槽中心距采用 $a_0 = 1.7m$；排水槽根数 $n_0 = \dfrac{3.5}{1.7} \approx 2$（根）；排水槽

长度：$l_0 = L = 5.3$ m。

每槽排水量：$q_0 = q l_0 a_0 = 14 \times 5.3 \times 1.7 = 126.14$ (L/s)

槽长 $l = B = 5.3$ m，槽内流速 v_0 采用 0.6 m/s。排水槽采用三角形槽底断面形式，其末端横断面尺寸：$x = \dfrac{1}{2}\sqrt{\dfrac{q_0}{1000 v_0}} = \dfrac{1}{2} \times \sqrt{\dfrac{126.14}{1000 \times 0.6}} = 0.23$ (m)

排水槽底厚度，采用 $\delta = 0.05$ m；砂层最大膨胀率 $e = 45\%$；砂层厚度 $H_2 = 0.7$ m；则排水槽顶距砂面高度：

$$H_e = e H_2 + 2.5 x + \delta + 0.075 = 0.45 \times 0.7 + 2.5 \times 0.23 + 0.05 + 0.075 = 1.015 \text{(m)}$$

洗砂排水槽总平面面积：

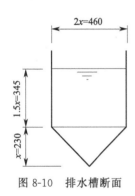

图 8-10　排水槽断面

$$F_0 = 2 x l_0 n_0 = 2 \times 0.23 \times 5.3 \times 2 = 4.88 \text{(m}^2\text{)}$$

复算：排水槽总平面面积与滤池的面积之比：

$$\frac{F_0}{f} = \frac{4.88}{5.3 \times 3.5} = 26\% \approx 25\%$$

槽的断面尺寸见图 8-10，集水渠与排水槽的平面布置见图 8-11。

⑤ 集水渠。集水渠采用矩形断面，渠宽采用 $b = 1.4$ m。

渠始端水深 $H_q = 0.81 \left(\dfrac{fq}{1000b}\right)^{2/3} = 0.81 \times \left(\dfrac{18.55 \times 14}{1000 \times 1.4}\right)^{2/3} = 0.263$ (m)

集水渠底低于排水槽底的高度：$H_m = H_q + 0.2 = 0.263 + 0.2 = 0.463$ (m)

⑥ 滤池各种管渠

a. 进水。进水总流量：$Q_1 = 26250$ m³/d $= 1093.75$ m³/h $= 0.304$ m³/s

采用进水渠断面：渠宽 $B_1 = 0.7$ m，水深 0.6 m。渠中流速取 0.72 m/s。

各个滤池进水管流量：$Q_2 = \dfrac{0.304}{6} = 0.051$ m³/s

采用进水管直径 $D_2 = 300$ mm；管中流速 $v_2 = 0.73$ m/s。

b. 冲洗水。冲洗水总流量：$Q_3 = qf = 14 \times 18.55 = 259.7$ (L/s)

采用管径 $D_3 = 450$ mm；管中流速 $v_3 = 1.63$ m/s。

c. 清水。清水总流量：$Q_4 = Q_1 = 0.304$ m³/s。

清水渠断面：同进水渠断面（便于布置）。

每个滤格清水管流量：$Q_5 = Q_2 = 0.051$ m³/s。

采用管径 $D_5 = 250$ mm；管中流速 $v_5 = 1.06$ m/s。

d. 排水。排水流量：$Q_6 = Q_3 = 0.2597$ m³/s

采用管径 $D_6 = 600$ mm；渠中流速 $v_6 = 0.75$ m/s。

排水渠断面：宽度 $B_2 = 0.7$ m，渠中水深 0.5 m。

⑦ 冲洗水箱。冲洗时间：$t = 6$ min。

冲洗水箱容积：$W = 1.5 q f t = 1.5 \times 14 \times 18.55 \times 6 \times 60 \times 10^{-3} = 140$ (m³)

水箱底至滤池配水管间的沿途及局部损失之和：$h_1 = 1.0$ m

配水系统水头损失：$h_2 = h_k = 3.5$ m

承托层水头损失：$h_3 = 0.022H_1q = 0.022 \times 0.45 \times 14 = 0.14(\text{m})$

滤料层水头损失：$h_4 = \left(\dfrac{\gamma_1}{\gamma} - 1\right)(1 - m_0)H_2 = \left(\dfrac{2.65}{1} - 1\right)(1 - 0.41) \times 0.7 = 0.68(\text{m})$

安全富余水头：采用 $h_5 = 1.5\text{m}$

冲洗水箱底应高出洗砂排水槽面：

$$H_0 = h_1 + h_2 + h_3 + h_4 + h_5 = 1.0 + 3.5 + 0.14 + 0.68 + 1.5 = 6.8(\text{m})$$

普通快滤池总平面如图 8-11 所示。

【例题 8-3】 机械搅拌澄清池——虹吸滤池澄清工艺设施计算

一、已知条件

某矿井水处理厂设计规模 $4.8 \times 10^4 \text{m}^3/\text{d}$，水厂自用水量系数为 5%。

矿井水在井下水仓停留 4~8h 后，经水泵提升至地面处理。工艺流程为：矿井水→混凝剂（水泵混合）→机械搅拌澄清池→虹吸快滤池→ClO_2 消毒→回用。

二、设计计算

1. 机械搅拌澄清池

（1）设计数据　设计水量 $Q_0 = 4.8 \times 10^4 \text{m}^3/\text{d}$。

$$Q = 1.05 \times 4.8 \times 10^4 = 50400(\text{m}^3/\text{d}) = 2100\text{m}^3/\text{h} = 0.583\text{m}^3/\text{s}$$

① 用两个池子，每个池子处理水量：$Q' = \dfrac{Q}{2} = 1050\text{m}^3/\text{h} = 0.292\text{m}^3/\text{s}$

② 机械搅拌澄清池设计计算水量（二絮凝室提升水量）

$$Q'' = 5Q' = 5 \times 1050 = 5250(\text{m}^3/\text{h}) = 1.458\text{m}^3/\text{s}$$

排泥耗水量：$Q_{自} = 0.1Q_{单} = 0.1 \times 0.278 = 0.028\text{m}^3/\text{s}$

③ 停留时间。设计停留时间采用 $t = 90\text{min}$

一二絮凝室停留时间合计 $t_{1,2} = 30\text{min}$

按设计计算水量二絮凝室停留时间 $t_2 = 0.5 \sim 1.0\text{min}$

④ 采用流速。第二反应室及导流室内的流速　$u_1 = 0.04 \sim 0.07\text{m/s}$

分离室上升流速　$u_2 = 0.0008 \sim 0.0011\text{m/s}$

配水三角槽中流速　$u_3 = 0.5 \sim 1.0\text{m/s}$

泥渣回流缝的流速　$u_4 = 0.10 \sim 0.20\text{m/s}$

集水槽槽内流速　$u_5 = 0.4 \sim 0.6\text{m/s}$

（2）池深

① 第二絮凝室（图 8-12）

第二絮凝室内导流板截面积为 $\omega_1' = \dfrac{Q''}{u_1'} = \dfrac{1.458}{0.04} = 36.5(\text{m}^2)$

第二絮凝室上升筒直径为：$D_1 = \sqrt{\dfrac{4(\omega_1 + A_1)}{\pi}}$

$$D_1 = \sqrt{\dfrac{4(\omega_1' + A_1)}{\pi}} = \sqrt{\dfrac{4 \times (36.5 + 0.035)}{3.14}} = 6.82(\text{m})$$

式中，$A_1 = 0.035\text{m}^2$，$u_1' = 0.04\text{m/s}$

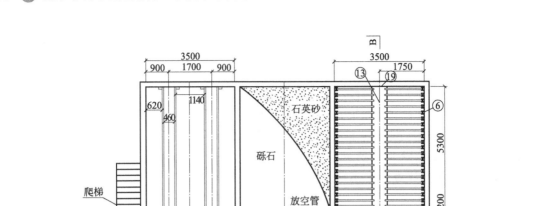

(a) 普通快滤池平面图

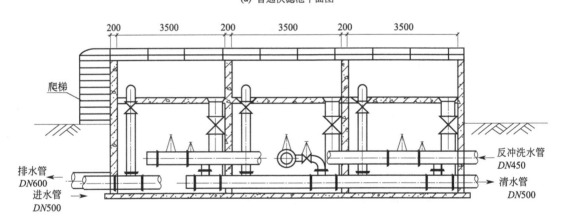

(b) A—A剖面图

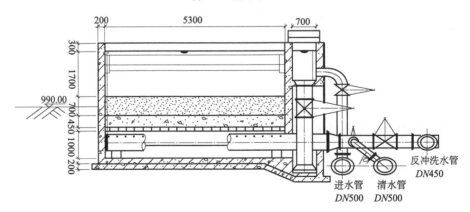

(c) B—B剖面

图 8-11 普通快滤池计算简图

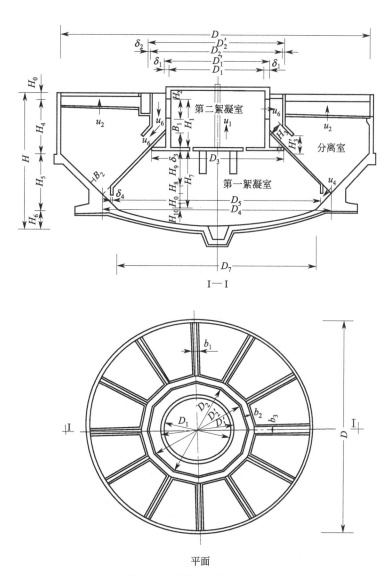

图 8-12　池体尺寸计算示意

设计中取 $D_1 = 6.8\text{m}$

实际截面积 $\omega_1 = \dfrac{\pi D_1^2}{4} = \dfrac{3.14 \times 6.8^2}{4} \approx 36.3 (\text{m}^2)$

实际上升流速 $u_1 = \dfrac{Q''}{\omega_1} = \dfrac{1.458}{36.3} \approx 0.04 (\text{m/s})$

上升筒壁厚取 $\delta_1 = 0.25\text{m}$

第二絮凝室外径为：$D_{1外} = D_1 + 2\delta_1 = 6.8 + 2 \times 0.25 = 7.30$（m）

导流筒中导流板块数及面积与第二絮凝室一样，即 $A_2 = A_1 = 0.035\text{m}^2$

第二絮凝室上升流速与导流筒下降流速取值相同，则导流筒面积为：$\omega_2' = \omega_1' = 36.5(\text{m}^2)$

导流筒内径为：$D_2 = \sqrt{\dfrac{4\left(\dfrac{4\pi D_{1外}^2}{4} + \omega_2' + A_2\right)}{\pi}}$

$$D_2 = \sqrt{\frac{4\left(\frac{4\pi D_{1外}^2}{4} + \omega_2' + A_2\right)}{\pi}} = \sqrt{\frac{4\left(\frac{4 \times 3.14 \times 7.30^2}{4} + 36.5 + 0.035\right)}{\pi}} = 9.99(\text{m})$$

设计取 $D_2 = 10\text{m}$。

导流筒下降流速为：$u_下 = \dfrac{4Q''}{\pi(D_2^2 - D_{1外}^2) - 4A_2} = \dfrac{4 \times 1.458}{\pi(10^2 - 7.3^2) - 4 \times 0.035} = 0.040(\text{m/s})$

设计采用导流筒壁厚 $\delta_2 = 0.1\text{m}$

导流筒外径：$D_{2外} = D_2 + 2\delta_2 = 10 + 2 \times 0.1 = 10.20(\text{m})$

② 分离室。分离室截面积 $\omega_3 = \dfrac{Q'}{u_2}$

池子总面积 $\omega = \omega_3 + \dfrac{\pi D_{2外}^2}{4}$

池直径 $D = \sqrt{\dfrac{4\omega}{\pi}}$

分离室面积：$\omega_3' = \dfrac{Q'}{u_2} = \dfrac{0.292}{0.001} = 292(\text{m}^2)$

池子总面积为：$\omega' = \omega_3' + \dfrac{\pi D_2'^2}{4} = 292 + \dfrac{3.14 \times 10.2^2}{4} = 373.713(\text{m}^2)$

池子直径为：$D' = \sqrt{\dfrac{4\omega'}{\pi}} = \sqrt{\dfrac{4 \times 373.713}{3.14}} = 21.8(\text{m}^2)$

设计取用池子直径 $D = 21.8\text{m}$。

分离室实际上升流速为：$u_分 = \dfrac{4Q'}{\pi(D^2 - D_{2外}^2)} = \dfrac{4 \times 0.292}{\pi(21.8^2 - 10.2^2)} = 0.001(\text{m/s})$

③ 池深。池中总停留时间 t' 为 1.5h。

池子总有效容积 $V_有' = Q't' = 1050 \times 1.5 = 1575(\text{m}^3)$

设池内部结构体积按 4% 有效容积计入，则 $V_结' = 0.04V' = 0.04 \times 1575 = 63(\text{m}^3)$。

设计池子总容积见图 8-13。

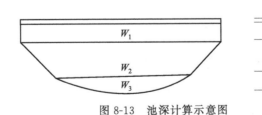

图 8-13 池深计算示意图

$$V_总 = V_净 + V_有$$

式中　$V_总$——池子计算容积，m^3；

　　　$V_净$——池净容积，m^3；

　　　$V_有$——池内部结构所占容积，m^3。

$$V_总 = V_净 + V_有 = 1575 + 63 = 1638(\text{m}^3)$$

设计采用池子直壁高度为　$H_4 = 1.55\text{m}$

池子保护高度采用　$H_0 = 0.3 \text{m}$

池子直壁部分体积为：$V_直 = \dfrac{\pi D^2 H_4}{4}$

$$V_直 = \frac{\pi D^2 H_4}{4} = \frac{3.14 \times 21.8^2 \times 1.55}{4} = 578.54 (\text{m}^3)$$

圆台和球冠体积为：$V_{圆台} + V_{球冠} = V_总 - V_直 = 1638 - 578.54 \approx 1059 (\text{m}^3)$

池底边坡为 $45°$，则池底半径为：$r = R_1 - H_5' = \dfrac{D}{2} - H_5' = \dfrac{21.8}{2} - H_5' = 10.9 - H_5'$

将上式代入圆台体积计算公式：$W = \dfrac{\pi H_5' (R^2 + Rr + r^2)}{3}$

式中　W——圆台容积；

$\quad\quad H_5$——圆台高度；

$\quad\quad R$——池子半径；

$\quad\quad r$——池底半径。

则有：

$$1059 = \frac{3.14 \times H_5' [10.9^2 + 10.9 \times (10.9 - H_5') + (10.9 - H_5')^2]}{3}$$

整理得　$H_5'^3 - 32.7 H_5'^2 + 356.43 H_5' - 1011.71 = 0$

计算得　$H_5' = 4.33 \text{m}$

设计取用　$H_5' = 4.20 \text{m}$。

圆台下底直径为：$D_T = 2r = D - 2H_5 = 21.8 - 2 \times 4.2 = 13.4 (\text{m})$

实际圆台体积为：

$$V_{圆台} = \frac{\pi H_5 (R_1^2 + Rr + r^2)}{3} = \frac{3.14 \times 4.2 \times \left[10.9^2 + 10.9 \times \dfrac{13.4}{2} + \left(\dfrac{13.4}{2}\right)^2\right]}{3} = 1041.19 (\text{m}^3)$$

设计取用球冠高度为：$H_6 = 1.15 \text{m}$

球冠半径为：$R_2 = \dfrac{(D_T^2 - 4 H_6^2)}{8 H_6} = \dfrac{13.4^2 - 4 \times 1.15^2}{8 \times 1.15} = 20.09 (\text{m})$

球冠体积为：$V_{球冠} = \pi H_6^2 \left(R_2 - \dfrac{H_6}{3}\right) = 3.14 \times 1.15^2 \times \left(20.09 - \dfrac{1.15}{3}\right) = 81.88 (\text{m}^3)$

池总容积为：$V = V_直 + V_{圆台} + V_{球冠} = 578.54 + 1041.19 + 81.88 = 1701.61 (\text{m}^3)$

池有效容积为：$V_有 = \dfrac{V}{1.04} = \dfrac{1701.61}{1.04} \approx 1636 (\text{m}^3)$

实际总停留时间：$t = \dfrac{V_有 t'}{V_有'} = \dfrac{1636.16 \times 1.5}{1575} = 1.55 (\text{h})$

池子总高度：$H = H_0 + H_4 + H_5 + H_6 = 0.3 + 1.55 + 4.2 + 1.15 = 7.2 (\text{m})$

（3）各部尺寸

① 第二絮凝室高度：$\quad\quad\quad H_1 = \dfrac{Q'' t_2}{\omega_1}$

式中　t_2——第二絮凝室内停留时间，s，$t_2 = 30 \sim 60 \text{s}$。

$$H_1' = \frac{Q'' t_2'}{\omega_1} = \frac{1.458 \times 60}{36.3} = 2.41 (\text{m})$$

考虑到斜壁高 H_2、斜撑、B_1 等的影响，将 H_1 取为 2.75m。

第二絮凝室实际停留时间：$t_2 = \dfrac{H_1 \omega_1}{Q''} = \dfrac{2.75 \times 36.3}{1.458} \approx 68(\text{s})$

② 第二絮凝室出水窗高度：$H_2 = \dfrac{D_2 - D_{1外}}{2}$

式中　D_2——导流室内径，m；

$D_{1外}$——第二絮凝室外径，m。

$$H_2' = \frac{D_2 - D_{1外}}{2} = \frac{10 - 7.3}{2} = 1.35(\text{m})$$

设计取 $H_2 = 1.2$m。

实际折流流速为：

$$u_折 = \cfrac{Q''}{\left\{ H_2 \left[\dfrac{\pi(D_{1外} + D_1)}{2} - 0.25 \times 12 \right] \right\}}$$

$$= \cfrac{1.458}{\left\{ 1.2 \left[\dfrac{3.14(7.3 + 6.8)}{2} - 0.25 \times 12 \right] \right\}}$$

$$= 0.063(\text{m/s})$$

式中　0.25——内立柱宽度；

12——内立柱根数。

③ 第二絮凝室出口宽

出口面积：$A_3 = \dfrac{Q''}{u_折'} = \dfrac{1.458}{0.04} = 36.45(\text{m}^2)$

出口宽度：$H_3 = \dfrac{2A_3}{\pi(D_2 + D_{1外})} = \dfrac{2 \times 36.45}{\pi(10 + 7.3)} = 1.34(\text{m})$

设计采用出口宽度为：$H_3 = 1.1$m

实际折流流速为：$u_折 = \dfrac{2Q''}{\pi H_3 \dfrac{(D_{1外} + D_1)}{2}} = \dfrac{2 \times 1.458}{3.14 \times 1.1 \times \dfrac{(10 + 7.3)}{2}} = 0.049(\text{m/s})$

出口垂直高度为：$H_3'' = \sqrt{2} H_3 = \sqrt{2} \times 1.1 = 1.56(\text{m})$

④ 配水三角槽设计计算

三角槽直角边长为：$B_1' = \sqrt{\dfrac{1.10Q'}{u_3'}} = \sqrt{\dfrac{1.10 \times 0.292}{0.5}} = 0.8(\text{m})$

式中，1.10 的系数表示考虑 10% 排泥用水量。

设计采用 $B_1 = 0.9$m。

槽中实际流速为：$u_3 = \dfrac{1.10 \times Q'}{B_1^2} = \dfrac{1.10 \times 0.292}{0.9^2} = 0.39(\text{m/s})$

配水槽出水孔计算如下。

出水孔面积：$f' = \dfrac{1.10 \times Q'}{u_孔'} = \dfrac{1.10 \times 0.292}{0.5} = 0.64(\text{m}^2)$

式中，$u_孔'$ 为配水三角槽出水孔流速，$u_孔 = 0.5 \sim 1.0$m/s。

设计采用 $D_{孔}=100mm$ 的出水孔，则出水孔数为：$n'=\dfrac{f'}{\dfrac{\pi D_{孔}^2}{4}}=\dfrac{4\times0.64}{3.14\times0.1^2}\approx81.41$（个）

为施工方便，采用沿三角槽周长每 $4.5°$（平面中心角）设置一孔，$n_{孔}=80$ 孔。

出水孔流速为：$u_{孔}=\dfrac{1.10Q'}{\dfrac{\pi D_{孔}^2}{4}n_{孔}}=\dfrac{4\times1.10\times0.292}{3.14\times0.1^2\times80}=0.51$（m/s）

⑤ 第一絮凝室设计计算。设计采用第二絮凝室底板厚度为 $\delta_3=0.2m$，则第一絮凝室上端直径为：

$$D_3=D_{1外}+2B_1+2\delta_3=7.3+2\times0.9+2\times0.2=9.5\text{（m）}$$

第一絮凝室高度为：

$$H_7=H_4+H_5-H_1-\delta_3=1.55+4.2-2.75-0.2=2.8\text{（m）}$$

伞形板延长线与池壁交点处直径：$D_4=\dfrac{D_T+D_3}{2}+H_7=\dfrac{13.4+9.5}{2}+2.8=14.25\text{（m）}$

回流缝宽度：$B_2'=\dfrac{4Q'}{\pi D_4 u_4'}=\dfrac{4\times0.292}{3.14\times14.25\times0.15}=0.17\text{（m）}$

式中，u_4' 为伞形板泥渣回流流速，$u_4'=0.1\sim0.2m/s$。

设计采用 $B_2=0.20m/s$。

回流缝实际流速：$u_4=\dfrac{4Q'}{\pi D_4 B_2}=\dfrac{4\times0.292}{3.14\times14.25\times0.2}=0.13\text{（m/s）}$

裙板厚度采用 $\delta_4=0.06m$。

伞形板下边缘直径为：$D_5=D_4-2(\sqrt{2}B_2+\delta_4)=14.25-2\times(\sqrt{2}\times0.2+0.06)=13.56\text{（m）}$

按等腰三角形计算可得：$H_8=D_4-D_5=14.25-13.56=0.69\text{（m）}$

$$H_{10}'=\dfrac{D_5-D_T}{2}=\dfrac{13.56-13.4}{2}=0.08\text{（m）}$$

$$H_9'=H_7-H_8-H_{10}=2.8-0.69-0.08=2.03\text{（m）}$$

设计采用　$H_{10}=0.06m$，$H_9=2.05m$。

（4）池子容积　第一絮凝室容积

$$V_1=\dfrac{\pi H_9}{12}(D_3^2+D_3 D_5+D_5^2)+\dfrac{\pi D_5^2}{4}H_8+\dfrac{\pi H_{10}}{12}(D_5^2+D_5 D_T+D_T^2)+V_{球冠}$$

$$=\dfrac{3.14\times2.05\times(9.5^2+9.5\times13.56+13.56^2)}{12}+\dfrac{3.14\times13.56\times0.69}{4}+$$

$$\dfrac{3.14\times0.06\times(13.56^2+13.56\times13.4+13.4^2)}{12}+81.88$$

$$=406\text{（m}^3\text{）}$$

第二反应室加导流室容积

$$V_2=\dfrac{\pi}{4}D_1^2 H_1+\dfrac{\pi}{4}(D_2^2-D_{1外}^2)\times\left(H_1-\dfrac{H_3''}{2}\right)$$

$$=\dfrac{3.14}{4}\times6.8^2\times2.75+\dfrac{3.14}{4}\times(10^2-7.3^2)\times\left(2.75-\dfrac{1.56}{2}\right)$$

$$=172\text{（m}^3\text{）}$$

分离室容积：

$$V_分 = V_有 - V_1 - V_2 = 1636.16 - 406 - 172 \approx 1057$$

则实际各室容积比为：二絮凝室：一絮凝室：分离室 = 172.14：406.34：1057 = 1：2.36：6.14

水在各室停留时间计算如下。

第二絮凝室　$t_2 = \dfrac{t'V_2}{V'_有} = \dfrac{90 \times 172}{1575} = 9.84(\text{min})$

第一絮凝室　$t_1 = 2.36 t_2 = 2.36 \times 9.84 = 23.22(\text{min})$

分离室　$t_3 = 6.14 t_2 = 6.14 \times 9.84 = 60.42(\text{min})$

第二絮凝室与第一絮凝室停留时间之总和：$t_1 + t_2 = 23.22 + 9.84 = 33.06(\text{min})$

总停留时间为：$t = t_1 + t_2 + t_3 = 23.22 + 9.84 + 60.42 = 93.48(\text{min})$

（5）进出水系统

① 进水管。进水管直径采用 $d_进 = 700\text{mm}$

进水管实际流速为 $u_进 = 0.83\text{m/s}$

加斜板后进水管流速为：$u_进 = \dfrac{4 \times 2 \times 1.1 Q'}{\pi d_进^2} = \dfrac{4 \times 2 \times 1.1 \times 0.292}{3.14 \times 0.7^2} = 1.66(\text{m/s})$

出水管采用 $DN700$ 钢管。

② 集水系统。因本池池径较大，设计采用辐射式集水槽和环形集水槽集水。根据要求考虑加装斜管可能，所以对集水系统按设计水量计算外，还以 $2Q$ 进行校核，决定槽断面尺寸。

设计时辐射槽、环形槽、总出水槽之间按水面连接考虑，见图 8-14。

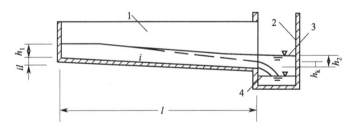

图 8-14　辐射槽计算示意图

1—辐射集水槽；2—环形集水槽；3—淹没出流；4—自由出流

a. 辐射集水槽。全池共 16 根，每槽中流量为：$q_辐 = \dfrac{0.292}{16} = 0.0183(\text{m}^3/\text{s})$

设辐射槽宽 $b_1 = 0.25\text{m}$，槽内水流流速为 $u_{51} = 0.4\text{m/s}$，槽底坡降 $il = 0.1\text{m}$。

槽内终点水深　　　　　　　　　$h_2 = \dfrac{q}{u_5 b}$

式中　q——槽内流量，m^3/s；

　　　b——槽宽，m。

槽内起点水深　　　　　$h_1 = \sqrt{\dfrac{2h_k^3}{h_2} + \left(h_2 - \dfrac{il}{3}\right)^2} - \dfrac{2}{3}il$

式中　h_k——槽临界水深，m；

　　　i——槽底坡；

l——槽长度，m。

槽内终点水深：$h_2 = \dfrac{q_{辐}}{u_{51}b_1} = \dfrac{0.0183}{0.4 \times 0.25} = 0.183(\text{m})$

槽内起点水深：

$$h_1 = \sqrt{\dfrac{2h_k^3}{h_2} + \left(h_2 - \dfrac{il}{3}\right)^2} - \dfrac{2}{3}il$$

$$= \sqrt{\dfrac{2 \times 0.082^3}{0.183} + \left(0.183 - \dfrac{0.1}{3}\right)^2} - \dfrac{2}{3} \times 0.1$$

$$= \sqrt{0.00597 + 0.0224} - 0.067$$

$$= 0.101(\text{m})$$

式中　　$h_k = \sqrt[3]{\dfrac{q_{辐}^2}{gb}} = \sqrt[3]{\dfrac{0.0183^2}{9.81 \times 0.25^2}} = 0.082(\text{m})$

按 $2q$ 校核，取槽内流速 $u_{51}' = 0.6\text{m/s}$

$h_2 = \dfrac{2 \times 0.0183}{0.4 \times 0.25} = 0.366$

$h_k = \sqrt[3]{\dfrac{(2q)^2}{gb}} = \sqrt[3]{\dfrac{0.0366^2}{9.81 \times 0.25^2}} = 0.13(\text{m})$

$h_1 = \sqrt{\dfrac{2h_k^3}{h_2} + \left(h_2 - \dfrac{il}{3}\right)^2} - \dfrac{2}{3}il$

$\quad = \sqrt{\dfrac{2 \times 0.13^3}{0.366} + \left(0.366 - \dfrac{0.1}{3}\right)^2} - \dfrac{2}{3} \times 0.1$

$\quad = 0.283(\text{m})$

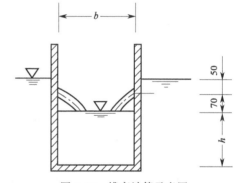

图 8-15　槽高计算示意图

　　设计取槽内起点水深为 0.20m，槽内终点水深为 0.30m，孔口出流孔口前水位 0.05m，孔口出流跌落 0.07m，槽超高 0.2m，见图 8-15。

　　槽起点断面高为 $0.20 + 0.07 + 0.05 + 0.20 = 0.52$

　　槽终点断面高为 $0.30 + 0.07 + 0.05 + 0.20 = 0.62$

　　b. 环形集水槽 $q_{环} = \dfrac{0.292}{2} = 0.146(\text{m}^3/\text{s})$，取 $u_{52} = 0.6\text{m/s}$。

　　槽宽 $b_2 = 0.55\text{m}$，考虑施工方便槽底取为平底则 $il = 0$

　　槽内终点水深：$h_4 = \dfrac{0.146}{0.6 \times 0.55} = 0.442(\text{m})$

　　槽内起点水深：$h_3 = \sqrt{\dfrac{2h_k^3}{h_4} + h_4^2}$

$$h_k = \sqrt[3]{\dfrac{q_{环}^2}{gb}} = \sqrt[3]{\dfrac{0.146^2}{9.81 \times 0.55^2}} = 0.193(\text{m})$$

$$h_3 = \sqrt{\dfrac{2h_k^3}{h_4} + h_4^2} = \sqrt{\dfrac{2 \times 0.193^3}{0.442} + 0.442^2} = 0.48(\text{m})$$

流量增加一倍时，设槽内流 $u_{51}' = 0.8\text{m}$

$$h_k = \sqrt[3]{\frac{0.292^2}{9.81 \times 0.55^2}} = 0.306(\text{m})$$

$$h_4' = \frac{0.292}{0.8 \times 0.55} = 0.664(\text{m})$$

$$h_3 = \sqrt{\frac{2h_k^3}{h_4} + h_4^2} = \sqrt{\frac{2 \times 0.306^3}{0.664} + 0.664^2} = 0.726(\text{m})$$

设计取用槽内水深为 0.65m，槽断面高为 $0.6+0.07+0.05+0.30=1.02(\text{m})$（槽超高设定为 0.30m）。

c. 总出水槽。设计流量为 $q_\text{总} = 0.292\text{m}^3/\text{s}$，槽宽 $b_3 = 0.7\text{m}$，总出水槽按矩形渠道计算，槽内水流流速为 $u_{53} = 0.8\text{m/s}$，槽底坡降为 $il = 0.20\text{m}$。

$$槽长\ l = \frac{D - D_{2外}}{2} = \frac{21.8 - 10.2}{2} = 5.8(\text{m})$$

$$槽内终点水深：h_6 = \frac{q_\text{总}}{u_{53}b_3} = \frac{0.292}{0.8 \times 0.7} = 0.521(\text{m})$$

$$n = 0.013, A = \frac{q_环}{u_{53}} = \frac{0.292}{0.8} = 0.365(\text{m}^2)$$

$$R = \frac{A}{\rho} = \frac{0.365}{2 \times 0.521 + 0.7} = 0.2095$$

$$y = 2.5\sqrt{n} - 0.13 - 0.75\sqrt{R}\,(\sqrt{n} - 0.10)$$
$$= 2.5\sqrt{0.013} - 0.13 - 0.75\sqrt{0.2095}\,(\sqrt{0.013} - 0.10)$$
$$= 0.1502$$

$$C = \frac{1}{n}R^y = \frac{1}{0.013} \times 0.2095^{0.1502} = 60.827$$

$$i = \frac{u_{53}^2}{RC^2} = \frac{0.8^2}{0.2095 \times 60.827^2} = 0.00106$$

槽内起点水深：$h_5 = h_6 - il + 0.00106 \times 5.8 = 0.521 - 0.2 + 0.00106 \times 5.8 = 0.327(\text{m})$

流量增加一倍时总出水槽内流量 $Q_\text{总} = 0.584\text{m}^3/\text{s}$，槽宽 $b_3 = 0.7\text{m}$，总出水槽按矩形渠道计算，槽内水流流速为 $u_{53}' = 0.9\text{m/s}$。

$$槽内终点水深：h_6' = \frac{q_\text{总}}{u_{53}'b_3} = \frac{0.584}{0.9 \times 0.7} = 0.93(\text{m})$$

$$n = 0.013, A = \frac{Q_环}{u_{53}'} = \frac{0.584}{0.9} = 0.649\text{m}^2$$

$$R = \frac{A}{\rho} = \frac{0.518}{2 \times 0.93 + 0.7} = 0.25$$

$$y = 2.5\sqrt{n} - 0.13 - 0.75\sqrt{R}\,(\sqrt{n} - 0.10)$$
$$= 2.5\sqrt{0.013} - 0.13 - 0.75\sqrt{0.25}\,(\sqrt{0.013} - 0.10)$$
$$= 0.1497$$

$$C = \frac{1}{n}R^y = \frac{1}{0.013} \times 0.25^{0.1497} = 68.26$$

$$i = \frac{u'^2_{53}}{RC^2} = \frac{0.9^2}{0.25 \times 68.26^2} = 0.000695$$

槽内起点水深：$h'_5 = h'_6 - il + 0.000695 \times 5.8 = 0.93 - 0.2 + 0.000695 \times 5.8 = 0.73$(m)

设计取用槽内起点水深为 0.65m；设计取用槽内终点水深为 0.85m；槽超高定为 0.30m。

按设计流量计算得从辐射起点到总出水槽终点的水面坡降为

$$h = (h_1 + il - h_2) + (h_3 - h_4) + il$$
$$= (0.101 + 0.1 - 0.183) + (0.48 - 0.442) + 0.00106 \times 5.8$$
$$= 0.062(\text{m})$$

d. 辐射集水槽两种集水方式：孔口或三角堰出流。

(a) 孔口出流见图 8-16。

孔口前水位高为 $h_孔 = 0.05$m，流量系数 μ 取为 0.62。

孔口面积：$f_1 = \dfrac{q_辐}{\mu \sqrt{2gh}} = \dfrac{0.0183}{0.62 \sqrt{2 \times 9.81 \times 0.05}} = 0.0298(\text{m}^2)$

在辐射集水槽双侧及环形集水槽外侧预埋 DN25 塑料管作为集水孔，如安装斜板（管）须将塑料管剔除，则集水孔径改为 $d_{孔2} = 32$mm。

每侧孔口数为：$n_{孔1} = \dfrac{2f_1}{\pi d_{孔1}^2} = \dfrac{2 \times 0.0298}{3.14 \times 0.025^2} = 30.35$(个)

安装斜板（管）后，集水孔直径为 $d_{孔2} = 32$mm，孔口总面积为：

$$f_2 = \frac{2q_辐}{\mu \sqrt{2gh}} = \frac{2 \times 0.0183}{0.62 \sqrt{2 \times 9.81 \times 0.05}} = 0.0596(\text{m}^2)$$

每侧孔口数为：$n_{孔2} = \dfrac{2f_2}{\pi d_{孔2}^2} = \dfrac{2 \times 0.0596}{3.14 \times 0.032^2} = 37.05$(个)

设计每侧采用的孔口数：$n_辐 = 35$ 个。

孔口流速：$u_{孔1} = \dfrac{2q_辐}{n_辐 \pi d_{孔1}^2} = \dfrac{2 \times 0.0183}{35 \times 3.14 \times 0.025^2} = 0.53(\text{m/s})$

加装斜板（管）后孔口流速：$u_{孔2} = \dfrac{4q_辐}{n_辐 \pi d_{孔2}^2} = \dfrac{4 \times 0.0183}{35 \times 3.14 \times 0.032^2} = 0.63(\text{m/s})$

(b) 三角堰（90°）集水槽（图 8-17）。采用钢板焊制三角堰集水槽，取堰高 $C = 0.10$m，堰宽 $b = 0.2$m，堰上水头 $h_堰 = 0.05$m。

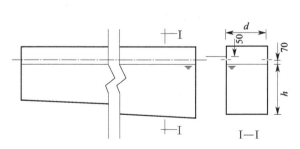

图 8-16　开孔集水槽

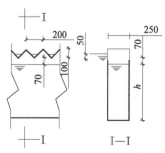

图 8-17　三角堰集水槽（90°）示意

单堰流量：$q_\text{堰}=1.4h_\text{堰}^{2.5}=1.4\times0.05^{2.5}=0.0007826(\text{m}^3/\text{s})$

辐射集水槽每侧三角堰数为：$n_\text{堰}=\dfrac{q_\text{辐}}{2q_\text{堰}}=\dfrac{0.0183}{2\times0.0007826}=11.69(\text{个})$

加设斜板（管）后流量增加一倍，则三角堰数目为：$n'_\text{堰}=\dfrac{q_\text{辐}}{q_\text{堰}}=\dfrac{0.0183}{0.0007826}=23.38(\text{个})$

参照辐射集水槽长度及上述计算，取集水槽每侧三角堰数目为 25 个，则三角堰上水头为：

$$h_\text{堰1}=\left(\frac{q_\text{辐}}{2n_\text{堰}\times1.4}\right)^{0.4}=\left(\frac{0.0183}{2\times25\times1.4}\right)^{0.4}=0.037(\text{m})$$

加设斜板（管）后堰上水头为：$h_\text{堰2}=\left(\dfrac{q_\text{辐}}{2n'_\text{堰}\times1.4}\right)^{0.4}=\left(\dfrac{0.0183}{2\times23.38\times1.4}\right)^{0.4}=0.049(\text{m})$

（6）排泥及放空

① 污泥浓缩室。设污泥浓缩室的容积为池有效容积的 1%，即 $W=1\%~V_\text{有}=1\%\times163.16=16.36(\text{m}^3)$

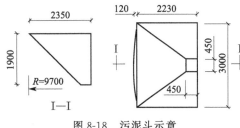

图 8-18　污泥斗示意

池中共设三个斗，每斗容积为：$W_\text{斗}=\dfrac{W}{3}=\dfrac{16.36}{3}=5.45(\text{m}^3)$

设污泥斗上口尺寸为 3.00m×2.35m，下底尺寸为 0.45m×0.45m，见图 8-18。

设计泥斗上缘距圆台体顶面为 1.2m，则

$$R_1=R-1.2=\frac{D}{2}-1.2=\frac{21.8}{2}-1.2=9.7(\text{m})$$

$$h_\text{斗}=R_1-\sqrt{R_1^2-\left(\frac{3}{2}\right)^2}=9.7-\sqrt{9.7^2-\left(\frac{3}{2}\right)^2}=0.12(\text{m})$$

污泥斗上底面积为：$S_\text{上}=2.23\times3.00+2\times3\times\dfrac{H_\text{斗}}{3}=2.23\times3.00+2\times3\times\dfrac{0.12}{3}=6.93(\text{m}^2)$

污泥斗下底面积为：$S_\text{下}=0.45\times0.45=0.2025(\text{m}^2)$

污泥斗容积：

$$W_\text{斗}=\frac{H_\text{斗}}{3}\left(S_\text{上}+S_\text{下}+\sqrt{S_\text{上}\,S_\text{下}}\right)$$

$$=\frac{1.9}{3}\left(6.93+0.2025+\sqrt{6.93\times0.2025}\right)$$

$$=5.27(\text{m}^3)$$

三个斗容积　$5.27\times3=15.81(\text{m}^3)$

实际污泥斗总容积占池有效容积的百分数为：$\dfrac{15.81}{1636.16}\times100\%=0.97\%$

② 排泥计算

a. 排泥周期。根据技术条件，本设计重力排泥时：

进水悬浮物含量 C_0 一般不大于 1000mg/L；出水悬浮物含量 M 一般不大于 10mg/L；污泥含水率 $P=98\%$；浓缩污泥浓度 $\gamma=1.02\text{t}/\text{m}^3$。

排泥周期为：$T_0 = \dfrac{10^4 \times 3W_{斗}(100-P)\gamma}{60(C_0-M)Q''}$，计算结果见表 8-2。

表 8-2　排泥周期

(C_0-M)/(mg/L)	90	190	290	390	490	590	690	790	890	990
T_0/s	204.5	96.9	63.5	47.2	37.6	31.2	26.7	23.3	20.7	18.6

b. 排泥历时。设污泥斗排泥管直径 $DN100$，其断面积 $W''=0.00785\text{m}^3$。

电磁排泥阀适用水压 $h \leqslant 4\text{m}$。

取 $\lambda=0.03$，管长 $l=5\text{m}$。

局部阻力系数为：

进口　$\xi=1\times0.5=0.5$

三通　$\xi=1\times0.1=0.1$

出口　$\xi=1\times1=1$

45°弯头　$\xi=1\times0.4=0.4$

闸阀　$\xi=0.15+4.3=4.45$（闸阀、截止阀各一个）

$\sum\xi=6.45$

流量系数：

$$\mu=\frac{1}{\sqrt{1+\dfrac{\lambda l}{d}+\sum\xi}}=\frac{1}{\sqrt{1+\dfrac{0.03\times5}{0.1}+6.45}}=0.33$$

排泥流量：$q_{排}=\dfrac{\mu\pi d_{泥}^2\sqrt{2gh}}{4}=\dfrac{0.33\times3.14\times0.1^2\times\sqrt{2\times9.81\times4}}{4}=0.0229(\text{m}^3/\text{s})$

排泥历时：$t_0=\dfrac{W_{斗}}{q_{排}}=\dfrac{5.27}{0.0229}=230.13(\text{s})=3.8\text{min}$

③ 放空时间计算。设池底中心排空管直径 $DN250$。

本池开始放空时水头为池运行水位至池底放空管中心高程 H_2'，见图 8-19，$H_1'=5.78\text{m}$，$H_2'=7.33\text{m}$。

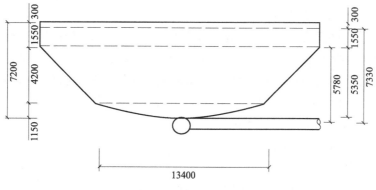

图 8-19　放空时间计算

取 $\lambda=0.03$，管长 $L=15\text{m}$。

局部阻力系数为：

进口　$\xi=1\times0.5=0.5$

三通　$\xi=1\times0.1=0.1$
出口　$\xi=1\times1=1$
闸阀　$\xi=2\times0.2=0.4$（闸阀、截止阀各一个）
　　　$\sum\xi=2.0$

流量系数：

$$\mu=\frac{1}{\sqrt{1+\frac{\lambda l}{d}+\sum\xi}}=\frac{1}{\sqrt{1+\frac{0.03\times15}{0.25}+2.0}}=0.46$$

瞬时排水量：

$$q_{排}=\frac{\mu\pi d_{放}^2\sqrt{2gh_2'}}{4}=\frac{0.46\times3.14\times0.25^2\times\sqrt{2\times9.81\times7.33}}{4}=0.271(\text{m}^3/\text{s})$$

放空时间

$$t=t_1+t_2=2k_1\left(\sqrt{H_2'}-\sqrt{H_1'}\right)+2k_2\left(D_T^2\sqrt{H_2'}+4D_T\sqrt[3]{H_1'}\frac{\cot\alpha}{3}+4\sqrt[5]{H_1'}\frac{\cot\alpha}{5}\right)$$

式中：

$$k_1=\frac{D^2}{\mu d_{空}^2\sqrt{2g}}=\frac{21.8^2}{0.46\times0.25^2\times\sqrt{2\times9.81}}=3733.77$$

$$k_2=\frac{1}{\mu d_{空}^2\sqrt{2g}}=\frac{21.8^2}{0.46\times0.25^2\times\sqrt{2\times9.81}}=7.86$$

$$\alpha=45,\ \cot\alpha=1$$

所以，

$$t=t_1+t_2$$

$$=2k_1\left(\sqrt{H_2'}-\sqrt{H_1'}\right)+2k_2\left(D_T^2\sqrt{H_2'}+4D_T\sqrt[3]{H_1'}\frac{\cot\alpha}{3}+4\sqrt[5]{H_1'}\frac{\cot\alpha}{5}\right)$$

$$=23733.77\times\left(\sqrt{7.33}-5.78\right)+2\times7.86\times$$

$$\left(13.4^2\sqrt{7.33}+4\times13.4\times\sqrt[3]{5.78}\times1+4\times\sqrt[5]{5.78}\times\frac{1}{5}\right)$$

$$=13968(\text{s})=3.88\text{h}$$

（7）机械搅拌　主要设计数据：叶轮外径为池径的0.15～0.2倍；叶轮的提升水头 $H_{提}=0.05$m；叶轮外缘的线速度 $v_1=0.5\sim1.5$m/s；叶轮计算系数 $K=3.0$；搅拌叶轮外缘线速度 $v_2=0.33\sim1.0$m/s；搅拌叶轮高度均为一絮凝室高度的1/3；搅拌叶片数6～10片。

① 提升叶轮设计计算。取叶轮直径 $d_1=3.5$m。

叶轮直径为池外径的 $3.5/21.8=0.16$ 倍

$$叶轮转速\ n=\frac{60v_1}{\pi d_2}=\frac{60\times1.5}{3.14\times3.5}=8.19\ (\text{m/s})$$

$$叶轮宽度\ B'=\frac{60\times10^4Q''}{Kd_2^2n}=\frac{60\times10^4\times1.46}{3.0\times3.5^2\times8.19}=291.05(\text{mm})$$

设计取叶轮宽度 $B=290$mm。

② 搅拌叶片计算。叶片高度为：$h_{叶}'=\dfrac{H_6+H_7}{3}=\dfrac{2.80+1.15}{3}=1.32(\text{m})$

设计采用叶片高度　$h_叶 = 1.20\text{m}$

叶轮片宽度　$b_叶 = \dfrac{h_叶}{3} = \dfrac{1.20}{3} = 0.4(\text{m})$

叶片外缘直径　$d = \dfrac{60v_2}{\pi n} = \dfrac{60 \times 1}{3.14 \times 8.19} = 2.33(\text{m})$

设计采用叶片外缘直径　$d = 2.34\text{m}$。

叶片数计算如下。

取叶片总面积为第一絮凝室平均纵截面积的 $5\% \sim 15\%$，则第一絮凝室平均纵截面积为：

$$W = \frac{(D_5 + D_3)H_9}{2} + \frac{(D_5 + D_T)(H_8 + H_9)}{2} + \frac{2}{3}D_T H_6$$

$$= \frac{(13.56 + 9.5) \times 2.05}{2} + \frac{(13.56 + 13.4)(0.69 + 0.06)}{2} + \frac{2}{3} \times 13.4 \times 1.15$$

$$= 44.02(\text{m}^3)$$

取叶片总面积为第一絮凝室平均纵截面积的 10%，则叶片数为：

$$Z' = \frac{0.1W_1}{b_叶 H_叶} = \frac{0.1 \times 44.02}{1.2 \times 0.4} = 9.17(\text{片})$$

实际取用叶片片数为 8 片，则叶片总面积为第一絮凝室平均纵截面积的

$$\left[\left(8 \times 1.2 \times \frac{0.4}{44.02} \right) \times 100\% \right] = 8.7\%。$$

2. 虹吸滤池

(1) 设计数据　水厂自用水 5%，总处理水量 $Q_总 = 48000 \times 1.05 = 50400(\text{m}^3/\text{d})$

设 2 个滤池，每个池子的处理水量 $Q = \dfrac{Q_总}{2} = \dfrac{50400}{2} = 1050(\text{m}^3/\text{h}) = 0.292\text{m}^3/\text{s}$

正常滤速为 $v = 10\text{m/h}$；校核滤速 $v' = 15\text{m/h}$；冲洗强度 $q = 15\text{L}/(\text{s} \cdot \text{m}^2)$（水温 $20℃$）；过滤水头取 1.5m；冲洗膨胀率 45%；检修停 1 格；滤池过滤周期 $T = 23\text{h}$；滤料层（单层）见表 8-3；承托层厚度见表 8-4。

表 8-3　滤料层

滤池形式	滤料名称	粒径/mm	厚度/mm
单层滤料	石英砂	0.6~1.20	700
双层滤料	白煤	1.0~1.80	450
	石英砂	0.6~1.20	250

表 8-4　承托层厚度

单位：mm

砾石规格	滤板		
	双层孔板	三角槽孔板	孔板网
2~4	50	100	50
4~8	50	100	50
8~16	50	100	50
10~25	50	250	50

(2) 滤池面积

$$F=\frac{24Q}{23v}=\frac{24\times1050}{23\times10}=109.6(\mathrm{m^2})$$

滤池分为 2 组。一组滤池中的某一格冲洗用水由其他格滤池的产出水供给。当其中一格冲洗时，其他格滤池按强制滤速的产水量应不小于冲洗流量。所以每一组滤池分格数：

$$n=\frac{3.6q}{v}+1=\frac{3.6\times15}{10}+1\approx6(\mathrm{格})$$

单格面积为：$f'=\dfrac{F}{6}=\dfrac{109.6}{6}=18.3(\mathrm{m^2})$

取单格宽 $B=4\mathrm{m}$，$L=4.5\mathrm{m}$。

实际单格面积：$f=BL=4\times4.5=18.0(\mathrm{m^2})$

每组滤池分 2 列，每列 3 格，2 列连通，滤池布置如图 8-20 所示。

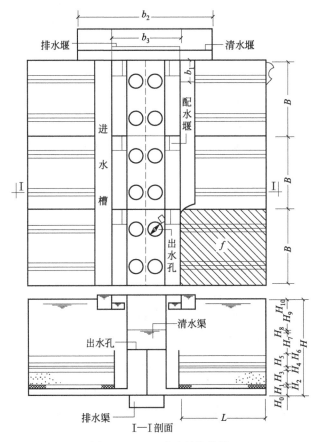

图 8-20 虹吸滤池计算简图

校核实际正常流速

$$v_1=24Q/(23\times6f)=24\times1050/(23\times6\times18.0)=10.1(\mathrm{m/h})$$

冲洗时强制滤速：

$$v_2=24Q/(23\times5f)=24\times1050/(23\times5\times18.0)=12.2(\mathrm{m/h})$$

可提供的冲洗强度为：

$$q=1000Q/(3600f)=1000\times1050/(3600\times18)=16.2[\mathrm{L/(s\cdot m^2)}]$$

（运行中可调整清水出水堰高度来满足对冲洗强度的要求。）

（3）过滤系统

① 进水虹吸管。

单格进水流量 $Q_2 = Q/6 = 0.292/6 = 0.049(\text{m}^3/\text{s})$

考虑将来扩大进水量，进水虹吸管流速取用 $v_3 = 0.4\text{m/s}$

虹吸管断面积 $W_1 = Q_2/v_3 = 0.049/0.4 = 0.123(\text{m}^2)$

取断面长为 0.4m，宽为 0.3m

实际断面积 $W_2 = 0.4 \times 0.3 = 0.12(\text{m}^2)$

正常流量时进水流速 $v_4 = Q_2/W_2 = 0.049/0.12 = 0.41(\text{m/s})$

事故冲洗时进水流速 $v_5 = Q_3/(4W_2) = 0.292/0.12 = 0.61(\text{m/s})$

（Q_3 为事故冲洗时进水量）

通过进水虹吸管局部水头损失为：

$$h_{\text{进局}} = 1.2(\xi_{\text{进}} + 2\xi_{90°\text{弯}} + \xi_{\text{出}})\frac{v^2}{2g} = 1.2 \times (0.5 + 1.6 + 1) \times \frac{0.51^2}{2 \times 9.81} = 0.050(\text{m})$$

式中　$\xi_{\text{进}}$——$1 \times 0.5 = 0.5$；

$\xi_{\text{出}}$——$1 \times 1 = 1$；

$\xi_{90°\text{弯}}$——$2 \times 0.8 = 1.6$；

g——重力加速度，9.81m/s^2；

1.2——矩形系数。

通过管路的沿程水头损失计算如下。

进水虹吸管水力半径：$R = \dfrac{0.4 \times 0.3}{2 \times (0.4 + 0.3)} = 0.09(\text{m})$

进水虹吸管水力坡度：

$$i = 0.000912\frac{v^2}{(4R)^{1.3}}\left(1 + \frac{0.867}{v^2}\right)^{0.3} = 0.000912\frac{0.51^2}{(4 \times 0.09)^{1.3}}\left(1 + \frac{0.867}{0.51^2}\right)^{0.3} = 0.0014(\text{m})$$

进水虹吸管长度 $L_{\text{进虹}} = 2\text{m}$，水头损失：$h_{\text{进沿}} = L_{\text{进沿}} \times i_{\text{进沿}} = 2 \times 0.0014 = 0.0028(\text{m})$

通过管路的总水头损失为：$h_f = h'_{f\text{局}} + h'_{f\text{沿}} = 0.07 + 0.0028 = 0.073(\text{m})$

设计采用 $h_{f\text{常}} = 0.1\text{m}$

校核（考虑滤速为 15m/h）：

滤池正常进水量 $Q_0 = 15Q/10 = 1.5Q = 1.5 \times 1050 = 1575(\text{m}^3/\text{h}) = 0.438(\text{m/s})$

事故反冲洗进水量 $Q'_0 = Q_0/4 = 0.438/4 = 0.109(\text{m}^3/\text{s})$

事故反冲洗进水流速 $v_0 = Q'_0/\omega_2 = 0.109/0.12 = 0.91(\text{m/s})$

通过管路局部水头损失

$$h'_{f\text{局0}} = 1.2\sum\xi v_0^2/(2g) = 1.2 \times 3.1 \times 0.91^2/(2 \times 9.81) \approx 0.2(\text{m})$$

通过管路的沿程水头损失

$$h'_{f\text{沿0}} = v_0^2 L/(c^2 R) = 0.91^2 \times 2/(55.36^2 \times 0.086) = 0.006(\text{m})$$

通过管路的总水头损失为：

$$h_{f\text{高}} = h'_{f\text{局高}} + h'_{f\text{沿高}} = 0.2 + 0.006 \approx 0.2(\text{m})$$

② 配水槽及进水槽（见图 8-21）

进水虹吸管出口到槽底距离 h'_1 取 0.2m。

进水虹吸管淹没深度 h'_2 取 0.2m

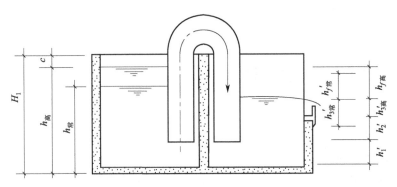

图 8-21 进水虹吸系统

配水槽出水堰堰高 $h_1' + h_2' = 0.2 + 0.2 = 0.4 (\text{m})$

取配水槽出水堰长 $b_1 = 1.2\text{m}$。

③ 各流量下配水堰堰上水头。正常流量时（常水位）：

$$h_{3\text{常冲}}' = \left(\frac{Q}{6 \times 1.84 b_1}\right)^{\frac{2}{3}} = \left(\frac{0.292}{6 \times 1.84 \times 1.2}\right)^{\frac{2}{3}} = 0.079 (\text{m})$$

15m/h 滤速时：

$$h_{3(15)}' = \left(\frac{1.5Q}{6 \times 1.84 b_1}\right)^{\frac{2}{3}} = \left(\frac{1.5 \times 0.292}{6 \times 1.84 \times 1.2}\right)^{\frac{2}{3}} = 0.104 (\text{m})$$

正常流量下事故反冲洗时：

$$h_{3\text{常事冲}}' = \left(\frac{Q}{4 \times 1.84 b_1}\right)^{\frac{2}{3}} = \left(\frac{0.292}{4 \times 1.84 \times 1.2}\right)^{\frac{2}{3}} = 0.103 (\text{m})$$

15m/h 滤速事故反冲洗时（高水位）：

$$h_{3\text{高}}' = \left(\frac{1.5Q}{4 \times 1.84 b_1}\right)^{\frac{2}{3}} = \left(\frac{1.5 \times 0.292}{4 \times 1.84 \times 1.2}\right)^{\frac{2}{3}} = 0.135 (\text{m})$$

进水槽槽高 $\qquad\qquad H_1 = h + C$

式中 h——进水槽水深，m；

C——进水槽超高，m。

$$h_{\text{常}} = h_1' + h_2' + h_{3(\text{常事冲})}' + h_{f(\text{常事冲})}$$
$$= 0.2 + 0.2 + 0.103 + 0.1 = 0.603 (\text{m})$$
$$h_{\text{高}} = h_1' + h_2' + h_{3\text{高}}' + h_{f\text{高}}$$
$$= 0.2 + 0.2 + 0.14 + 0.2 = 0.74 (\text{m})$$

取 $C = 0.26\text{m}$，所以，进水槽槽高 $H_1 = h_{\text{高}} + C = 0.74 + 0.26 = 1.00 (\text{m})$

④ 清水渠及清水出水堰

a. 清水出水堰及堰上水头。流量 $Q = 0.292\text{m}^3/\text{s}$，校核流量 $Q' = \dfrac{15Q}{10} = 0.438\text{m}^3/\text{s}$，堰宽 $b_2 = 6.0\text{m}$。

堰上水头计算如下。

正常流量时：$h_{\text{堰}} = \left(\dfrac{Q}{1.84 b_2}\right)^{\frac{2}{3}} = \left(\dfrac{0.292}{1.84 \times 6.0}\right)^{\frac{2}{3}} = 0.09 (\text{m})$

15m/h 滤速时：$h'_{堰} = \left(\dfrac{Q'}{1.84B}\right)^{\frac{2}{3}} = \left(\dfrac{0.438}{1.84 \times 6.0}\right)^{\frac{2}{3}} \approx 0.12\,(\text{m})$

b. 出水孔直径。每格最大出水量为：

$$Q_0 = \frac{Q'}{4} = \frac{0.438}{4} = 0.109\,(\text{m}^3/\text{s})(15\text{m/h 滤速事故反冲洗时})$$

每格两孔，取过滤流速为 0.4m/s，则出水孔孔径为：

$$d = \sqrt{\frac{4Q_0}{2\pi v}} = \sqrt{\frac{4 \times 0.109}{2 \times 3.14 \times 0.4}} = 0.420\,(\text{m})$$

取孔径为 $D = 450\text{mm}$。

c. 清水渠。取清水渠宽 $b_3 = 2\text{m}$，长 12m，水深 $h_{清} = 0.5\text{m}$。

正常过滤时渠道内的流速为

$$v = \frac{Q}{Bh_{清}} = \frac{0.292}{2 \times 0.5} = 0.292\,(\text{m/s})$$

15m/h 滤速时渠道中流速

$$v' = \frac{Q'}{Bh_{清}} = \frac{0.438}{2 \times 0.5} = 0.438\,(\text{m/s})$$

清水渠中的水头损失计算如下（未计算排水虹吸管对渠道的影响）。

渠道水力半径

$$R = \frac{\omega}{\chi} = \frac{B \times h_{清}}{B + 2h_{清}} = \frac{2 \times 0.5}{2 + 2 \times 0.5} = 0.33\,(\text{m})$$

粗糙系数 n 取 0.014，谢才系数

$$C = \frac{R^{\frac{1}{6}}}{n} = \frac{0.33^{\frac{1}{6}}}{0.014} = 59.37$$

水力坡降

$$i = \frac{v'^2}{C^2 R} = \frac{0.438^2}{59.37^2 \times 0.33} = 1.65 \times 10^{-4}\,(\text{m})$$

沿程损失 $h_{清} = il = 1.65 \times 10^{-4} \times 12 = 0.002\,(\text{m})$

（4）冲洗系统

① 冲洗水量 $Q_1 = 0.015 \times 18 = 0.27\,(\text{m}^3/\text{s})$。

② 冲洗排水槽计算见图 8-22。

每格设 2 条，每条排水量为 $Q_1/2 = 0.135\,(\text{m}^3/\text{s})$

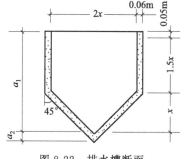

图 8-22 排水槽断面

排水断面模数 $x = 0.475Q_{冲}^{\frac{2}{5}} = 0.475 \times 0.135^{\frac{2}{5}} = 0.2\,(\text{m})$

超高取 0.05m，排水槽净高：

$$a_1 = x + 1.5x + 0.05 = 0.2 + 1.5 \times 0.2 + 0.05 = 0.55\,(\text{m})$$

槽厚 $\delta = 0.06$，则底部尖角结构高：

$$a_2 = \frac{0.06}{\sin 45°} = \frac{0.06}{0.707} = 0.085\,(\text{m})$$

排水槽总高度：

$$H_{槽} = a_1 + a_2 = 0.55 + 0.085 = 0.635\,(\text{m})$$

排水槽宽为 $b_1 = 2x + 2\delta = 2 \times 0.2 + 2 \times 0.06 = 0.52 (\text{m})$

排水槽占滤池面积百分数：

$$\frac{2 \times 2xL}{f} = \frac{2 \times 2 \times 0.2 \times 4.5}{18} = 0.2 < 0.25$$

③ 冲洗水头

a. 滤板中的水头损失（控制通过滤板的水头损失为 $0.2 \sim 0.3 \text{m}$）

设滤板孔隙比　上层 1%，下层 1.8%

开孔面积　上层 $1\% \times 18 = 0.18 (\text{m}^2)$

　　　　　下层 $1.8\% \times 18 = 0.324 (\text{m}^2)$

冲洗时孔内流速

$$v_{上} = Q_1 / W_{上} = 0.27 / 0.18 = 1.5 (\text{m/s})$$

$$v_{下} = Q_1 W_{下} = 0.27 / 0.324 = 0.83 (\text{m/s})$$

滤板中水头损失

$$h_{上} = v_{上}^2 / (2\mu_{上}^2 g) = 1.5^2 / (2 \times 0.76^2 \times 9.8) = 0.199 (\text{m})$$

$$h_{下} = v_{下}^2 / (2\mu_{下}^2 g) = 0.83^2 / (2 \times 0.69^2 \times 9.8) = 0.074 (\text{m})$$

（$\mu_{上}$ 和 $\mu_{下}$ 值由实验确定。）

滤板中总水头损失 $h_1' = h_{上} + h_{下} = 0.199 + 0.074 = 0.27 (\text{m})$

考虑滤板制作影响及滤板使用后堵塞影响，取滤板总水头 $h_1 = 0.3 \text{m}$。

b. 承托层中的水头损失（按厚 200mm 计）

$$h_2 = 0.022 H_{2q} = 0.022 \times 0.2 \times 15 = 0.066 (\text{m})$$

c. 滤料中的水头损失

$$h_3 = (\gamma_{砂} / \gamma_{水} - 1)(1 - m_0)L_0$$
$$= (2.65/1 - 1) \times (1 - 0.41) \times 0.7 \approx 0.68 (\text{m})$$

d. 其他损失估为 $h_4 = 0.1 \text{m}$。

冲洗时总水头损失

$$H_7 = h_1 + h_2 + h_3 + h_4 = 0.3 + 0.68 + 0.066 + 0.1 = 1.146 (\text{m})$$

取 $H_7 = 1.2 \text{m}$。

④ 冲洗排水槽堰上水头。两条冲洗排水槽，共 4 条堰，每条堰长 4.5m，负担排水量为

$$Q_{负} = 0.15 \times \frac{18}{4} = 0.068 (\text{m}^3/\text{s})$$

堰上水头为 $h_{槽} = \left(\dfrac{Q_{负}}{1.84b}\right)^{\frac{2}{3}} = \left(\dfrac{0.068}{1.84 \times 4.5}\right)^{\frac{2}{3}} = 0.042 (\text{m})$

取 $h_{槽} = 0.05 \text{m}$。

⑤ 排水虹吸管。见图 8-23 。

查水力计算表　$D = 500 \text{mm}$；$v_{排虹} = \dfrac{4 \times 0.27}{\pi \times 0.5^2} = 1.38 (\text{m/s})$；$i = 5.05\%$。

管长 $L = 10 \text{m}$，虹吸管局部阻力

$$h_{排局} = \Sigma \xi \frac{v^2}{2g} = 3.1 \times \frac{1.38^2}{2 \times 9.81} = 0.31 (\text{m})$$

式中，$\Sigma \xi$ 为局部阻力系数之和，与进水虹吸管相同为 3.1。

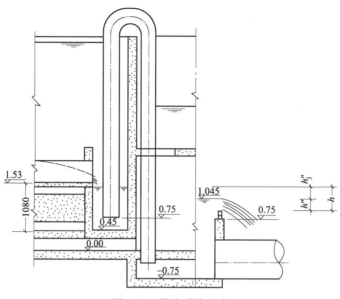

图 8-23　排水系统示意

管中沿程水头损失：

$$h_{排沿} = iL = 5.05\% \times 10 = 0.05 \text{(m)}$$

管中总水头损失

$$h_{f排} = h_{排局} + h_{排沿} = 0.31 + 0.05 = 0.36 \text{(m)}$$

⑥ 排水堰上水头

$$h'' = [Q_4 / (1.84 b_3)]^{2/3} = [0.27 / (1.84 \times 4)]^{2/3} = 0.11 \text{(m)}$$

排水虹吸管集水槽水位与排水堰顶高程差为：

$$h = h''_f + h'' = 0.36 + 0.11 = 0.47 \text{(m)}$$

⑦ 排水管计算。排水量为 $0.27 \text{m}^3/\text{s}$，取排水管中流速 $v = 0.7 \text{m/s}$，则排水管直径为 $DN700$。

（5）配水系统

① 双层孔板。上层孔板水头损失为 0.20m；下层孔板水头损失为 0.05m；冲洗强度为 $15 \text{L}/(\text{s} \cdot \text{m}^2)$；孔眼流量系数上层为 0.76，下层为 0.69；孔板厚度 0.05m。

由于孔板厚度远大于孔径，孔板上的空出流量类似于管嘴流量的计算，因此，上层孔板开孔比为：

$$\beta = \frac{q}{\mu_{集孔} W \sqrt{2gh}} = \frac{15}{0.76 \times 1 \times \sqrt{2 \times 9.8 \times 0.2 \times 10^6}} = 0.01$$

孔眼直径 $D_1 = 0.005\text{m}$，每个孔眼面积为：

$$F = \frac{\pi D_1^2}{4} = \frac{3.14 \times 0.05^2}{4} = 1.96 \times 10^{-5} \text{(m}^2)$$

每平方米板上的孔眼数为：

$$n = \frac{\beta}{F} = \frac{0.01}{1.96 \times 10^{-5}} = 510 \text{(个)}$$

下层孔板开孔比为：

$$\beta = \frac{q}{\mu_{集孔} W \sqrt{2gh}} = \frac{15}{0.69 \times 1 \times \sqrt{2 \times 9.8 \times 0.5 \times 10^6}} = 0.02$$

孔眼直径 $D_2 = 0.025$m，每个孔眼面积为：

$$F = \frac{\pi D_2^2}{4} = \frac{3.14 \times 0.025^2}{4} = 4.9 \times 10^{-4} (\text{m}^2)$$

每平方米板上的孔眼数为：

$$n = \frac{\beta}{F} = \frac{0.02}{4.9 \times 10^{-4}} = 40.8 (\text{个})$$

采用 40 个。

② 三角孔板。孔板的水头损失 0.25m；孔眼直径 0.01m；三角槽宽 0.25m；冲洗强度 15L/(s·m²)；孔眼流量系数 0.732。

三角槽孔板开孔比为：

$$\beta = \frac{q}{\mu_{集孔} W \sqrt{2gh}} = \frac{15}{0.732 \times 1 \times \sqrt{2 \times 9.8 \times 0.25 \times 10^6}} = 0.00926$$

每个孔眼面积为：

$$F = \frac{\pi D^2}{4} = \frac{3.14 \times 0.01^2}{4} = 7.85 \times 10^{-5} (\text{m}^2)$$

每平方米板上的孔眼数为：

$$n = \frac{\beta}{F} = \frac{0.00926}{7.85 \times 10^{-5}} = 117.9 (\text{个})$$

设每平方米 4 条孔，每条孔板孔眼数为：$\frac{n}{4} = \frac{117.9}{4} = 29.5$ 个，采用 30 个。

设每条孔板两排孔，没排孔眼数 $\frac{n}{8} = \frac{117.9}{8} = 14.7 (\text{个})$，采用 15 个。

每米长孔眼间距 $a = \frac{1}{15} = 0.066 (\text{m})$。

③ 孔板网。孔板的水头损失 0.15m；尼龙网损失 0.10m；孔眼直径 0.01m；孔眼流量系数 0.70；冲洗强度 15L/(s·m²)。

孔板开孔比为：

$$\beta = \frac{q}{\mu_{集孔} W \sqrt{2gh}} = \frac{15}{0.70 \times 1 \times \sqrt{2 \times 9.8 \times 0.1 \times 10^6}} = 0.013$$

每个孔眼面积为：

$$F = \frac{\pi D_3^2}{4} = \frac{3.14 \times 0.01^2}{4} = 7.85 \times 10^{-5} (\text{m}^2)$$

每平方米板上的孔眼数为：

$$n = \frac{\beta}{F} = \frac{0.013}{7.85 \times 10^{-5}} = 165.6 (\text{个})，采用 166 个。$$

(6) 滤池高度

滤池高度	$H = 5.50$m	竖向累计高
集水室高度	$H_0 = 0.4$m	0.4m
滤板厚度	$H_1 = 0.1$m	0.5m

承托层厚度	$H_2=0.2\text{m}$	0.7m
滤料层厚度	$H_3=0.7\text{m}$	1.4m
排水槽底距砂面	$H_4=0.315\text{m}$	1.715m
排水槽总高	$H_5=0.635\text{m}$	2.35m
排水槽堰上水头	$H_6=0.05\text{m}$	2.40m
冲洗水头	$H_7=1.2\text{m}$	3.6m
清水出水堰堰上水头	$H_8=0.15\text{m}$	3.75m
过滤水头	$H_9=1.5\text{m}$	5.25m
滤池超高	$H_{10}=0.25\text{m}$	5.50m

【例题 8-4】 矿井水澄清一体化处理设备选型计算

一、已知条件

某矿井水处理厂设计规模 5000m³/d，水厂自用水量系数为 5%。矿井水水质为典型的浑浊矿井水，悬浮物含量为 1200～1500NTU，出水用于厂区降尘及井下洒水、消防。

二、一体化设备选型计算

1. 设计水量

$$Q_{总}=(1+5\%)Q=1.05\times5000=5250(\text{m}^3/\text{d})=218.75\text{m}^3/\text{h}$$

2. 设备选型

根据设备厂家提供资料，拟选取 BJI-80 型一体化处理装置 3 台。该装置采用高效反应和异向流斜板沉淀及多层滤料技术，具有自身反冲洗、沉淀池自动排泥、滤池自动反冲洗等功能。

主要性能参数为：单台处理能力为 80m³/h，要求进水浊度≤2000NTU，出水浊度≤2NTU，总停留时间 23min，水头损失 2m，反应时间 5～6min，沉淀负荷 10～16m³/m²·h，滤速 10～14m/h，反冲洗强度 18L/(m²·s)。

8.2　高矿化度矿井水的除盐处理

【例题 8-5】 矿井水反渗透法除盐设施计算。

一、已知条件

某煤矿矿井水经过所属净水厂（规模为 50m³/h）的澄清处理后，其出水水质为：水温 9～25℃，TDS=564mg/L，余氯量 0.08mg/L，铁 0.008mg/L，淤塞密度指数 SDI=3.2，浊度<1NTU，pH 值为 7.1，$COD_{Mn}=2\text{mg/L}$，原水阴阳离子的浓度见表 8-5，其余指标均满足国家饮用水水质标准。要求处理后 TDS≤20mg/L，产水量 $Q_c=10\text{m}^3/\text{h}$，试设计所需反渗透脱盐工艺设施。

表 8-5　原水阴阳离子的浓度

阴 离 子			阳 离 子		
名称	mg/L	mmol/L	名称	mg/L	mmol/L
SO_4^{2-}	99.2	1.03	Mg^{2+}	23.7	0.98
NO_3^-	11.0	0.18	Ca^{2+}	76.0	1.9
Cl^-	38.8	1.09	Na^+	46.3	2.01
HCO_3^-	268.4	4.4			

二、设计计算

1. 工艺流程的确定

（1）主处理　根据现有工程实例经验，采用一级反渗透工艺即可将来水处理达标。

（2）预处理　为了保证膜的有效、长期运行和出水水质，来水先经过预处理后再经过膜处理。预处理工艺采用多介质过滤、活性炭吸附、软化、$5\mu m$ 滤芯过滤。经过预处理后，基本去除了水中对膜渗透影响比较大的污染物。

（3）后处理　为防止脱盐水制造过程中受到二次污染，保证处理水细菌学指标达标，膜处理出水采用紫外线消毒。消毒后的水由输水泵输送给入户。

处理流程如下：原水箱→泵→多介质过滤→活性炭吸附→软化→中间水箱→水泵→保安过滤→RO 膜处理→终端水箱→水泵→紫外线消毒→供水。

原水由预处理提升泵从原水箱提升，经过预处理后进入中间水箱，再由不锈钢高压水泵二次提升进入 RO 膜组件。膜组件出水自流进入终端水箱，输水泵从终端水箱吸水，加压水经过紫外线消毒装置后送至用户。由于浓水量较少，不单独处理，直接外排至厂区下水道或作水力冲压用。

2. 各处理单元的设计和设备选型

综合考虑系统回收率、脱盐率递减、透水量增加等因素，各处理单元的过水量统一按 $20m^3/h$ 计。

（1）原水箱　系统产水量为 $10m^3/h$，回收率按 77% 计，需原水量为 $10/0.75=13.33$（m^3/h）。由于没有详细资料，根据经验采用处理量 1 小时用水量，$t_c=1h$。则原水池的体积为：

$$V_z = Q_z t_c = 13.33 \times 1 = 14.29 \ (m^3)$$

储水池材料选用塑料水箱，容积 $15m^3$。水箱直径 $D_箱=2.58m$，高 $H_箱=3.38m$。

（2）多介质过滤　选某设备厂家的多介质过滤器 1 个，直径为 $D_多=1.616m$，高 $H_多=3.174m$。内装 $0.8\sim1mm$ 石英砂，滤层高 1m，过滤面积 $2.011m^2$，最大过水量 $20m^3/h$，滤速 $8\sim10m/h$。配全自动多路控制阀，不需人工操作，定时反冲洗。

（3）活性炭吸附　选某设备厂家的多介质过滤器 1 个，直径为 $D_活=1.616m$，高 $H_活=3.174m$。内装 CH-16 型果壳活性炭，滤层高 1m，过滤面积 $2.011m^2$，最大过水量 $20m^3/h$，滤速 $8\sim10m/h$。配全自动多路控制阀，不需人工操作，定时反冲洗。

（4）软化　选某设备厂家的 SF 系列双罐流量型自动软水器 2 台，1 用 1 备，SF-RM-1050 型。单台罐体直径为 $D_软=1.050m$，高 $H_软=1.8m$。内装 001×7 型 Na^+ 交换树脂 1900kg，最大过水量 $20m^3/h$。配全自动多路控制阀，不需人工操作，树脂定时再生，配盐箱容积 580L。出水硬度 $\leqslant0.03mmol/L$（以 $1/2CaCO_3$ 计），盐耗 $\leqslant100g/(mmol/L)$。

（5）$5\mu m$ 滤芯过滤　选某厂生产的精密过滤器 1 个，规格 $\phi800\times H1200$，其中装填滤芯 20 支。额定过水流量为 $20m^3/h$，在此过水流量下，水头损失为 0.003MPa。

（6）RO 主处理

① 膜的选用。反渗透装置选用海德能公司的卷式醋酸纤维膜，型号为 CAB3-8060。每支膜操作压力 $P_d=2.89MPa$ 时，膜透过水量为 $1.1m^3/h$，脱盐率 99.0%，膜组件外径 201.9mm，长 1524.0mm。每支膜最高过水流量 $q_{v,d}=0.7m^3/h$，在此流量下的压力损失为 0.098MPa。要求进水最高淤塞密度 SDI<5.0，进水最高浊度 1.0NTU，进水最高余氯量<1mg/L，进水 pH 值范围 $5.0\sim6.0$。单支膜浓缩水与透过水量的最大比例为 $3:1$。

需要膜元件的数量（产水量按 $20m^3/h$ 计，单支膜透水量按额定最大透水量的 75% 考虑）

$$m_E = q_{v,p}/(0.75q_{v,d}) = 20/(0.75 \times 1.1) \approx 24（支）$$

② 膜的排列组合。采用 4m 长膜组件，膜组件数为 24/4=6（个）

据查产品说明书，第一段所需膜组件数　$6 \times 0.5102 \approx 3$（个）

第二段所需膜组件数　$6 \times 0.3061 \approx 2$（个）

第三段所需膜组件数　$6 \times 0.1837 \approx 1$（个）

渗透压是总溶解固形物 TDS 的函数，在天然水中，溶解有机物的渗透压相对溶解盐渗透压可忽略不计。当 TDS 大于 1000g/L，回收率大于 75% 时，溶液的渗透压需要考虑。对于回收率为 75% 的渗透压是总溶解固形物 TDS 的函数，在天然水中，溶解有机物的渗透压相对溶解盐渗透压可忽略不计。当苦咸水的 TDS 大于 1000g/L，回收率大于 75% 时，溶液的渗透压需要考虑。对于回收率为 75%，TDS 大于 1000g/L 的苦咸水，渗透压不予考虑。

③ pH 值调节。由于原水属较稀溶液，可以不考虑 1 价离子的活度系数。

根据公式　　　　　$pH = 6.35 + lg[HCO_3^-] - lg[CO_2]$

$$lg[CO_2] = 6.35 + lg[HCO_3^-] - pH = 6.35 + lg4.4 - 7.1 = -0.11$$

则　　　　　　　　$[CO_2] \approx 0.78mmol/L = 34.32mg/L$

pH 值为 5.5 时，有 $5.5 = 6.35 + lg[HCO_3^-] - lg[CO_2]$，即 $[HCO_3^-] = 0.1413[CO_2]$

而 $[HCO_3^-] + [CO_2] = 5.18mmol/L$ 即 $1.1413[CO_2] = 5.18mmol/L$ 得

$[CO_2] \approx 4.53mmol/L = 199.32mg/L$

为避免系统中生成 $CaSO_4$ 沉淀，用 HCl 调节 pH 值

由反应式　　　　　$HCO_3^- + HCl = H_2O + CO_2 + Cl^-$

得　所需 $HCl = 36.5 \times (199.32 - 34.32)/44 = 136.875$（mg/L）

即将原水 pH 值调节到 5.5 需加 HCl（浓度按 100% 计）量为 136.875mg/L。

④ 原水经软化、加酸处理后 TDS 的变化。设原水经软化后 Ca^{2+} 的浓度为 0.015 mmol/L=0.6mg/L

Na^+ 的浓度为 $2.01 + (1.9 - 0.015) \times 2 = 5.78$（mmol/L）=132.94mg/L

由反应式　　　　　$HCO_3^- + HCl = H_2O + CO_2 + Cl^-$

解得　Cl^- 的浓度 $x = 136.875 \times 35.5/36.5 = 133.125$（mg/L）

CO_2 的浓度 $y = 136.875 \times 44/36.5 = 165$（mg/L）

CO_2 的浓度 $z = 136.875 \times 61/36.5 = 228.75$（mg/L）

加酸后 HCO_3^- 的浓度为 (268.4 - 228.75)mg/L=39.65mg/L=0.65mmol/L

Cl^- 的浓度为 (38.8 + 133.125)mg/L=171.925mg/L=4.84mmol/L

CO_2 的浓度为 (34.32 + 165)mg/L=199.32mg/L=4.53mmol/L

原水经软化、加酸处理后阴阳离子的浓度见表 8-6。

表 8-6　原水经软化、加酸处理后阴阳离子的浓度

阴 离 子			阳 离 子		
名称	mg/L	mmol/L	名称	mg/L	mmol/L
SO_4^{2-}	99.2	1.03	Mg^{2+}	0	0
NO_3^-	11.0	0.18	Ca^{2+}	0.6	0.015
Cl^-	171.9	4.84	Na^+	132.9	5.78
HCO_3^-	39.7	0.65			

$$TDS = 阴离子总量 + 阳离子总量 - 0.49[HCO_3^-] + R_2O_3 + 有机物$$
$$= 321.8 + 133.5 - 39.65 + 0 + 2 = 417.65 \ (mg/L)$$

⑤ 浓水中 $CaCO_3$ 结垢倾向的计算。浓水 $[Ca^{2+}]_b = 4[Ca^{2+}]_f = 4 \times 0.015 = 0.06 (mmol/L) = 6(mg/L)$（以 $CaCO_3$ 计），查产品说明书 $C = 0.38$

由厂家提供资料，当 pH 值 $=5.5$ 时，HCO_3^- 的 SP $=6\%$

浓水 $[HCO_3^-]_b = [HCO_3^-]_f[1-YSP]/(1-Y) = 0.65 \times (1-0.75 \times 0.06)/(1-0.75)$
$$= 2.483(mmol/L) = 124.15(mg/L)（以 CaCO_3 计）$$

此时水中碱度可近似按 $[HCO_3^-]_b$ 计，查产品说明书 $D = 2.09$

水温考虑最不利条件，按 25℃计，查产品说明书 $B = 2.0$

$TDS_b = TDS_b/(1-Y) = 417.65/(1-0.75) = 1670.6(mg/L)$，查产品说明书 $A = 0.22$

$$pH_s = (9.30 + A + B) - (C + D) = (9.30 + 0.22 + 2.0) - (0.38 + 2.09) = 9.05$$

因 CO_2 的透过率几乎为 0，故 $[CO_2]_b = [CO_2]_f = 4.53mmol/L$

原水经软化、加酸处理后离子强度

$$\mu = \{4[SO_4^{2-}] + [NO_3^-] + [Cl^-] + [HCO_3^-] + 4[Ca^{2+}] + [Na^+]\}/2$$
$$= \{4 \times 0.001 + 0.0002 + 0.005 + 0.0007 + 4 \times 0.00002 + 0.006\}/2 \approx 0.00799$$

25℃时，常数 $K = 0.5056$，则

$$\lg f_1 = -z^2 \times 0.5056\mu^{1/2}/(1+\mu^{1/2}) = -1 \times 0.5056 \times 0.00799^{1/2}/(1+0.00799^{1/2})$$
$$\approx -0.04149$$

式中　f_1——1 价离子的活度系数；

　　　z——1 价离子的化合价；

$$pH_b = 6.35 + \lg[HCO_3^-]_b - \lg[CO_2]_b + 2\lg f_1 = 6.35 + \lg 2.483 - \lg 4.53 - 2 \times 0.04149 \approx 6.01$$
$$LSI = pH_b - pH_s = 6.01 - 9.05 < 0 \ 无结垢倾向$$

（7）膜的实际运行压力和泵的选型

① 净运行压力 P_j。单个膜元件的额定渗透水流量为 $q_{v,d} = 1.1m^3/h$

渗透水流量按额定最大透水量的 75%考虑，则 $q = 1.1 \times 0.75 = 0.825(m^3/h)$

因预处理效果好，据厂家提供的资料，原水污染系数取 $\alpha = 0.9$。

25℃时，温度校正系数 $T_j = 1.24$（厂家提供）。

单个膜元件的额定运行压力扣除 0.14MPa 的渗透压后，额定运行压力 $P_d = 2.75MPa$。则净运行压力 $P_j = qP_dT_j/(\alpha q_{v,d}) = 0.825 \times 2.75 \times 1.24/(0.9 \times 1.1) = 2.8(MPa)$

② 渗透水压力 P_s。渗透水直接进入紫外线消毒器和精滤装置，然后自流进入储水箱，经计算（过程从略），在这两个处理单元内的水头损失为 0.02MPa，则 $P_s = 0.02MPa$。

③ 系统压差 P_x。膜组件的排列方式为 3-2-1，由前面计算可知，每个膜元件的透水量为额定透水量的 75%，即 $q = 0.825m^3/h$。则各组件的透水量为 $0.825 \times 4 = 3.3(m^3/h)$，按最不利条件计算即最大透水量为 $20m^3/h$，则：

第一段各组件的给水量 $20/(3 \times 0.75) \approx 8.9(m^3/h)$

第一段各组件的浓水流量 $8.9 - 3.3 = 5.6(m^3/h)$

第二段各组件的给水量 $5.6 \times 3/2 \approx 8.4(m^3/h)$

第二段各组件的浓水流量 $8.4 - 3.3 = 5.1(m^3/h)$

第三段各组件的给水量 $5.1 \times 2 \approx 10.2(m^3/h)$

第三段各组件的浓水流量 $10.2 - 3.3 = 6.9(m^3/h)$

单个压力容器的给水流量平均值为单个压力容器的给水流量减去该组件的渗透水流量的一半。则：

第一段的平均给水流量为 $8.9-3.3/2=7.25(m^3/h)$，该流量时单个膜元件的压差为 $0.040MPa$，每个组件内有 4 个膜元件，则第一段压差为 $0.042 \times 4 = 0.168(MPa)$

第二段的平均给水流量为 $8.4-3.3/2=6.75(m^3/h)$，该流量时单个膜元件的压差为 $0.038MPa$，每个组件内有 4 个膜元件，则第一段压差为 $0.038 \times 4 = 0.152(MPa)$

第三段的平均给水流量为 $10.2-3.3/2=8.55(m^3/h)$，该流量时单个膜元件的压差为 $0.049MPa$，每个组件内有 4 个膜元件，则第一段压差为 $0.049 \times 4 = 0.196(MPa)$

故整个系统压差为 $P_x = 0.168 + 0.152 + 0.196 = 0.516(MPa)$

④ 平均渗透压 π

$$[TDS]_A = ([TDS]_f + [TDS]_b)/2 = (417.65 + 1670.6)/2 = 1044.125(mg/L)$$
$$\pi = [TDS]_A \times 6.895 \times 10^{-5} = 1044.125 \times 6.895 \times 10^{-5} \approx 0.072(MPa)$$

⑤ 系统实际运行压力为

$$P = P_j + P_s + P_x + \pi = 2.8 + 0.02 + 0.516 + 0.072 = 3.408(MPa) = 347.56(mH_2O)$$

(8) 紫外线消毒　选某厂生产的 SZX-BL-11 型紫外线消毒器 1 台，处理水量 21～25m^3/h，功率 330W，水头损失 0.001MPa。

(9) 泵的选型

① 预处理。据厂家提供的资料，多介质过滤器内水头损失 0.02MPa，活性炭过滤器内水头损失 0.02MPa，软化装置内水头损失 0.02MPa，5μm 滤芯过滤器内的水头损失 0.003MPa，共计水头损失 $0.02 + 0.02 + 0.02 + 0.003 = 0.063(MPa)$。以上各设备要求进口水压大于 0.2MPa，则要求预处理部分水泵扬程大于 0.263MPa。选 2 台 IS65-50-160 离心清水泵，流量 25m^3/h，扬程 32m，1 用 1 备，出水自流进入中间水箱。

② 主处理。由前面计算可知，主处理系统实际运行压力为 3.408MPa，计 347.56mH_2O。选格兰富 CR32-11 不锈钢高压泵 2 台，串联运行。每台泵流量 20m^3/h，扬程 180m，出水进入终端水箱。

③ 后处理。最不利用水点要求水压 0.1MPa，管道水头损失 0.01MPa，紫外线消毒器水头损失 0.01MPa。选某厂生产的 CDL16-16 不锈钢水泵 2 台，流量 16m^3/h，扬程 16m，一用一备。

(10) 清洗系统的设计

海德能公司提供的化学清洗步骤如下。

步骤 1：冲洗反渗透膜组件。

步骤 2：清理清洗装置。

步骤 3：配制清洗溶液。

步骤 4：在第 1 段引入清洗溶液。

步骤 5：低流量循环 5～15min。

步骤 6：中等流量循环。

步骤 7：第 1 次大流量循环。

步骤 8：浸泡

步骤 9：第二次高流量循环。

步骤 10：冲洗。

步骤 11：使用第一种杀菌溶液。

步骤 12：利用第二种溶液进行冲洗。

步骤 13：使用第二种杀菌剂溶液。

步骤 14：最终冲洗。

步骤 15：运行前冲洗。

① 步骤 1、步骤 10、步骤 14、步骤 15 冲洗流量为最大流量的 75%，清洗时间约 15min。共需产品水量 $V_{清}=20\times0.75\times15\times4/60=15(m^3)$，由终端水箱供给。

② 配制清洗液的量应能使系统内充满清洗液，使膜充分浸泡。

系统膜组件共计 6 个，每个膜组件外径 203.2mm，长度约 4m。考虑膜元件占膜组件容器体积的 30%，则膜组件体积共计

$$V_{组}=0.7\times6\pi D^2 L/4=0.7\times6\times3.14\times0.2032^2\times4/4\approx0.54(m^3)$$

经计算，反冲洗管道的充水空间 $V_{管}=0.8m^3$

反冲洗保安过滤器规格 $\phi800\times H1000$，滤芯所占体积 5%，则过滤器内存水体积

$$V_{滤}=0.95\pi D^2 H/4=0.95\times3.14\times0.8^2\times1/4\approx0.48(m^3)$$

则清洗箱的体积为

$$V_{箱}=V_{组}+V_{管}+V_{滤}=0.54+0.8+0.48=1.82(m^3)$$

在清洗过程中先后配制清洗液 3 次，则清洗液配制需用水量

$$V_{液}=3V_{箱}=1.82\times3=5.46(m^3)$$

③ 清洗过程中共需产品水量为

$$V_{产}=V_{清}+V_{液}=15+5.46=20.46(m^3)$$

④ 终端水箱体积 $V_{端}$ 应大于 $V_{产}$，同时考虑用户用水量的变化系数（计算过程从略），取 $V_{端}=25(m^3)$

8.3　含铁(锰)矿井水的处理

【例题 8-6】　自然氧化法除铁设施计算

一、已知条件

北方某矿井水含铁量为 $[Fe^{2+}]_0=12\sim13mg/L$，pH 值=6.5，碱度 2mmol/L，水温 10℃，二氧化碳含量 $[CO_2]=70mg/L$，供水规模 $Q=10000m^3/d=416.7m^3/h$，要求处理出水 $[Fe^{2+}]<0.3mg/L$。半衰期实验结果：$lgt_{1/2}=12.6-1.6pH$。

处理采用自然氧化法除铁系统。该工艺由曝气装置、反应沉淀池和滤池处理构筑物组成。工艺流程为：原水→板条式曝气塔→往复式隔板絮凝池→平流沉淀池→普通快滤池→出水回用作矿区生产用水。

二、设计计算

（1）设定氧化反应时间，求 pH 值应提高的量　根据工程经验，二价铁氧化反应所需时间拟定为 $t=1h=60min$，出现 $[Fe^{2+}]=0.3mg/L$。

由半衰期公式 $t_{1/2}=\dfrac{lg2}{lg\dfrac{[Fe^{2+}]_0}{[Fe^{2+}]}}t$ 得

$$t_{1/2} = \frac{\lg 2}{\lg \dfrac{13}{0.3}} \times 60 = 11.03 (\text{min})$$

根据半衰期实验结果，在设定的氧化反应时间下，要求矿井水达到

$$\text{pH 值} = (12.6 - \lg t_{1/2})/1.6 = (12.6 - \lg 11.03)/1.6 \approx 7.22$$

$$\text{pH 值应提高 } 7.22 - 6.5 = 0.72$$

（2）曝气方式选择　曝气方式选用板条式曝气塔。该曝气装置不易为铁质所堵塞，可用在大于 10mg/L 的地下水曝气。板条层数取 7 层，根据表 6-7 取木板填料层总厚度为 2.1m，每层厚 0.3m，填料层间净距 0.3m，则塔高 4.2m。每个板条宽 0.06m，板条水平净距 0.09m。

淋水密度为 10m³/(h·m²)，则曝气塔的总面积为

$$F_{塔} = Q/10 = 416.7/10 \approx 41.7 (\text{m}^2)$$

取平面尺寸 3m×15m，曝气塔下部设集水池。

曝气塔使水中二氧化碳去除率取 40%。曝气后水中溶解氧饱和度取 80%。

（3）除铁实际所需的溶解氧浓度　原水含铁 $[Fe^{2+}]_0 = 13\text{mg/L}$，取 $a = 3$，理论所需溶解氧量为：

$$[O_2] = 0.14a[Fe^{2+}]_0 = 0.14 \times 3 \times 13 = 5.46 (\text{mg/L})$$

在此水温和压力条件下，水中饱和溶解氧量为 $c_0 = 11.3\text{mg/L}$，曝气后溶解氧量为饱和值的 80%，则实际水中溶解氧量 $= 80\% c_0 = 11.3 \times 80\% = 9.04 (\text{mg/L}) > 5.46 (\text{mg/L})$，满足溶氧要求。

（4）计算应投加的石灰用量　板条式曝气塔、接触式曝气塔、表面叶轮曝气池等，通常只能将水的 pH 值升高 0.4~0.6。本例题用曝气方法不能将水的 pH 值提高到要求数值，需向水中投加碱剂，碱剂用石灰。

以 mmol/L 表示的含铁地下水 CO_2 含量为

$$[CO_2] = 70/44 \approx 1.59 (\text{mmol/L})$$

曝气使 CO_2 去除 40%，则 CO_2 去除量为

$$\Delta[CO_2] = [CO_2] \times 0.4 = 1.59 \times 0.4 = 0.636 (\text{mmol/L})$$

因铁质水解产生的酸的浓度为

$$[H^+]_s = [Fe^{2+}]_0/28 = 13/28 \approx 0.46 (\text{mmol/L})$$

若不向水中投加石灰，则除铁后水的 pH 值变化为

$$\Delta\text{pH} = \lg\left(\frac{[CO_2]}{[碱]} \times \frac{[碱] + [CaO] - [H^+]_s}{[CO_2] - \Delta[CO_2] - [CaO] + [H^+]_3}\right)$$

$$= \lg\left(\frac{1.59}{2} \times \frac{2 + 0 - 0.46}{1.59 - 0.636 - 0 + 0.46}\right) \approx -0.063$$

说明若不向水中投加石灰，pH 值将由 6.5 降到 6.44，自然氧化除铁将不能获得较好效果。

将除铁水的 pH 值升高到 7.22，即 $\Delta\text{pH} = 7.22 - 6.5 = 0.72$，所需投加的石灰量是

$$[CaO] = \frac{\dfrac{[碱]}{CO_2} \times 10^{\Delta\text{pH}}\{[CO_2] - \Delta[CO_2] + [H^+]_s\} - \{[碱] - [H^+]\}}{\dfrac{[碱]}{[CO_2]} \times 10^{\Delta\text{pH}} + 1}$$

$$= \frac{\frac{2}{1.59} \times 10^{0.72} \{1.59 - 0.636 + 0.46\} - \{2 - 0.46\}}{\frac{2}{1.59} \times 10^{0.72} + 1}$$

$$\approx 0.52 (\text{mmol/L}) = 28.84 (\text{mg/L})$$

一般市售石灰的有效氧化钙的含量约为 50%，所以实际石灰石投加量需按比例（以商品质量计算）增大。

(5) 石灰的混合　氧化钙在水中的溶解度在室温下平均为 0.12%，即 1m^3 饱和石灰溶液中含氧化钙 1.2kg。

$$\text{饱和石灰水的总投量} = 416.7 \times 28.84 / (1000 \times 1.2) \approx 10.0 (\text{m}^3/\text{h})$$

含铁水曝气后需要再次提升，将饱和石灰水投加到提升泵吸水管中，利用提升泵混合。

(6) 混合液的反应

① 反应池的设计计算。投加石灰后的混合液在反应池中反应时间取 $t = 20\text{min}$，池内平均水深 $H_1 = 0.5\text{m}$，则

$$\text{反应池总面积} \ F_\text{反} = Qt / H_1 = 416.7 \times 20 / (60 \times 0.5) = 277.8 (\text{m}^2)$$

因水量较小，采用 1 座隔板式反应池，总体积

$$W = Qt / 60 = 416.7 \times 20 / 60 = 138.9 (\text{m}^3)$$

廊道宽度按流速不同分为 3 挡：$v_1 = 0.5\text{m/s}$，$v_2 = 0.4\text{m/s}$，$v_3 = 0.2\text{m/s}$，所以

$a_1 = Q / (v_1 H_1) = 416.7 / (3600 \times 0.5 \times 0.5) \approx 0.46 (\text{m})$，取 0.5m

$a_2 = Q / (v_2 H_1) = 416.7 / (3600 \times 0.5 \times 0.4) \approx 0.57 (\text{m})$，取 0.6m

$a_3 = Q / (v_3 H_1) = 416.7 / (3600 \times 0.5 \times 0.2) \approx 1.16 (\text{m})$，取 1.2m

隔板转弯处的宽度取廊道宽度的 1.2 倍，每档廊道设 7 条，反应池总长（隔板间净间距之和）为

$$L_\text{反} = 0.5 \times 7 + 0.6 \times 7 + 1.2 \times 7 = 16.1 (\text{m})$$

反应池总宽为 $F_\text{反} / L_\text{反} = 277.8 / 16.1 \approx 17.3 (\text{m})$

② 水头损失 h_Z 的计算。反应池采用砖混结构，外用水泥砂浆抹面，粗糙系数为 0.013。经计算，反应池内总水头损失 $h_Z = 0.62\text{mH}_2\text{O} = 6.1 \times 10^3 \text{Pa}$。

③ GT 值的计算。水在 10℃ 时的绝对黏滞度 $\mu = 1.3092 \times 10^{-3} \text{Pa} \cdot \text{s}$，根据公式计算得

$$G = \sqrt{\frac{\rho h}{60 \times 10^4 \mu T}} = \sqrt{\frac{1000 \times 6.1 \times 10^3}{60 \times 10^4 \times 1.309 \times 10^{-3} \times 10}} \approx 27.87 (\text{s}^{-1})$$

$$GT = 27.87 \times 20 \times 60 = 33444$$

此值在 $10^4 \sim 10^5$ 范围内，反应池设计合理。反应池平面尺寸见图 8-24。

(7) 含铁水的沉淀　含铁水的沉淀用 1 座平流式沉淀池，停留时间 $t_\text{沉} = 40\text{min}$，兼起延长反应时间的作用。

① 单池容积 $W_\text{沉} = Qt_\text{沉} / n = 416.7 \times 40 / (60 \times 1) = 277.8 (\text{m}^3)$

② 池长 $L_\text{沉}$。池内水平流速按普通混凝池沉淀取值，$v_\text{沉} = 12\text{mm/s}$，则

$$L_\text{沉} = 3.6 v_\text{沉} t_\text{沉} = 3.6 \times 12 \times 40 / 60 = 28.8 (\text{m})$$

③ 池宽 $B_\text{沉}$。池的有效水深采用 $H_\text{沉} = 3\text{m}$，则池宽

$$B_\text{沉} = W_\text{沉} / (L_\text{沉} H_\text{沉}) = 416.7 / (28.8 \times 3) \approx 3.2 (\text{m})$$

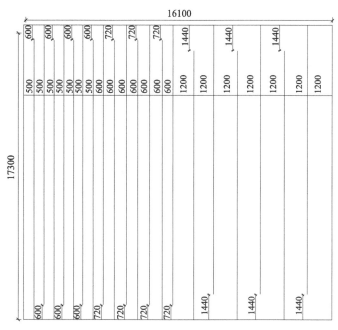

图 8-24 反应池平面尺寸

满足池的长宽比大于 4 的要求。

④ 沉泥区深度取 1m，沉淀池深度相应增加 1m。根据已有工程数据，沉淀池排泥时间 1 年 1 次，采用人工清泥。

⑤ 水力条件复核。水力半径

$$R = w/\rho = B_沉 H_沉/(2H_沉 + B_沉) = 3.2 \times 3/(2 \times 3 + 3.2) = 1.04(m) = 104(cm)$$

费汝德数 $Fr = v_沉^2/(Rg) = 1.2^2/(104 \times 981) = 1.4 \times 10^{-5}$

在规定范围（$1 \times 10^{-4} \sim 1 \times 10^{-5}$）内。

(8) 滤池（具体计算过程参见例题 8-2 普通快滤池部分） 在自然氧化法除铁工艺中，三价铁经水解、絮凝后形成的悬浮物，用普通滤池过滤去除，本工程采用普通快滤池，相关设计数据如下。

① 考虑原水含铁量较高，应适当减低滤速以保证过滤效果滤速 $v_滤 = 5m/h$。

② 滤池滤料采用石英砂，粒径 0.2～0.6mm，滤层厚 700mm。

③ 承托层厚度 $H_1 = 0.45m$（级配组成见第 3 章）。

④ 冲洗强度 $q = 14L/(s \cdot m^2)$，膨胀率 40%，冲洗时间 $t = 8min = 0.13h$。

⑤ 冲洗周期 $t_滤 = 12h$。

⑥ 期终水头损失控制在 1.5m。

⑦ 经计算滤池面积 $F_滤 = 84m^2$。滤池个数采用 $N_滤 = 4$ 个，成双行对称布置；每个滤池面积 $f_滤 = F_滤/N_滤 = 84.0/4 = 21.0(m^2)$。

⑧ 单池平面尺寸 $L_滤 = B_滤 = 4.6m$。

⑨ 砂面上水深取 1.7m，滤池超高取 0.30m，滤池高度 $H_滤 = 3.15m$。

⑩ 单池冲洗流量 $q_冲 = 294L/s \approx 0.29m^3/s$。采用大阻力配水系统，配水干管采用方形断面暗渠，断面尺寸采用 0.45m × 0.45m。

配水支管中心距采用 $s=0.25m$，支管总数 $n_2=36$ 根，支管直径 $d_支=80mm$，支管长度 $l_1=2m$。

孔径采用 $d_0=12mm=0.012m$，孔眼总数 $n_3=557$ 个，每一支管孔眼数（分两排交错排列）$n_4=15$ 个，孔眼中心距 $s_0=0.27m$，孔眼平均流速 $v_0=4.6m/s$，符合孔眼流速为 $3.5\sim5m/s$ 的要求。

⑪ 冲洗水箱。容量 $V_箱=212m^3$，水箱内水深，采用 $h_箱=3.5m$。水箱为圆形，直径 $D_箱=8.8m$。

⑫ 配水干渠。滤站的 4 个水池成双行对称布置，每侧 2 个滤池。

浑水进水、废水排出及过滤后清水引出均采用暗渠输送，冲洗进水采用管道。

各主干管的计算结果列于表 8-7。

表 8-7　主干管（渠）参数

管渠名称	流量/(m³/s)	流速/(m/s)	管渠截面积/m²	管渠断面有效尺寸/mm
浑水进水管	1.12	1	1.12	$b \times h=1.5 \times 0.75$
清水出水管	1.12	1.2	0.93	$b \times h=1.5 \times 0.62$
冲洗进水管	0.29	0.99	0.29	$D_冲=0.60$
废水排水管	0.29	0.58	0.50	$b \times h=1.0 \times 0.5$

【例题 8-7】　接触氧化法除铁设施计算

一、已知条件

原水含铁量为 $[Fe^{2+}]_0=10mg/L$，pH 值 $=6.8$，水温 10℃，耗氧量 2.45mg/L，$[SiO_2]=16mg/L$，$[HCO^{-3}]=3.43mg/L$，$[CO_2]=27.37mg/L$，不含锰。涌水量为 5000m³/d，要求处理出水 $[Fe^{2+}]<0.3mg/L$。

二、设计计算

原水含铁量偏高，但 pH 值较高，CO_2 值低，拟采用一级接触氧化法除铁工艺流程。该工艺由空压机曝气、压力式过滤除铁滤池组成。

（1）处理水量　自用水量按 5% 计，则日处理水量为
$$Q=1.05 \times 5000=5250(m^3/d)=218.75(m^3/h)$$

（2）曝气接触氧化滤池　选用立式钢制圆形压力滤池，这类滤池的最大直径一般小于 3m，取 $d_滤=2.4m$，过滤面积 $F_池=4.5m^2$。

① 滤池面积及个数。因原水含铁量偏高，滤速取低值 $v_滤=6m/h$，滤池总面积 $F=36.5m^2$，压力滤池的个数 $n_池=9$ 个。

② 滤料层和承托层。滤料选用天然锰砂，粒径 $d=0.6\sim2.0mm$，滤层厚 1.5m。滤层上水深为 1.5m。大阻力配水系统及承托层总厚 600mm，各层粒径及厚度见表 8-8。

表 8-8　大阻力配水系统承托层组成

层次（自上而下）	粒径/mm	承托层厚度/mm	组成
1	2~4	100	天然锰砂
2	4~8	100	天然锰砂
3	8~16	100	卵石
4	16~32	300	卵石

③ 反冲洗强度及水量。取反冲洗强度 $q_反=22L/(s \cdot m^2)$，反冲洗膨胀率为 22%，反冲

洗时间 $t_{反}$=15min。每池反冲洗水量为 99L/s。

④ 大阻力配水系统。反冲洗干管直径 DN300mm，反冲洗支管直径 DN70mm，管间距 200mm，干管两侧各设 11 根，共 22 根。配水系统孔眼直径 12mm，孔眼总数 146 个，孔眼 间距 0.15m。

配水系统干管、支管、孔眼布置见图 8-25。

⑤ 反冲洗排水管。滤池反冲洗排水管管径取 DN300mm，反冲洗时停止进水。排水喇 叭口口径为配水管的两倍，则其直径为 0.6m，喇叭口倾角 45°，其垂直高度为 0.150m。反 冲洗排水口顶端至滤料层顶面距离 H_e=0.6m。压力滤池剖面见图 8-26。

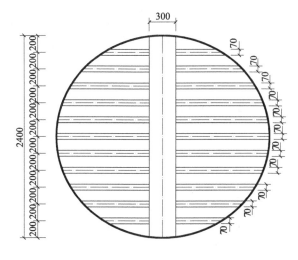

图 8-25　配水系统平面布置图

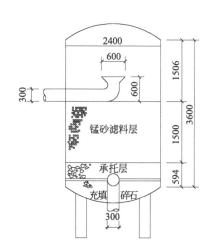

图 8-26　压力滤池剖面图

⑥ 反冲洗水的供给。反冲洗水由反冲洗泵供给，从清水池取水，反冲洗涌水量 $V_{反}$= 89.13m³。所需水泵的扬程 ΔH=5mH₂O。

选用三台 IS150-125-200A 离心清水泵，扬程 9.5m，流量 176m³/h，二用一备。

(3) 曝气设备

① 供气设备。根据原水水质分析认为，对散除 CO_2、提高 pH 值无特殊要求，选择压 缩空气曝气装置。取 a=4，除铁实际所需的溶解氧浓度：

$$[O_2]=0.14a[Fe^{2+}]_0=0.14\times4\times10=5.6(\text{mg/L})$$

空气密度 ρ_k 取 1.2g/L，氧在空气中所需的质量分数为 0.231，溶解氧饱和度 α=30。

$$V_{比}\eta_{max}=[O_2]/(0.231\rho_k\alpha)=5.6/(0.231\times1200\times0.30)\approx0.07$$

查图 6-5，滤前水的压力取 1atm（101325Pa），向单位体积的水中加入的空气体积为 $V_{比}$=0.25，则空气流量为

$$Q_{气}=V_{比}Q=0.25\times218.75\approx54.69(\text{m}^3/\text{h})=911.5(\text{L/min})$$

选三台静压力为 49kPa（5000mmH₂O）的 TSB-50 型罗茨风机，转速 900r/min，流量 520L/min，两用一备。

② 混合器。每座滤池处理水量 218.75/9=24.31（m³/h），进水管 DN100mm，流速 v 进=0.88m/s，上设气水混合器一个，水在混合器中的停留时间 t=15s。据公式 $t=n_3d/v$，有

$$n=(tv/d)^{1/3}=(15\times0.88/0.1)^{1/3}\approx5$$

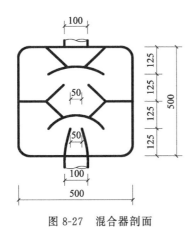

图 8-27 混合器剖面

混合器直径 $5\times0.1=0.5$（m），尺寸如图 8-27 所示。

【例题 8-8】 接触氧化法除铁除锰设施计算

一、已知条件

原水含铁量为 $[Fe^{2+}]_0=9mg/L$，含锰量 1.5mg/L，pH 值=6.9，水温为 8℃，溶解氧量 1.2mg/L，$[SiO_2]=16mg/L$，$[HCO_3^-]=10.65mg/L$，$[CO_2]=79.55mg/L$，原水碱度为 12mmol/L，含盐量 $P=220mg/L$。涌水规模为 $Q_0=8000m^3/d$，要求处理出水达饮用水标准。

二、设计计算

原水铁、锰含量中等，但已超标，如采用接触氧化法除铁除锰一级过滤工艺流程只能去除水中的铁，因水中的铁离子的干扰，不能保证锰的去除。故采用曝气两级过滤处理工艺。除铁滤池、除锰滤池均采用普通快滤池。

（1）处理水量 Q 第一级除铁滤池滤料用天然锰砂，粒径范围 0.6～2.0mm，滤层厚度 1.2m，冲洗强度 22L/(s·m²)，膨胀率 25%，冲洗时间 15min，滤速取 8m/h。过滤周期定为 10h。则水量增大系数为：

$$\alpha_1=\frac{1}{1-0.06\dfrac{qt}{vT}}=\frac{1}{1-0.06\times\dfrac{22\times15}{8\times10}}\approx1.33$$

第二级除锰滤池滤料粒径范围为 0.6～1.2mm，滤层厚度 1.2m，冲洗强度 18L/(s·m²)，膨胀率 30%，冲洗时间 15min，滤速取 8m/h。过滤工作周期取 5 天=120h。水量增大系数为：

$$\alpha_2=\frac{1}{1-0.06\dfrac{qt}{vT}}=\frac{1}{1-0.06\times\dfrac{18\times15}{8\times120}}\approx1.02$$

考虑设备漏水而引入的系数 α_3，其值取 1.02。

$Q=\alpha_1\alpha_2\alpha_3Q_0=1.33\times1.02\times1.02\times8000\approx11069.86(m^3/d)\approx461.24(m^3/h)$

（2）曝气设备 除锰曝气的主要目的是充分散除水中的二氧化碳，以提高水的 pH 值。故本设计采用叶轮表面曝气装置。

据原水含盐量的水中离子强度 $\mu=0.000022p=0.0049$

碳酸的第一级离解平衡常数 $K_1=\dfrac{[H^+][HCO_3^-]}{[H_2CO_3]}=3.43\times10^{-7}$

要求曝气后水的 pH 值为 7.5，则曝气后水的二氧化碳浓度

$$[CO_2]=[碱]\times10^{pK_1-pH-0.5\sqrt{\mu}}=12\times10^{6.46-7.5-0.035}\approx1.0(mg/L)$$

二氧化碳在水中的平衡浓度取 0.7mg/L；取 $\delta=D/d=6$，叶轮周边线速度 $v=4m/s$。

故曝气所需的停留时间

$$t_{曝}=\left[\frac{\left(\dfrac{D}{d}\right)\times\lg\dfrac{c_0-c_*}{c-c_*}}{1.3\times1.175^v\times1.019^{T-20}}\right]^{2.5}=\left[\frac{6\times\lg\dfrac{79.55-0.7}{1.0-0.7}}{1.3\times1.175^4\times1.019^{8-20}}\right]^{2.5}\approx7.34(min)$$

曝气池的容积

$$W_{曝} = Q t_{曝}/60 = 461.24 \times 7.34/60 \approx 56.43 (m^3)$$

曝气池采用圆柱形，池深 H 与池径 D 相等，即 $H=D$，则池直径：

$$D = \sqrt[3]{4W_{曝}/\pi} = \sqrt[3]{4 \times 56.43/3.14} \approx 4.16(m)$$

叶轮直径

$$d = D/\delta = 4.16/6 \approx 0.69(m)，取 0.7m$$

叶轮转速

$$n = 60v/(\pi d) = 60 \times 4/(3.14 \times 0.7) \approx 109.19(r/min)$$

如图 8-28 所示，叶轮的叶片 18 个，叶片高 0.105m，叶片长 0.105m，进气孔直径 0.038m，叶轮浸没深度 0.074m，轴功率 3.5kW。

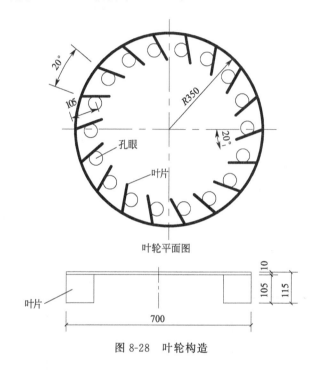

图 8-28　叶轮构造

（3）除铁滤池（具体计算过程参见第 3 章）

① 滤池总面积 57.66m²，滤池设 4 座，成双行对称布置，每个滤池面积 14.41m²。

② 单池平面尺寸 3.9m×3.9m。

③ 滤池高度。采用承托层厚度 0.45m（级配组成见表 8-9），滤料层（天然锰砂）厚度 1.2m（粒径范围 0.6～2.0mm），砂面上水深 1.70m，滤池超高 0.30m，滤池总高度为 3.65m。

表 8-9　承托层级配

材料	粒径/mm	厚度/mm	材料	粒径/mm	厚度/mm
马山锰砂	2.0～4.0	100	卵石	8.0～16.0	100
	4.0～8.0	100		16.0～32.0	100

④ 单池冲洗流量 0.26m³/s。

⑤ 冲洗排水槽

a. 断面尺寸。两槽中心采用 1.5m，排水槽 2 个，槽长 3.9m，槽内流速采用 0.6m/s，槽的断面尺寸见图 8-29。

b. 槽顶位于滤层面以上的高度为 1.275m。

c. 集水渠采用矩形断面，渠宽采用 0.5m，渠始端水深 0.74m，集水渠底低于排水槽底的高度为 0.95m。

⑥ 配水系统。采用大阻力配水系统，干管用钢管 $DN600mm$，流速 1.09m/s。配水支管中心距采用 0.2m，支管总数 40 根，支管流量 0.008m³/s。支管直径采用 $DN80mm$，流速 1.61m/s，支管长度 1.65m。支管孔眼孔径采用 0.012m，孔眼总数 354 个，孔眼中心距 0.2m，孔眼平均流速 7.86m/s。

⑦ 反冲洗水由反冲洗泵供给，从清水池取水，所需水泵的扬程为 11.29mH_2O。

选用三台 250S14 型离心清水泵，扬程 11m，流量 576m³/h，二用一备。轴功率 22.1kW，电机功率 30kW。

（4）除锰滤池（采用普通快滤池，具体计算参见第 3 章）

① 滤池总面积 57.66m²，滤池设 4 座，成双行对称布置，每个滤池面积 14.41m²。

② 单池平面尺寸 3.9m×3.9m。

③ 滤池高度。承托层厚度 0.45m（级配组成同除铁滤池），滤料层（天然锰砂）厚度 1.2m（粒径范围 0.6～1.2mm），砂面上水深 1.70m，滤池超高 0.30m，滤池总高度为 3.65m。

④ 单池冲洗流量 0.26m³/s。

⑤ 冲洗排水槽

a. 断面尺寸。两槽中心距采用 1.5m，排水槽 2 个，槽长 3.9m，槽内流速采用 0.6m/s。槽的断面尺寸见图 8-30。

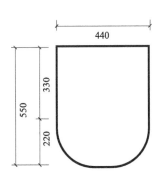

图 8-29　冲洗排水槽的断面尺寸
（除铁滤池）

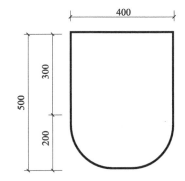

图 8-30　冲洗排水槽的断面尺寸
（除锰滤池）

b. 槽顶位于滤池面以上的高度为 1.275m。

c. 集水渠采用矩形断面，渠宽采用 0.5m，渠始端水深 0.65m，集水渠底低于排水槽底的高度 0.85m。

⑥ 配水系统。采用大阻力配水系统，干管用钢管 $DN500mm$，流速 1.28m/s。配水支管中心距采用 0.2m，支管总数 40 根，支管流量 0.0065m³/s。支管直径采用 $DN70mm$，流速 1.84m/s，支管长度 1.7m。支管孔眼孔径采用 0.012m，孔眼总数 383 个，孔眼中心距 0.2m，孔眼平均流速 6m/s。

⑦ 反冲洗水有反冲洗泵供给，从清水池取水，所需水泵的扬程为 8.105mH_2O。

选用三台 250S14A 型离心清水泵，扬程 8m，流量 504m³/h，二用一备。轴功率 14.6kW，电机功率 18.5kW。

8.4　含氟矿井水的处理

【例题 8-9】　混凝沉淀法除氟设施计算

一、已知条件

处理水量 $Q=2500m^3/d=104.17m^3/h$，原水含氟量 2.9mg/L，其余指标均达到《生活饮用水水质标准》。采用碱式氯化铝混凝沉淀除氟工艺，碱式氯化铝的投量为水中含氟量的 10 倍。其流程为泵前加药，水泵混合，沉淀池静止沉淀 4h 以上。

二、设计计算

原水水质较好，只需去除水中的氟即可，因此选用已有的混凝静沉工艺，不另设过滤设施。

（1）投药量 Q_1　投药量为原水中含氟量的 10 倍，则

$$Q_1=0.001\times10\times2.9Q=0.001\times10\times2.9\times2500=72.5(kg/d)\approx3.0(kg/h)$$

（2）溶液池　碱式氯化铝的投加浓度采用 $b=10\%$，每日调制次数 $n=2$，絮凝剂最大投量 $u=29mg/L$，则溶液池体积为

$$W_1=uQ/(417bn)=29\times2500/(24\times417\times10\times2)\approx0.36(m^3)$$

溶液池高取 0.8m，其中超高 0.3m，其平面尺寸取 0.9m×0.9m。溶液池设 2 个，以交替使用。

药液的流量：$Q_2=Q_1/(1000b)=3/(1000\times0.1)=0.03(m^3/h)$

（3）溶药池　溶药池体积 W_2 为

$$W_2=0.2W_1=0.2\times0.36\approx0.072(m^3)$$

溶药池高取 0.6m，其中超高 0.3m，平面尺寸取 0.5m×0.5m。

为投药方便，溶药池设在地坪下。池顶高出地面 0.2m，底坡坡度 0.03，池底设排渣管，池底在地坪以下 0.4m。

溶药池池底与溶液池顶面相平，便于药液自流进入溶液池，则溶液池池底在地坪以下 0.9m。溶液池内的药液依靠重力投加到水泵吸水口上，利用水泵叶轮搅拌混合。

（4）沉淀池　采用静止沉淀，设 3 座沉淀池，每座沉淀池的容积 250m³，进水时间为 2h，交替运行，每座沉淀池时间 4h。每池底部设 0.5m 高的污泥区和 0.3m 超高，有效水深为 3m，平面尺寸 9.3m×9.3m。

原水由泵提升至沉淀池，药液靠重力投加到水泵吸水管上，利用叶轮高速旋转混合。混合后的水在沉淀池中静止沉淀 4h，上清液可以饮用。

【例题 8-10】　活性氧化铝吸附过滤法除氟设施计算

一、已知条件

处理水量 $Q=4800m^3/d=200m^3/h$。原水含氟量为 5.8mg/L，其余水质指标均可达到生活饮用水标准。因原水含氟量高，不宜采用混凝沉淀法工艺，以免加药量过大并造成二次污染。采用活性氧化铝吸附过滤法工艺。

二、设计计算

工艺流程为：原水→除氟滤池→除氟水水池。

除氟滤池用普通快滤池，取滤速 $v=1.5\text{m/h}$，原水反冲洗强度 $q_1=12\text{L/(s·m}^2)$，冲洗时间 $t=6\text{min}=0.1\text{h}$，膨胀高度以 50% 计。

用 2% 的硫酸铝溶液再生，再生液自上向下流动，滤速为 0.6m/h，历时 8min。再生周期为 60~84h，取 60h。

（1）计算水量（自用水量以 5% 计）

$$Q_{计}=1.05Q=1.05\times4800=5040(\text{m}^3/\text{d})$$

（2）滤池面积 F（具体计算过程参见【例题 8-2】）　滤池总面积 $F=140\text{m}^2$，滤池个数采用 $N=6$ 个，成双行对称布置。每个滤池面积 $f=23.3\text{m}^2$。

（3）单池平面尺寸　滤池平面尺寸 $L=B=4.8\text{m}$。

（4）单池反冲洗水流量　因为 $q_1=q_2$，所以 $Q_{反1}=Q_{反2}=279.6(\text{L/s})$

（5）冲洗排水槽尺寸及设置高度

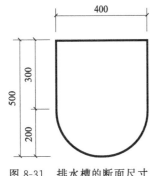

① 断面尺寸。两槽中心距采用 2.0m，排水槽个数为 2 个，槽长 4.8m，槽内流速采用 0.6m/s，槽的断面尺寸见图 8-31。

② 设置高度。槽顶位于滤层面以上的高度为 1.125m。

（6）集水渠　集水渠采用矩形断面，渠宽采用 0.5m。集水渠底低于排水槽底的高度为 0.75m。

（7）配水系统　采用大阻力配水系统，配水干管采用 $DN500\text{mm}$ 钢管，始端流速 1.38m/s。配水支管中心距采用 0.25m，支管总数 38 根，支管孔眼孔径采用 0.012m，孔眼总数 516 个，每一支管孔眼数（分两排交错排列）为 13 个。孔眼中心距 0.33m，孔眼平均流速 4.8m/s。

图 8-31　排水槽的断面尺寸

（8）原水反冲洗水泵　原水反冲洗用反洗水泵，直接从水源取水打入滤池。所需水泵的扬程 $\Delta H_1=15.123\text{mH}_2\text{O}$。选用三台 300S19A 型离心清水泵，扬程 16m，流量 720m³/h，二用一备。轴功率 39.2kW，电机功率 45kW。

（9）除氟水反冲洗水泵　除氟水反冲洗用反洗水泵，直接从清水池取水打入滤池。所需水泵的扬程 $\Delta H_2=10.104\text{mH}_2\text{O}$。选用三台 300S12A 型离心清水泵，扬程 11m，流量 522m³/h，二用一备。轴功率 21.7kW，电机功率 30kW。

（10）再生液系统的计算

① 再生液流量 $Q_{再}$。再生液滤速 $v_{再}$ 取 0.6m/h，则

$$Q_{再}=v_{再}f=0.6\times23.3=13.98(\text{m}^3/\text{h})$$

② 再生液池体积。每配一次药剂使用的时间采用 $t_{再}=4\text{h}$，则再生液池体积

$$V_{再}=Q_{再}t_{再}=13.98\times4=55.92(\text{m}^3)$$

池深取 3.8m，其中超高 0.3m，平面尺寸 4.5m×4.5m。再生液池设两个，轮换使用。

③ 溶液池体积。溶药池设一个，其容积按溶液池的 30% 计算，即

$$V_{溶}=0.3V_{再}=0.3\times55.92\approx16.78(\text{m}^3)$$

溶药池池深 2.5m，其中超高 0.5m，平面尺寸 3.0m×3.0m。

④ 高程布置。再生液池、溶药池、滤池之间用 $DN700\text{mm}$ 的管道连接，流速为 1.11m/s，$1000i=44.6$，$v^2/(2g)\approx0.063$。

溶药池、再生液池间管长 2m，设闸门一个（$\xi=0.5$），则溶药池池底高出再生液池最高液面的高度为

$$44.6\times2/1000+0.5\times0.063\approx0.12(\text{m})$$

为配药方便，溶药池为半地下式（池顶高出地面 1.5m），药液自流进入再生液池。再生液池为地下式，溶药池池底在地面以下 1m 处，再生液池池底在地面以下 4.62m 处。

再生液靠提升泵提升进入滤池。再生液池、滤池间管长 9m，设闸阀一个（$\xi=0.5$），90°弯头两个（$\xi=0.51$），升降式止回阀 1 个（$\xi=7.5$），再生液池池底低于滤池进水口的高度为 5m，则提升泵所需的扬程为

$$5+44.6\times9/1000+(0.5+0.51\times2+7.5)\times0.063\approx6(\text{m})$$

选 3 台 IS65-50-160A 型离心清水泵，扬程 6.2m，流量 7m³/h，二用一备，每台电机功率 0.37kW。

8.5　酸性矿井水的中和处理

【例题 8-11】　酸性矿井水中和设备的选型计算

一、已知条件

某酸性矿井水处理站处理规模为 400m³/d，进水 pH 值为 4.5～5.5。

二、中和设备选型计算

拟采用 HSZP 型酸性废水升流式变速过滤-曝气塔中和工艺装置处理该矿井水。

升流式膨胀过滤器（柱）分为恒速过滤和变速过滤中和两种，均以石灰石或白云石粒料作为中和滤料（剂），酸性废水自下而上通过中和滤层，废水中的无机酸即与粒料中的钙、镁离子发生化学反应，产生溶解度很小的钙、镁盐类沉淀物和二氧化碳。然后，废水进入曝气装置，去除水中的二氧化碳，达到中和处理的目的。

本类设备适用于含盐酸、硝酸、硫酸等无机酸类的工业废水的中和处理，进入中和过滤器废水的含酸浓度：硫酸一般不宜大于 2000～3000mg/L，盐酸、硝酸浓度可大于此值；变速升流过滤的进水含酸浓度可采取上限值，恒速过滤不宜取下限值；过滤器出水的 pH 值一般为 5 左右，经曝气去除二氧化碳处理后的出水 pH 值可达 6～6.5。

1. 设备组成

工艺如图 8-32 所示，本装置由中和过滤器、曝气塔以及耐酸泵、流量计及相应的管路系统构成。过滤器及曝气塔均用硬聚氯乙烯制作。过滤器的反应室（即装填粒状中和滤料部分）呈圆锥状变截面，滤速自下而上由大变小，使滤料基本上能均匀膨胀，达到提高粒料的利用率和避免恒速过滤时底部粒料表面产生硫酸钙结构而使中和反应"钝化"的问题。曝气塔系用过滤器顶上出水之位能，重力淋洒跌水式，自然通风。

2. 设备选型

酸性矿井水处理站处理规模为 400m³/d=16.7m³/h，选用 HSZP-10 型设备 2 台，处理水量 10～12m³/h，电机功率 2.2kW，主要性能参数如下。

进水含酸浓度：硫酸≤3000mg/L，硝酸、盐酸可大于此值。

中和过滤器滤速：上部 40～60m/h，下部 130～150m/h。

中和反应时间 40～60s。

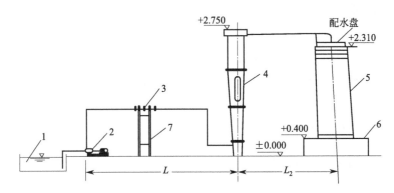

图 8-32　处理装置的工艺组成

1—调节池（自备）；2—耐酸泵；3—流量计；4—中和过滤器；

5—曝气塔；6—集水池（自备）；7—差压计

中和滤料粒径 0.2～3mm；滤料层高度 0.8～1.2m。

曝气塔淋水密度 8～12m/(m³·h)。

出水 pH 值一般可大于 6，碳酸钙利用率约为 90％。

第9章
煤矿矿井水处理厂（站）及其他设计

9.1 处理厂（站）的位置和面积

9.1.1 处理厂（站）位置的种类

矿井水处理厂（站）的位置，可根据其竖向所在位置的不同，分为矿井之上的地面处理（或井上式）和矿井之中的井下空间内处理（或井下式）2种。

矿井水井上与井下处理位置各有不同的特点，其优缺点见表9-1。

表 9-1　地面处理与井下处理的比较

厂站位置	优点	缺点
地面	①人员工作环境好 ②物质、设备运送方便 ③污废物排放、处置方便 ④对外联系方便 ⑤相对减少向井下供电、通风等 ⑥供水安全度较好	①井下用水存在先提升再井下复用的电能消耗 ②增大井上井下的管理 ③不适合单一井下用水处理 ④提升水管道和设备较多，增加建设费用 ⑤寒冷地区需考虑气温对混凝的影响
井下	①就地处理就地用水，减少提升设备，降低提升水动力费用。处理投资省、运行费用低 ②可使井下水仓起到混凝沉淀池的作用，减少了处理设施 ③适合单一井下用水处理 ④井下水温在 15～20℃ 之间，有利于水处理的进行 ⑤适合采用一体化处理工艺	①人员工作环境和作业条件差 ②处理中污废物排放不方便。仓内淤泥人工定期清理，劳动强度大，效率低且周期长 ③对外联系不方便 ④增加了井下工作人员数及相应的生活保障 ⑤加大了向井下供电、通风的能力 ⑥受井下空间限制，不适合工艺流程长、技术复杂的处理要求

9.1.2 处理厂（站）位置的选择

处理厂（站）的位置在矿井水处理系统中，对整个系统的经济运行、维护管理等方面都有重大影响，选择时应充分考虑技术条件，并结合下列主要因素，综合比较确定。

① 处理水量规模的大小。

② 处理工艺的复杂性，处理系统布局的合理性。

③ 井上、井下用水量的比例。

④ 供水安全可靠性的要求。

⑤ 建设用地的工程地质条件，井下空间的建设条件。

⑥ 工程总投资额的要求。

⑦ 施工、运行和维护方便。

⑧ 生产过程中污染物的排放条件。

⑨ 人员工作环境的要求。

9.1.3 处理厂（站）的面积

处理厂（站）占用土地的面积，是关系到贯彻科学合理、节约用地、集约用地的一项重要比较指标，由于目前国内尚无矿井水处理厂（站）用地指标的规定，因此只能根据水厂设计的总体布置计算所需占地面积。

按照《城市给水工程项目建设标准》（建标 120—2009）的要求，矿井水常规处理站建设用地不应超过表 9-2 的规定值。处理规模小于 $5 \times 10^4 m^3/d$ 的矿井水处理站用地规模可参考 $5 \times 10^4 m^3/d$ 标准执行。

表 9-2　单位水量建设用地标准　　　　　　　　　　单位：$m^2/(m^3 \cdot d)$

建设规模/($\times 10^4 m^3/d$)	常规处理用地	预处理用地	深度处理用地	污泥处理用地
5~10	0.35~0.30	0.045~0.035	0.085~0.065	0.06~0.05
10~30	0.25~0.30	0.035~0.030	0.065~0.045	0.05~0.03

9.2　处理工艺流程选择

煤矿矿井水处理工艺流程的选择应是针对该矿井水的水质特点，以最低的基建投资和最经济的运行费用，使处理后的水质满足利用要求。

9.2.1　选择工艺流程的条件

在进行矿井水处理工艺选择时，必须充分掌握以下资料。

① 原水水质资料：对原水水质应做长期、细致的水质监测。矿井水水质主要受到当地岩层的地质年代、地质构造、岩石性质、各种煤系伴生矿物成分、所在地区的自然环境条件等因素影响，不仅不同矿区的矿井水存在水质差异，即使在同一矿区的不同井田水质也可能存在差异。对每一处矿井水水质都应进行水质分析，并作比较。

② 污染物的形成及其发展趋势：煤矿矿井水的污染主要是由于采煤活动造成的，对不同矿区矿井水的污染源进行分析，进而对矿井水潜在的污染影响及今后发展趋势做出分析和判断。

③ 出水水质要求：根据不同利用途径确定不同的水质要求。回用于工业则满足相应工业用水要求，回用于生活，则满足国家对饮用水的水质要求。确定出水水质目标时，还应对今后可能的水质标准提高做出相应的规划考虑。

④ 当地给水处理厂或其他类似的矿井水处理实践：煤矿矿井水本身的水质与当地地下水水质基本相同，所以当地给水处理的工艺和处理效果是矿井水处理工艺选择的重要依据。其它水质相类似的矿井水处理实例也是净水工艺的重要参考内容。

⑤ 操作人员的经验与管理水平：要使处理工艺能达到预期的处理目标，操作管理人员的技术水平具有十分重要的作用。同样的处理设备由于操作人员的不同可能产生不同的效果。因此在选择工艺时，应尽量选择符合当地习惯和使用要求的工艺。

⑥ 场地建设条件：不同处理工艺对于占地或地基承载等会有不同的要求，因此在工艺选择时还应结合建设场地的条件进行综合考虑。有些对气温敏感的处理工艺，在其选择时还应注意当地气候条件。

⑦ 今后可能的发展：随着经济的发展、矿井水利用目标的变化会提高出水水质要求，或者原水水质的变化，都可能对处理工艺提出新的要求，因此所选工艺要对今后的发展有一定的适应性。

⑧ 经济条件：经济条件是工艺选择中一个十分重要的因素。有些工艺（如膜处理）虽然对提高出水水质具有很好的效果，但是由于投资大或运行费用高而难以被接受。因此工艺选择还应适合当地经济条件进行考虑。

9.2.2　工艺流程的类型

（1）常规澄清处理工艺流程　我国矿井水水质污染物成分主要是以煤粉、岩粉为主的悬浮物和可溶性无机盐类，有机污染物较少。矿井水的澄清处理主要采用物理-化学方法，使浑水变清（主要去除悬浮物和胶体杂质），达到出水水质标准。

水处理工艺流程是由若干处理单元设施优化组合成的水质净化流水线。矿井水的常规处理法通常是在原水中加入促凝药剂（絮凝剂、助凝剂），使杂质微粒互相凝聚而从水中分离出去，包括混凝（凝聚和絮凝）、沉淀（或气浮、澄清）、过滤、消毒等。以高悬浮物矿井水处理达到饮用水标准为例，其工艺流程如图 9-1 所示。这种制取饮用水的处理过程单元与原理等参见表 9-3。

图 9-1　矿井水的常规澄清处理工艺

表 9-3　矿井水的常规澄清处理过程单元

加工步骤	加工效果	利用原理	主要设备	单元处理方法
①矿井水输送	矿井水使用专用管道输送	物　理	水　泵	
②预沉调节	调节水量、水质，预沉淀	物　理	预沉池	预沉淀
③加混凝剂	水中胶态颗粒脱稳	物　理	加药设备	凝　聚
④混合搅拌		物理化学	混合装置	
⑤絮凝搅拌	脱稳的胶态颗粒和其他微粒结成絮体	物理化学	絮凝池	絮　凝
⑥沉淀	从水中去除（绝大部分）悬浮物和絮体	物　理	沉淀池	沉　淀
⑦过滤	进一步去除悬浮物和絮体	物理化学，物理	由石英砂等构成的滤池	过　滤
⑧加氯	杀死残留水中的病原微生物	物　理	加氯机	消　毒
⑨混合接触		物理，微生物学，化学	清水池	
⑩贮存	调节水量变化			
⑪产品水输送	成品水在管网中流动	物　理	水　泵	

　　矿井水处理工艺流程及单元处理构筑物的选择，主要取决于矿井水的原水水质情况与出水水质，同时还与水厂规模、运行管理要求、地域气温等因素有关。

　　矿井水澄清处理工艺流程和适用条件可参考表 9-4 选择。

表 9-4　矿井水澄清处理工艺流程和适用条件

工艺流程	使用条件
原水→混凝沉淀或澄清→过滤→消毒	进水浊度不大于 2000～3000NTU，短时间内可达 5000～10000NTU
原水→接触过滤→消毒	进水浊度一般不大于 25NTU，水质较稳定且无藻类繁殖
原水→预沉→混凝沉淀→过滤→消毒	高悬浮物矿井水处理
原水→自然预沉(水仓)→混凝沉淀→过滤→消毒	
原水→混凝→超滤→消毒	浊度较低，短时间内不超过 100NTU
原水→加药预沉→混凝沉淀或澄清→过滤→消毒	酸(碱)性水且高悬浮物矿井水

　　(2) 酸(碱)性矿井水中和处理的工艺流程　酸性矿井水脱酸处理的工艺流程见表 9-5。

表 9-5　酸性矿井水处理方法及工艺流程

处理方法	工艺流程
石灰石中和滚筒法	原水→调节→石灰石滚筒→曝气→混凝→沉淀
石灰石升流膨胀过滤	原水→调节→过滤(石灰石)→曝气→混凝→沉淀
石灰中和法	原水→调节→中和氧化→沉淀→过滤
石灰石-石灰联合法	原水→滚筒(石灰石)→中和(石灰)→沉淀→过滤
生物转盘法	原水→沉淀→生物转盘→中和→沉淀

　　碱性矿井水处理的工艺类型主要有：原水→混凝→沉淀→中和→过滤。

　　(3) 高矿化度矿井水除盐处理的工艺流程　高矿化度矿井水除盐处理的工艺流程见表 9-6。

表 9-6　矿井水除盐处理工艺流程和适用条件

工艺流程	使用条件
原水→一体化净水器→电渗析器→消毒→淡化水	含盐量在 500～3000mg/L 的矿井水
原水→一体化净水器→锰砂除铁滤池→离子交换装置→淡化水	含盐量小于 500mg/L 的矿井水
原水→高效沉淀池→活性炭滤池→保安过滤器→反渗透装置→淡化水	含盐量在 500～3000mg/L 的矿井水
原水→澄清池→超滤装置→反渗透装置→淡化水	含盐量在 500～3000mg/L 的矿井水
原水→微絮凝→过滤→超滤→反渗透	含盐量在 500～3000mg/L 的矿井水

　　(4) 除铁、除锰工艺流程　矿井水除铁、除锰的处理工艺类型及适用条件见表 9-7。

表 9-7　除铁除锰工艺流程

项目		除铁工艺流程	适用条件
除铁	Ⅰ	原水→曝气→沉淀→过滤	不适用于溶解性硅酸含量高且碱度低时
	Ⅱ	Cl_2　混凝剂 原水→混凝→沉淀→过滤	适用于含铁矿井水
	Ⅲ	原水→曝气→接触氧化滤池过滤	不适用于含有还原性物质多和氧化速度快以及色度高的矿井水

续表

项目		除铁工艺流程	适用条件
除锰	I	KMnO₄ 原水──→混凝──→沉淀──→过滤	
	II	Cl₂ 原水──→锰砂过滤	
	III	原水──→曝气──→生物过滤	
同时除铁、锰	I	Cl₂ 混凝剂 原水──→混凝──→沉淀──→过滤（除铁）──→过滤（除锰）	当原水含铁、锰低时，可应用一级过滤
	II	Cl₂ 原水──→曝气──→过滤（除铁）──→过滤（除锰）	节省投氯量
	III	KMnO₄ 原水──→曝气──→过滤（除铁）──→过滤（除锰）	当锰含量大于 1.0mg/L 时，需在除锰滤池前加设沉淀池
	IV	原水──→曝气──→生物除铁除锰过滤	接触过滤除铁和生物固锰除锰相结合的流程
	V	原水──→曝气──→除铁过滤──→曝气──→生物除锰过滤	含铁量大于 10mg/L，含锰量大于 1mg/L

（5）矿井水的除氟工艺　除氟的矿井水处理方法和工艺列于表 9-8。

表 9-8　矿井水除氟净水工艺

	净水工艺流程	适用条件
I	原水→空气分离→吸附过滤	含氟矿井水水量较大时
II	原水→混凝→沉淀→过滤 ↑药剂	含氟量和含盐量均较低的矿井水
III	原水→过滤→离子交换	含氟量较低的矿井水
IV	原水→过滤→电渗析	含盐量较高的含氟矿井水

9.2.3　处理构筑物选择

矿井水主要处理单元构筑物的适用条件见表 9-9。

表 9-9　矿井水主要处理单元构筑物的适用条件

净水工艺		构筑物名称	适用条件		出水浊度/NTU
			进水悬浮物含量/(kg/m³)	进水浊度/NTU	
高浊度水沉淀	自然沉淀	天然预沉池 平流式或辐射式预沉池	10～30		2000 左右
	混凝沉淀	斜管预沉池 沉砂池	10～120		
	澄清	水旋澄清池	<60～80		一般为 20 以下
		机械搅拌澄清池	<20～40		
一般原水沉淀	混凝沉淀	平流式沉淀池			一般为 5 以下
		斜管（板）沉淀池			
	澄清	机械搅拌澄清池			
		水力循环澄清池			
普通过滤		普通快滤池或双阀滤池		一般不大于 5	一般为 1 以下
		双层或多层滤料池			
		虹吸滤池			
		无阀滤池			
		移动罩滤池			
		压力滤池			

净水工艺	构筑物名称	适用条件		出水浊度/NTU
		进水悬浮物含量/(kg/m³)	进水浊度/NTU	
接触过滤 (微絮凝过滤)	接触双层滤池		一般不宜 超过 25	
	接触压力滤池			
	接触式无阀滤池			
	接触式普通滤池			
氧化	臭氧接触池	原水有臭味,受 有机污染较重		
	臭氧接触塔			
吸附	活性炭吸附池		一般不大于 3	
消毒	液氯	有条件供应液氯地区		
	氯胺	原水有机物较多		
	次氯酸钠	适用于小型水厂和管网中途加氯		
	二氧化氯			
酸性矿井水中和处理	变速升流膨胀中和滤池			

9.2.4　工艺流程的布置

工艺流程的布置是矿井水处理站布置的主要内容,由于厂址地形和进出水管方向等的不同,流程布置可以有各种方案,但必须遵循下列原则。

① 流程力求简短,避免迂回重复,使净水过程中的水头损失最小。构筑物应尽量靠近,便于操作管理和联系活动。

② 尽量充分利用地形,结合地质条件,因地制宜地考虑流程,力求土方量最小。地形自然坡度较大时,应尽量顺等高线布置,必要时可采用台阶式布置。在地质变化较大的厂址中,构筑物应结合工程地质情况布置。

③ 注意构筑物朝向:净水构筑物一般无朝向要求,但建筑物则有朝向要求,如滤池的操作廊、二级泵房、加药间、化验室、检修间、办公楼等。实践表明,建筑物以接近南北向布置较为理想。

④ 考虑近远期的协调:当处理站明确分期进行建设时,流程布置应统筹兼顾,既要有近期的完整性,又要求有分期的协调性,布置时应避免近期占地过早过大。各系列净水构筑物系统应尽量采用平行布置。

9.3　平面布置

9.3.1　矿井水处理的工程设施

本章仅介绍矿井水地面处理的构筑物布置。根据选定的处理方案和处理工艺流程,通常矿井水处理厂(站)由生产性构筑物、辅助及附属设施、各种管道和其他设施四部分组成。

(1) 生产性构筑物　直接与水处理有关的构筑物包括:预沉调节池、澄清(絮凝池、沉淀池、滤池)或除盐、除酸等专项处理设施,以及清水池、冲洗及清洗设施、变配电室、投配药间(和药库)、加氯间(和氯库)、空压机房、回用水泵房、污泥处置设施等。

(2) 辅助及附属设施　为水处理服务所需的建筑物,分为生产辅助设施和生活附属建筑物。

生产辅助设施包括办公室、化验室、中心控制室、材料仓库、危险品仓库、车库、检修车间、堆砂场、管配件场等。

生活附属建筑物包括值班宿舍、浴室、食堂、锅炉房、门卫室等。

考虑到矿井水处理站与煤矿区一般毗邻,上述建筑物均可以酌情考虑与矿区其他建筑合建。如化验室、办公室可位于矿区综合办公楼内；食堂、锅炉房可与矿区共用；机修间、电修间可与煤矿生产机修间和电修间统筹考虑；车库、仓库可与矿区其他生产车间共用等。

（3）各种管道　包括处理构筑物间的生产管道（或渠道）、加药管道、厂区自用水管、排污管道、雨水管道、供热管道、排洪沟及电缆沟槽等。管道的布置详见 9.3.3。

（4）其他设施　包括厂区道路、绿化布置、照明、围墙及大门等。

处理站尽量设置环形道路；主要车行道为单车道时，最小道路宽 3.5m，双车道时宽 6m，支道和车间引道不小于 3m；车行道转弯半径为 6～10m；人行道宽度为 1.5～2m。

处理站应设置大门和围墙，围墙高度不宜小于 2.5m。

9.3.2　平面布置

矿井水处理厂（站）的平面布置应根据水质要求，结合工程目标、建设条件，在已确定的工艺组成和各工序功能目标以及处理构筑物形式的基础上，进行整个处理站的总平面设计，将各项生产和辅助设施进行组合、布置，并通过技术经济比较最终确定总体布置方案。布置时应注意下列要求。

（1）按照功能，分区集中　处理站平面布置依据各建、构筑物的功能和流程综合确定。将工作上有直接联系的辅助设施，尽量予以靠近，通过道路、绿地等进行分区，以利管理。按照功能分区，一般将矿井水常规处理站分为生产区、生活区、维修区三个区。

①生产区。生产区是整个布置的核心，由各项水处理设施组成，一般呈直线型布置。除处理设施流程布置要求外，尚需对有关辅助生产构筑物进行合理安排。

加药间（包括投加混凝剂、助凝剂、粉末活性炭、碱剂以及加氯间和相应的药剂仓库）的布置应尽量靠近投加点，如絮凝池、沉淀（澄清）池、清水池等附近，形成相对完整的加药区。

反冲洗泵房和鼓风机房宜靠近滤池布置，以减少管线长度和便于操作管理。

采用臭氧消毒时，臭氧车间应接近臭氧接触池。当采用外购纯氧作为臭氧发生气源时，纯氧储罐位置需符合消防要求。

在满足各构筑物和管线施工要求的前提下，水厂各构筑物应紧凑布置，便于操作管理和联系活动。寒冷地区因采暖需要，生产构筑物应尽量集中布置，以减少建筑面积和能耗。构筑物间的联络管道应尽量顺直，避免迂回，以减少流程中的水头损失。

② 生活区。是将办公楼、值班宿舍、食堂厨房、锅炉房、浴室等建筑物组合在一个区。为使建筑相对集中，可以考虑上述建筑合建，如办公室和化验室、锅炉房和浴室等。这些建筑布置在水厂进门附近，便于与外来人员联系。布置时，兼顾朝向和风向等因素，锅炉房应布置在该地区最小频率风向的上风向。

③ 维修区。将维修车间、泥木工厂合建，仓库与车库合建，和管配件场、砂场组合在一个区内。这一区占用场地较大，堆放配件杂物较乱，最好与生产系统有所分隔，独立为一个区。同时也需靠近生产区，以便于设备的检修，同时也要兼顾今后发展的需要。结合矿区实际情况，也可以将上述附属设施考虑和煤矿工业生产的附属设施合建或共用。

（2）注意净水构筑物扩建时的衔接　构筑物一般可以逐组扩建，但辅助设施（如泵房、加药间等）不宜分组过多，为此在布置平面时应郑重考虑远期扩建后的整体性。

（3）水厂附属建筑和附属设施应根据水厂规模、生产和管理体制，结合实际情况确定。以满足正常生产需要为主，非经常性使用设备应充分利用当地条件，坚持专业化协作、社会化服务的原则，尽量少配套工程设施和生活福利设施。

（4）处理站道路布置应结合日常交通、物料运输和消防通道的要求进行，也是平面布置的主要组成。一般在主要构筑物的附近必须有道路到达，同时构筑物之间的间距必须满足消防要求和避免施工的影响。

站外道路与厂内办公楼连接的道路采用双车道，道宽 6m，设双侧 1.5m 人行道，并植树绿化。厂内各构筑物之间的车行道，道宽最小为 3.5m，采用环形布置，以便车辆回车。加药间、加氯间、药库与絮凝沉淀池间，设步行道联系，泥木工间、浴室、宿舍等无物品、器材运输的建筑物，也应设步行道与主干道或车行道联系。

（5）因地制宜和节约用地　处理站布置应根据地形，尽量注意构筑物或辅助建筑物采用组合或合并的方式，既便于操作联系，节约造价，又能增大建筑体型，丰满立面处理。

（6）构筑物在满足生产工艺要求的前提下，充分考虑建、构筑物埋深之间的关系，减少基础工程量，减小施工时的基坑支护工程量，并综合考虑场内道路、管网之间的平面、竖向关系，减少防护工程量，并有利于管网的检修工程。

（7）处理站应进行绿化　应在节约用地的原则下，通过合理布局增加绿化面积。正对大门内可布置花坛。办公室、宿舍、食堂、滤池、泵房等门前空地可修建草坪。道路与构筑物之间的带状空地，靠近道路一侧植绿篱，靠近构筑物一侧栽种花木或灌木，中间绿化以草皮为主，草地中可栽种一些花卉。道路两侧栽种主干挺直、高大的树木，如白杨。净水构筑物附近栽种乔木或灌木，步行道两侧、草坪周围栽种绿篱，高度为 0.6～0.8m，围墙采用 1.8m 高的绿篱。绿化地带不小于总面积的 30%。

（8）矿井水处理站的占地面积由于具体条件不一，参差较大。矿井水常规处理站建设用地的规定见表 9-2。用作水厂平面布置时，其各部分的大致占地比例如下：生产区占地一般为 40%～50%；辅助生产设施占地一般为 10%；管理区占地为 5%；绿化及道路占地为 30%～40%。

矿井水澄清处理厂平面布置实例见图 9-2。反渗透法除盐站的平面布置实例见图 9-3。

9.3.3　管线平面布置

矿井水处理站的生产过程主要是水体的传送，因此净水构筑物需由各类管道、渠道沟通。在构筑物定位之后，应对站内管道做平面布置。站内各类管道的科学合理布置，不仅直接关系到设备设施和管道的施工安装、运行管理和维修工作是否便捷，同时对净水系统的安全经济运行有着十分重要的意义。

（1）管道布置的原则　管道布置设计的一般原则如下。

① 管道布置应力求管线短，附件少，整齐美观，便于支吊，扩建方便。并应尽量采用标准管材管件和减少水流阻力损失。

② 管道布置不得影响设备的起吊和运送，也不得妨碍门窗的开闭。

③ 室内跨越人行通道的管道，其净空高度应不低于 2m；跨越离子交换间的管道净空高度不应低于 4m，以保证检修时运送设备的需要。

④ 架空敷设的管道最高点处应设排气阀。管沟中敷设管道的最低点处应设放空阀。

⑤ 管道外壁与墙（沟）壁之间、相邻管道外壁之间应有适当的距离，以便于施工安装和检查维修。

⑥ 手动操作阀门的布置高度不宜超过 1.6m，布置高度超过 2m 的阀门应有传动装置或操作平台，阀杆的方向不宜向下设置。

⑦ 安装流量计或加药孔板的管道，安装位置前直管段的长度应大于 15～20 倍的接管管径，安装位置后直管段的长度应大于 5 倍的接管管径，且在该直管段内不能安装任何管件。同时，安装位置应设在便于检修的地方。

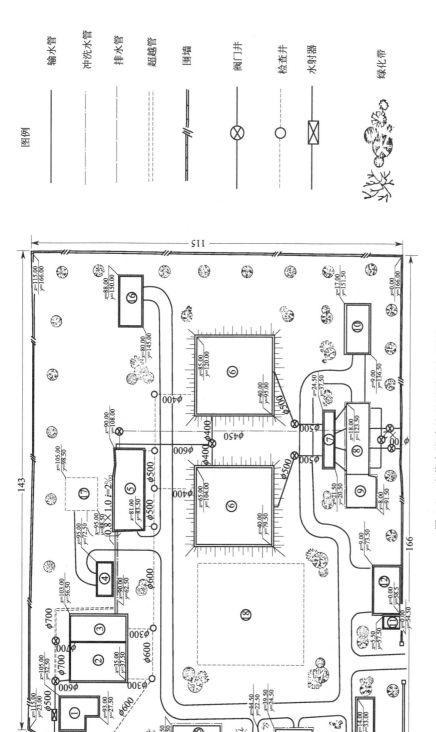

图 9-2　矿井水澄清处理厂平面布置图

1—加药间与药剂库；2—双层隔板絮凝池；3—斜管沉淀池；
4—加氯间及氯库；5—双虹吸普通快滤池；6—清水池；7—吸
水井；8—回用水泵站；9—变电室；10—机修间；11—传达室；
12—车库；13—综合楼；14—食堂、浴室；15—锅炉房；16—宿舍；
16—仓库；17—堆砂场；18—预留深度处理用地

图例

输水管
冲洗水管
排水管
超越管
围墙
阀门井
检查井
水射器
绿化带

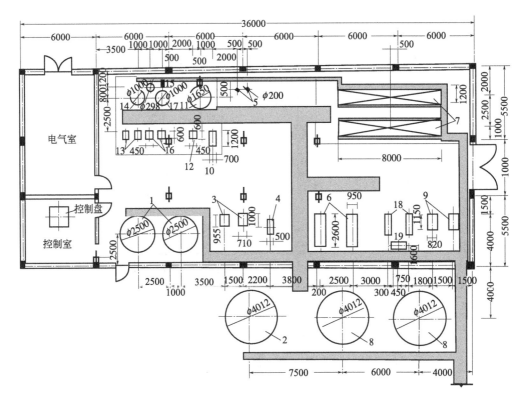

图 9-3 反渗透法除盐站的平面布置

1—精密过滤器；2—反渗透装置给水箱；3—反渗透装置给水泵；4—给水加热器；5—保安过
滤器；6—高压水泵；7—反渗透装置；8—脱盐水箱；9—脱盐水送水泵；10—反渗透装置
洗净泵；11—反渗透装置洗净箱；12—膜活化剂注入泵；13—盐酸注入泵；14—盐酸箱；
15—酸雾吸收器；16—次氯酸钠注入泵；17—次氯酸钠
箱；18—空气压缩机；19—空气干燥过滤器

注：过滤水槽、过滤水送水泵、精密过滤器送水泵、精密过滤器反冲泵布置在预处理间

（2）管线布置的方法   处理站内的管线一般包括给水管线、排水（泥）管线、加药和厂内自用水管线、动力电缆、控制电缆等。工艺流程中的主要管线布置方法如下。

① 给水管线。包括原水（浑水）管线、沉淀水管线、清水管线、超越管线。

原水管线指进入沉淀池之前的管线，一般为 2 根。接入方式要考虑近、远期结合和检修对生产运行的影响。由于阀门和配件数量较多，一般采用钢管和球墨铸铁管。

沉淀水管线：由沉淀池（澄清池）至滤池的管线。有两种布置方式：一种为架空，优点是水头损失小，渠道可兼做人行通道；另一种是埋地式，可不影响池子间的通道，适合寒冷地区。

清水管线：滤池至清水池之间的管线，承压较小。回用水泵房应尽可能采用吸水井，以减少清水池与泵房间的管道联络。

超越管线：考虑到某一环节因事故检修而停用时，不影响整个系统的运行，是一个重要环节，如超越滤池或超越清水池。

② 排水管线。包括地面雨水排除（包括山区防洪）、生产废水排除（沉淀池排泥、滤池反冲洗排水）、生活污水排除三个方面，排水系统分别设置。

③ 加药管线。一般采用塑料管，防止管道腐蚀。管道做成浅沟敷设，上设活动盖板。加药管线需以最短距离至投加点。

④ 自用水管线。包括站内生活用水、消防用水、冲洗和溶药用水等。一般成单独系统，由回用水泵房接出。

⑤ 供电线路集中敷设于电缆沟内，上铺盖板，深度不小于 0.8m，宽度不小于 0.7m，沟底尽量做成坡底，以利于排除积水。

9.4 高程布置

在澄清处理工艺流程中，各处理构筑物之间的水流一般为重力流，包括构筑物本身、连接管道、计量设备等水头损失在内。而除盐处理等工艺流程中，处理设施之间多为压力流。当水头损失确定以后，便可进行高程布置。构筑物高程布置与矿区地形、地质条件及所采用的构筑物形式有关，而水厂应避免反应沉淀池在地面上架空太高，考虑到土方的填、挖平衡，设计时一般采用清水池的最高水位与清水池所在地面标高相同。

9.4.1 管道（渠）水力计算

连接管道的设计流速应通过经济比较确定，当有地形高差可以利用时可采用较大流速。一般情况下各连接管道设计流速参见表 9-10。

表 9-10 连接管中的设计流速

连接管道	设计流速/(m/s)	水头损失/m	备注
一级泵房至混合池	1.0~1.2	视管道长度而定	
混合池至絮凝池	1.0~1.5	视管道长度而定	
絮凝池至沉淀池	0.15~0.2	0.1	防止絮凝体破碎
一级泵房或混合池至澄清池	1.0~1.5	视管道长度而定	
沉淀池或澄清池至滤池	0.6~1.0	0.3~0.5	流速宜取下限值，以留有余地
滤池至清水池	1.0~1.5	0.3~0.5	流速宜取下限值，以留有余地
快滤池反冲洗水压力管	2.0~2.5	视管道长度而定	因间歇运用，流速可大些
排水管（排除冲洗水）	1.0~1.2	视管道长度而定	

管线水头损失的计算包括沿程水头损失和局部水头损失两部分。由于连接管道局部阻力占较大比例，计算中必须加以重视。

计算公式为：
$$h(\text{m}) = h_1 + h_2 = \sum il + \sum \xi \frac{v_2}{2g}$$

式中　h_1——沿程水头损失，m；

　　　h_2——局部水头损失，m；

　　　i——单位管长水头损失；

　　　l——连通管段长度，m；

　　　ξ——局部阻力系数；

　　　v——连通管中流速，m/s；

　　　g——重力加速度，m/s^2。

在流程中装有计量设备时，应计算其水头损失。

9.4.2 处理构筑物高程计算

在澄清处理工艺中，处理构筑物的高程计算以清水池为计算起点，逐级向上叠加。以常规澄清工艺为例，各级水位标高计算为：

① 清水池最高水位＝清水池所在地面标高

② 滤池水面标高＝清水池最高水位＋清水池到滤池出水连接管渠的水头损失＋滤池的最大作用水头

③ 沉淀池水面标高＝滤池水面标高＋滤池进水管到沉淀池出水管之间的水头损失＋沉淀池出水渠的水头损失

④ 反应池与沉淀池连接渠水面标高＝沉淀池水面标高＋沉淀池配水穿孔墙的水头损失

⑤ 反应池水面标高＝沉淀池与反应池连接渠水面标高＋反应池的水头损失

各构筑物内和构筑物间水头损失可按表 9-11 粗略估计。

表 9-11 各构筑物中的水头损失

构筑物		水头损失/m	备注
进水井格栅		0.15~0.30	
水力絮凝池		0.4~0.5	
机械絮凝池		0.05~0.1	水泵混合时无损失
沉淀池		0.15~0.3	斜管沉淀池较大，同向流更大
澄清池		0.6~0.8	水力循环澄清池喷嘴损失另约 2~5m
普通快滤池	单层、双层滤料	2.0~2.5	
	三层滤料	2.0~3.0	
V 形滤池		2.0	
接触滤池		2.5~3.0	
虹吸滤池，无阀滤池		1.5	
移动罩滤池		1.2~1.8	
活性炭滤池		0.4~0.6	

矿井水澄清处理构筑物高程布置实例见图 9-4。

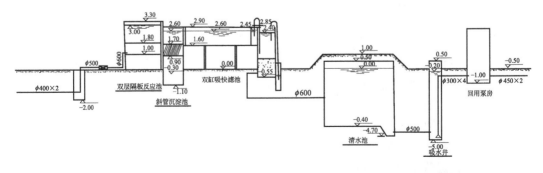

图 9-4 高程布置

9.5　矿井水的井下处理

9.5.1　澄清工艺设施的使用

（1）简易澄清　矿井水井下简易处理是指浑浊矿井水在井下水仓中进行汇集调节停留，并加入混凝剂进行絮凝沉淀，然后将清水溢流外排或引出使用。对沉淀污泥应进行定期清除。

（2）不同悬浮物含量的澄清　在井下处理工艺中，多采用定型处理设备（如压力过滤器等）及一体化处理装置（如一体化净水器等），以减少占地面积、缩短施工安装工期、便于自动控制，减少管理人员等。

当本矿区有较大的采空区可以利用时，即可采用：采空区预处理-过滤工艺，或采空区预处理-斜管沉淀-过滤工艺。若采空区较小，针对不同水质可省去部分构筑物。

① 矿井水 SS 大于 100mg/L，应充分利用井下水仓的自由沉淀作用，沉淀去除大部分悬浮物，然后采用斜管沉淀-过滤工艺，并要及时清理底部污泥，保持水仓的有效利用容积。

② 矿井水 SS 在 30～100mg/L，可采用自由沉淀或斜管沉淀-过滤工艺。

③ 矿井水 SS 小于 30mg/L，可采用直接过滤工艺技术。

9.5.2　井下处理技术应用

实例一：榆家梁煤矿井下水处理工程水量为 150m³/h，每天产水量为 3600m³/d。其水质见表 9-12。

表 9-12　榆家梁煤矿矿井水水质

项目	pH	浊度/NTU	悬浮物/(mg/L)	铁/(mg/L)	锰/(mg/L)	总硬度(以 CaCO₃ 计)/(mg/L)	溶解性总固体/(mg/L)
原水水质	7.17	95	965.1	6.5	0.65	360.6	550
回用水质	6～9	5	10	0.3	0.1	450	1000

榆家梁煤矿采用矿井水井下处理专用技术，由沉淀、过滤、阻垢、供水四部分组成，其工艺流程如图 9-5 所示。

矿井排水先收集到调节池，以降低对后续处理构筑物及设备的冲击负荷；而后经水泵提升到采空区自然渗滤，去除部分悬浮物；再自流进入复合沉淀池，悬浮物得到了进一步去除；再进入精过滤系统，该系统能有效去除水中的铁、锰离子；然后根据进水水质情况，在精过滤系统后加设一道阻垢装置，作用是使水中的镁离子和钙离子提前结晶，从而达到防垢除垢、降低硬度的目的。

经处理后的井下水用于井下配制乳化油、冷却用水、防尘洒水等。水质需达到《煤矿井下消防、洒水设计规范（MT/T 5023—2003）中井下消防洒水水质标准。

实例二：永煤集团为河南煤业化工集团下属企业，城郊井田位于永城隐伏背斜的西翼中段。该矿将反渗透技术应用于矿井水井下处理工程。该矿原水水质见表 9-13。

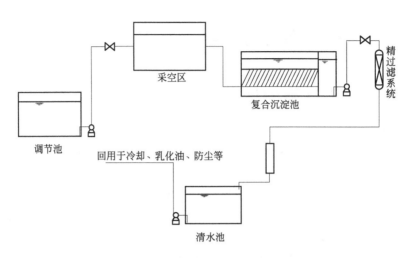

图 9-5　井下处理工艺图

表 9-13　城郊煤矿矿井水水质及其回用水质

项目	pH	浊度/NTU	Cl^-	矿化度	SO_4^{2-}	总硬度
原水水质	7.14	4	306	4284	2329	1907
回用水质	6～9	1	≤200	1000	≤400	≤500

　　该矿采用的处理设备由石英砂过滤器、活性炭过滤器、反渗透装置组成，出水用于井下液压支架的配液用水。其处理工艺见图 9-6。

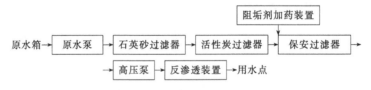

图 9-6　城郊煤矿矿井水井下处理工艺图

9.6　消毒

　　水的消毒指杀灭水中的病原菌及其他有害微生物，防止水致传染病的危害。消毒方法分为物理法和化学法两类，前者不在水中投加药剂（如采用加热、紫外线和超声波等），后者是在水中加入药剂和物品（如加入氯气、臭氧等氧化剂等）。消毒是饮用水处理工艺中不可缺少的最终处理单元工序。

　　若原矿井水污染较轻，没有其他特殊有毒有害物质，则经过混凝、沉淀、过滤后大量的细菌病毒已经被去除，可用于浴池、锅炉、卫生、绿化等。若矿井水经处理后供生活饮用就必须进行消毒处理，最终达到饮用水标准。现在，地下水处理多用氯作消毒剂，而矿井水一般无需长途输送，所以也可选择紫外线消毒。近些年，臭氧消毒多被提倡，但矿井水处理中还比较少用，臭氧剂量尚无足够参考数据。

9.6.1　消毒剂的选择

　　常用的消毒剂有液氯、次氯酸钠、二氧化氯、紫外线等。常用消毒剂的特点和适用条件见表 9-14。

表 9-14 常用消毒剂的特点和适用条件

项目		液氯	次氯酸钠	二氧化氯	臭氧	紫外线
杀菌有效性		较强	中	强	最强	强
效能	对细菌	有效	有效	有效	有效	有效
	对病毒	部分有效	部分有效	部分有效	有效	部分有效
	对芽孢	无效	无效	无效	有效	无效
投加量/(mg/L)		5～10	5～10	5～10	10	
接触时间		10～30min	10～30min	10～30min	5～10min	10～100s
一次投资		低	较高	较高	高	高
运转成本		便宜	贵	贵	最贵	较便宜
优点		技术成熟,投配设备简单,有持续消毒作用	可用海水或浓盐水作原料,也可直接购买,使用方便	使用安全可靠,有定型产品	能有效去除污水中残留有机物、色、臭味,受 pH 值和温度影响	杀菌迅速,无化学药剂
缺点		有臭味、残毒,使用时安全措施要求高	现场制备设备复杂,维护管理要求高	需现场制备,维修管理要求较高	需现场制备,设备管理复杂,剩余臭氧需做消除处理	消毒效果受出水水质影响较大。缺乏后续消毒作用
适用条件		大中型污水处理厂,最常用方法	中小型污水处理厂	小型污水处理厂	要求出水水质较好、排入水体的卫生条件高的污水处理厂	小型污水处理厂,随着设备逐渐成熟,正日益广泛采用

9.6.2 液氯消毒

氯是一种具有特殊气味的黄绿色有毒气体，很容易压缩成琥珀色透明液体即为液氯，液氯的相对密度约是水的 1.5 倍，氯气的相对密度约是空气的 2.5 倍。液氯的消毒效果与水温、pH 值、接触时间、混合程度、污水浊度、所含干扰物质及有效氯浓度有关。

液氯是目前国内外应用最广的消毒剂，但是液氯的氧化作用在水中和有机物反应可生成对身体有害的物质。随着消毒技术的研究发展，液氯将被其他消毒剂取代。

液氯消毒工艺流程如图 9-7 所示。

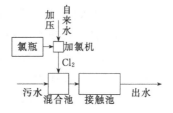

图 9-7 液氯消毒工艺流程

① 工程上使用氯的液态形式，装在压力为 0.6～0.8MPa 的钢瓶中使用。1kg 液氯可氯化成 0.31m³ 的氯气，氯瓶的出氯量不稳定，随季节、气温、满瓶和空瓶等因素而变化。为避免氯瓶进水后氯气受潮腐蚀钢瓶，瓶内需保持 0.05～01MPa 的余压。

② 液氯消毒主要是氯气水解生成的次氯酸的，所以当 pH 值低时，消毒效果较好。

③ 如果水中含有氨氮，加氯后会生成一氯胺和二氯胺，消毒作用较缓慢，消毒效果差，且需要较长的接触时间。

④ 氯气不能直接用管道投加，必须由加氯机投加，加氯点后可安装静态混合器，促使氯和水混合均匀。

⑤ 氯瓶中的液氯气化时，会吸收热量，为保证稳定的出氯量，一般用自来水喷淋在氯瓶上，以供给热量。

⑥ 投氯时，可将氯瓶放置于磅秤上核对钢瓶内的剩余量，以防止用空，加氯机中的水不得倒灌入瓶。称量氯瓶质量的地磅秤放在磅秤坑内，磅秤面和地面齐平，以便于氯瓶上下搬运。

⑦ 加氯间、氯库应设置每小时换气 8～12 次的通风设备。由于氯气的密度比空气的大，排风扇安装在低处，进气孔在高处。氯库和加氯间内要安装漏气探测器，探测器位置不宜高于室内地面 35cm。氯库和加氯间内宜设计漏气报警仪，有条件可采用氯气中和装置。

⑧ 氯气的设计用量，应根据相似条件下的处理厂运行经验，按最大容量确定。余氯量应符合《生活饮用水卫生标准》（GB 5749—2006），与水接触 30min 后出厂水的游离余氯不低于 0.3mg/L，管网末梢水不低于 0.05mg/L。一般滤前加氯量为 1.0～2.0mg/L，滤后加氯量为 0.5～1.0mg/L。

加氯量 Q 的计算公式：$Q = 0.001aQ_1$

式中　a——最大需氯量，mg/L；

　　　Q_1——需消毒的水量，m^3/h。

⑨ 氯和水应充分混合，接触时间不小于 30min，杀菌消毒效果会随氯和水的接触时间的增加而增加。如接触时间短，就应增加投氯量。

⑩ 为保证不间断加氯，保持余氯量的稳定，气源宜设备用，并设压力自动切换器。也可以在现场安装两台有显示功能的液压磅秤，输出 4～20mA DC 控制信号，并设置报警器，使值班人员能及时更换氯瓶。

⑪ 加氯机可保证液氯消毒时的安全和计量准确，为保证连续工作，其台数应按最大加氯量选用。加氯机应安装 2 台以上（包括管道），备用台数不少于 1 台。近年来新的加氯系统不断涌现，有些系统可根据原水流量以及加氯后的余氯量进行自动运行，可根据产品特性选用。

⑫ 加氯自动控制方式应按各水厂的具体条件决定，以经济买用为原则。目前常用的控制方式主要有模拟仪表和计算机。

⑬加氯间和氯库可单独建造，也可与加药间合建，便于管理。加氯间应有独立向外开的门，方便药剂运输。加氯间一般靠近投加地点，加氯间应和其他工作间隔开，加氯间和值班室之间应有观察窗，以便在加氯间外观察工作情况。另外加氯间和氯库应布置在处理站下风向。加氯量小的处理厂，加氯间可设在滤池的操作廊内。

⑭氯气管用紫铜管或无缝钢管，加氯管用橡胶管或塑料管。加氯间的给水管应保证不间断供水，并应保持水量稳定。

⑮氯库的储药量一般按最大用量的 7～15d 计算。氯库不应设置阳光直射氯瓶的窗户。

⑯加氯间外应有防毒面具、抢救材料和工具箱。防毒面具应防止失效，照明和通风设备开关应设在室外。加氯间宜用暖气采暖，用火炉时火口应设在室外，暖气散热片或火炉应远离氯瓶和加氯机。

9.6.3　次氯酸钠消毒

次氯酸钠（NaClO）一般为淡黄绿色溶液，有类似氯气的刺激性气味，属强氧化剂，在

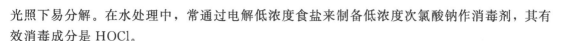

光照下易分解。在水处理中，常通过电解低浓度食盐来制备低浓度次氯酸钠作消毒剂，其有效消毒成分是 HOCl。

次氯酸钠消毒设备简单、操作方便、成本低、具有余氯效应等因素使得次氯酸钠很适合中小型矿井水处理厂。

① 电解食盐水的浓度在 3.0%以上为宜。每生产 1kg 有效氯，耗食盐 2.0～4.5kg，耗电 5～10kW·h，其成本较低。

② 次氯酸钠不宜久贮，夏天当日产当日用完，冬天可避光贮存，但贮存时间不超过 6 天。

③ 其投配方式与一般药液相同。

9.6.4　二氧化氯消毒

二氧化氯是深绿色的气体，具有刺激性气味，有毒性，不稳定，易挥发、易爆炸、受光或受热易分解。它易溶于水，不与水发生化学反应。

二氧化氯中氯以正四价态存在，其活性可为氯的 2.5 倍。即若氯气的有效氯含量为 100%时，二氧化氯的有效氯含量为 263%，因而有较高的杀菌效果。

由于受污染水源采用氯消毒可能会产生氯酚味和三卤甲烷等副产物，而采用二氧化氯可避免产生氯酚味和三卤甲烷。因此，二氧化氯在水处理中的应用逐年增加。

二氧化氯在空气中体积分数大于 10%或在水中含量大于 30%时，就有可能爆炸。故二氧化氯一般应现场制备，制备方法有化学法和电解法。化学法主要以氯酸盐和亚氯酸盐、盐酸等为原料；电解法以工业食盐和水为原料。从国内外资料分析，规模较大的处理厂由于投加量较大，采用转化率较高、产二氧化氯较纯的氧化法居多。中小规模处理厂也有采用电解法发生器的。

二氧化氯的投加量（以有效氯计）、接触时间、混合方式等与液氯相同。

① 二氧化氯的相对密度为 2.4，在水中的溶解度是氯的 5 倍。空气中 ClO_2 含量>10%或水中的 ClO_2 含量>30%时将发生爆炸。

② 二氧化氯不与氨氮等化合物作用而被消耗，因而具有较高的余氯，杀菌消毒作用比氯更强。同时它不会和水中有机物发生反应，避免生成有毒物质。

③ 在较广泛的 pH 值范围内具有氧化能力，是自由氯的 2 倍，能更快地氧化铁、锰，去除氯酚、藻类等引起的臭味，漂白能力强，可去除色度。

④ 二氧化氯的投加量与矿井水水质和投加用途有关，一般在 0.1～2.0mg/L 的范围内。用作除铁、除锰、除藻的预处理时，一般投加 0.5～3.0mg/L；当兼用作除臭时，一般投加 0.5～1.5mg/L；当仅作为出厂饮用水消毒时，一般投加 0.1～0.5mg/L。投加量必须保证管网末端能有 0.02mg/L 的剩余二氧化氯。

⑤ 也可二氧化氯和氯气混合使用，最佳投加比例按水样分析确定。这种投加方式一方面可以减少 THMs（三卤甲烷）产生；另一方面可以降低二氧化氯转化产生的 ClO_2^- 和 ClO_3^- 的浓度。

⑥ 二氧化氯投加

a. 加注点选择：为了除铁、除锰、除藻的预处理时，应该按二氧化氯与该去除物的反应速率而定，一般在混凝剂加注前 5min 左右投加；用作除臭或出厂水消毒时，投加点可设于滤后。

b. 接触时间：用于预处理时，二氧化氯与水接触时间为 15～30min；用于出厂水时，与水接触时间为 15min。

c. 投加方式：在管道中投加，采用水射器，根据所需压力，用水泵增压，以满足投加需要。在条件允许的情况下，水射器设置尽量靠近加注点。

在水池中投加，采用扩散器或扩散管。

二氧化氯投加浓度必须控制在防爆浓度以下，水溶液浓度可采用 6～8mg/L。

⑦ 加氯间和库房的设计。设置发生器的制取间与储存物料的库房可以合建，但必须设有隔墙分开。每间房有独立对外开的门和便于观察的窗，还应保持房间的干燥通风，避免阳光直射。制取间应设喷淋装置和机械搬运装置。在工作区间要有通风装置和气体的传感、警报装置。

库房面积应根据药料用量，按供应和运输时间设计，不宜大于 30d 的储存量。库房底层设有强制通风的机械设备。在药剂储藏室的门外应设置防护用具。

9.6.5 紫外线消毒

细菌、病毒和其他病原微生物在吸收该波段 200～280nm 的紫外线能量后，其微生物机体细胞中的 DNA（脱氧核糖核酸）或 RNA（核糖核酸）的分子结构遭到破坏，造成生长性细胞死亡和（或）再生性细胞死亡，达到杀菌消毒的目的。

《生活饮用水卫生标准》（GB 5749—2006）颁布后，饮用水对微生物指标和消毒副产物的要求进一步提高：不仅微生物指标从 2 项提高到 6 项，同时还要在保证安全消毒的同时必须有效地控制消毒副产物的产生。科学研究发现紫外线消毒对于抗氯的贾第鞭毛虫和隐孢子虫具有很好的消毒效果，且不产生有害的消毒副产物。紫外线消毒技术将成为我国矿井水消毒技术的重要选择。

（1）紫外线消毒设备　根据紫外灯安装位置，紫外线消毒设备分为两种，即浸水式和水面式。浸水式是把光源置于水中，紫外线利用率高，杀菌效果好，但设备构造复杂。水面式利用反射罩将紫外光辐射到水中，设备构造简单，但由于反射罩吸收紫外光以及光线散射，紫外光利用率不高，杀菌效果不如浸水式。

根据紫外灯类型，紫外线消毒设备分为低压灯系统、低压高强灯系统和中压灯系统。紫外线消毒设备中的低压灯和低压高强灯连续运行或累计运行寿命不应低于 12000h；中压灯连续运行或累计运行寿命不应低于 3000h。

我国 2005 年颁布了《城市给排水紫外线消毒设备》（GB/T 19837—2005），对紫外线消毒设备的分类、技术要求、检验规则等给出了详细规定，对工程设计也具有重要的指导意义。

（2）设计参数

① 紫外线消毒系统设计流量有平均流量、最大流量和最小流量。紫外消毒设备的设计，需要以最大设计流量来确定反应器的数量。另外，反应器数量除了满足最大流量的运行要求外，还必须保证至少有一台备用。设计最小流量主要考虑运行时可以关闭部分反应器来提高效率，同时节能和降低运行费用。

② 紫外线消毒计量是指单位面积上接收到的紫外线能量（mJ/cm²），是所有紫外线辐射强度和曝光时间的乘积。实际上，因为影响紫外线消毒效果的因素很多，通常通过理论计算而得到的设备紫外线平均剂量无法准确地反映紫外线反应器实际的消毒效果。故紫外线消

毒计量应由独立第三方机构通过生物剂量测定实验确定。

③ 紫外线消毒作为生活饮用水主要消毒手段时，紫外线消毒设备在峰值流量和紫外灯运行寿命终点时，考虑紫外灯套管结垢影响后所能达到的紫外线有效剂量不应低于 $40mJ/cm^2$，紫外线消毒设备应提供有资质的第三方用同类设备在类似水质中所做紫外线有效剂量的检验报告。

④ 紫外线穿透率（UVT）是消毒系统的重要设计参数之一。UVT 值的设定对紫外线消毒系统的规模是有很大影响的，一般紫外灯装在石英套管内并与水体隔开，则洁净石英套管在波长为 253.7nm 的 UVT 不应小于 90%。

⑤ 为保证紫外线消毒设备能长期、有效的运行，还需要确认灯管的老化系数和灯管套管的结垢系数的可靠性和有效性，并在剂量计算中予以考虑。

$$老化系数 = \frac{紫外灯运行寿命终点时的紫外线输出功率}{新紫外灯的紫外线输出功率}$$

$$结垢系数 = \frac{使用中的紫外灯套管的紫外线穿透率}{洁净紫外灯套管的紫外线穿透率}$$

紫外灯老化系数和套管的结垢系数通过行业标准的认证后，可使用认证通过的老化系数和结垢系数计算设备紫外线有效剂量。若紫外灯的老化系数和紫外灯套管结垢系数没有通过行业标准认证，应使用默认值来计算设备紫外线有效剂量。紫外灯老化系数的默认值为 0.5，紫外灯套管结垢系数的默认值为 0.8。

⑥ 为保证紫外消毒设备在工艺线路中的良好运行，还需要根据该型号紫外消毒设备的水头损失性能曲线，对每台紫外消毒设备的过水流量和水头损失进行复核，确保良好运行。

⑦ 为保证处理站的稳定运行，还要考虑在日常运行过程中的维护工作，主要是紫外灯管套管的清洗。清洗可分为在线自动清洗和非在线（即脱机）人工清洗。在线自动清洗又可分为机械加化学在线自动清洗方式和纯机械在线自动清洗。化学清洗是用清洗液的化学作用去除机械刮擦难以去除的表面污垢。具体需要根据紫外线消毒设备具体的型号配置情况而定。

一般来说，对于配备了机械加化学在线自动清洗方式的紫外线消毒系统，因机械清洗和化学清洗在线同步完成，无需人工的参与，所以不建议使用在线安装设备备用，可在库内预存一些零备件，如灯管、套管和镇流器，作为应急处理即可。

对于配备了纯机械在线自动清洗方式的紫外线消毒设备，需要定期人工非在线化学清洗紫外灯管套管，所以建议在线安装一定比例的紫外线消毒设备作为备用，同时在库内预存一些零备件，作为应急处理。

9.7　清水池

清水池是用于暂存处理后清水的有盖水池，设有进水管、出水管、放空管、溢流装置、导流墙、水位计、通风管、集水坑、检修孔、爬梯等附属设施。为防止大气中灰尘对水质的污染，还可以在通风装管上加设空气过滤器。

清水池一般位于处理工艺的末端与回用水泵房之前。其作用一是调节水量以适应供水量的变化；二是维持消毒剂与水的接触时间以确保消毒效果，保证水质安全，因此也是重要的水处理构筑物。

9.7.1　清水池有效容积

清水池有效容积由以下 4 个部分组成：

① 供水调节储量 W_1。指最高日供水调节储量。如果有最高日用水曲线资料，可根据用水曲线和产水曲线进行计算。如果缺乏用水曲线资料，调节容积可按处理水量的 10%～20% 计算。

② 自用水调节储量 W_2。处理厂自用水绝大部分为沉淀池排泥用水和滤池冲洗用水，而二者均为间歇式用水，短时间内对产水曲线影响较大。因此，W_2 可按一格沉淀池一次排泥量加一格滤池冲洗用水量计算。对于大型处理厂（规模 $10\times10^4\,m^3/d$ 以上），W_2 约为自用水量的 5%～10%；对于小型处理厂（规模 $5\times10^4\,m^3/d$ 以下），W_2 约为自用水量的 15%～20%。

③ 消防用水储量 W_3。为保证矿区消防供水安全，清水池内应储存一定量的矿区室外消防用水。W_3 的计算方法为：

$$W_3=(nQ_x+Q_g-Q_c)T$$

式中参数的含义如下。

a. n 为同时发生火灾次数，可根据《建筑设计防火规范》（GB 50016—2006）和《煤炭工业给水排水设计规范》（GB 50810—2012）中的有关规定选用。Q_x 为火灾发生时增加的消防供水量，一般情况下只包括室外消防用水量。

b. Q_g 为水厂最高日最高时供水量，Q_c 为水厂设计产水量。

c. T 为火灾延续时间。现行各种防火设计规范对不同建筑物、不同场所、不同消防设施规定了不同的火灾延续时间，从 0.5～6h 不等。

④ 安全储量 W_4。清水池使用一段时间后，池底一般会有一些沉积物。如果水位接近池底时继续供水，可能导致池底沉积物被水流搅起而使供水水质恶化。为防止这一现象，因此需要控制池内最小水深，由此产生的储量为安全储量。W_4 等于清水池面积乘以最小水深，最小水深一般为 0.2～0.3m。

⑤ 清水池有效容积：$W=W_1+W_2+W_3+W_4$。

9.7.2　消毒接触时间

清水池兼作消毒接触池时，应保证消毒剂与水充分混合接触，采用氯消毒时接触时间不少于 0.5h，采用氯胺消毒时接触时间不少于 2h。计算接触时间时不应包括 W_1 和 W_2，而是以 W_3+W_4 为基础。

《室外给水设计规范》（GB 50013—2006）还规定，接触时间应满足 CT 值的要求。其中 C 为清水池出水剩余的消毒剂浓度，单位为 mg/L；T 为消毒接触时间，单位为 min。CT 值受水温、pH 值、消毒剂种类和病原微生物灭活度要求等因素的影响。较低的水温、较高的 pH 值和较高的灭活度要求，需要较大的 CT 值，而消毒剂的氧化能力越强，所需的 CT 值越小。目前国内还没有 CT 值的标准。

上述接触时间应是有效接触时间，而不是水力停留时间。因为清水池内不可避免地存在"滞流"和"短流"的现象，使得部分水的停留时间小于水力停留时间，按水力停留时间进行设计不能保证水的充分消毒。

有效接触时间用 t_{10} 表示。其定义为在水池入口加入一定量的示踪剂后，从出口流出的示踪剂数量达到加入量10%时所需要的时间。即有10%的水停留时间小于t_{10}，而90%的水停留时间大于t_{10}，因此按t_{10}设计可以保证90%的水可以充分消毒。

有效停留时间与水力停留时间的比值t_{10}/T在0.1～1.0之间，并且与清水池内导流墙的设计关系密切。根据国内外有关研究，t_{10}/T与流道的长宽比呈正相关，即流道的长宽比越大，t_{10}/T越大。t_{10}/T可通过试验或计算机数值模拟获得，或参照金俊伟、刘文君等的研究成果按下式计算：

$$t_{10}/T = 0.185\ln(L/B) - 0.044$$

式中　L——增加导流墙后水流通道的总长度；

　　　B——水流通道的宽度。

另据张硕等的研究，流道的长宽比与t_{10}/T的对应关系见表9-15。另据杜志鹏等的研究，导流墙端部水流转折处的宽度也十分重要，过大或过小均不利于t_{10}/T的提高，研究表明，转折处宽度与水流通道的宽度的比例控制在0.8～1.0为宜。

表 9-15　流道长宽比与t_{10}/T

流道长宽比	9	17	26	38	150
t_{10}/T	0.263	0.27	0.496	0.537	0.7

9.7.3　溢流设施和通气设计

（1）溢流设施设计　溢流设施是防止清水池水位过高威胁结构安全的工程措施，小型水池一般采用溢流喇叭口，大型清水池可采用溢流井。溢流设施应保证溢流能力大于最大进水量，安全系数可取1.5～2.0。

溢流设施还应防止池内清水受到二次污染，应保证池外排水不得倒流进入池内。溢流出水管不得与外排水管道直接相连，而是通过水封井与室外排水管道连通。水封井水位应高于池外地面，当受条件限制无法做到时应采用防逆水封阀。

防逆水封阀是近年来出现的新产品，能够较好地防止清水池因溢流产生的二次污染，可以用于清水池设计高程较低、无法使溢流水封井水位高于池外地面的情况。防逆水封阀构造见图9-8。

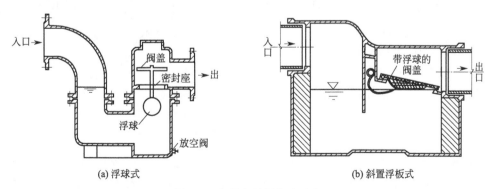

(a) 浮球式　　　　　　　　　　　　　　(b) 斜置浮板式

图 9-8　防逆水封阀构造示意

防逆水封阀实际上是一个带有水封的止回阀。水封的作用是阻隔臭气、飞虫等进入，止回阀的作用是防止外部污水倒灌。

（2）通气设计　清水池运行时池内水位不断变化，水位上升时池内空气排出，水位下降时池外空气进入。清水池通气不畅，可能引起池内气压出现负压或超压，严重时可能导致水池遭到破坏。一般情况，池内气压变化幅度不大于±300Pa。

9.8 污泥处理设施

在水处理厂（站）中，与产品水伴生的是从原水中分离出来的沉渣污泥。矿井水处理厂（站）的污泥主要为煤粉，处置不当不但会造成环境污染，更是资源的极大浪费。污泥处理是为最终处置、回收煤泥创造条件，处理方法与最终回收方式有关。在处理站设置污泥脱水系统，脱水后的煤泥与矿井煤泥一并外销，脱出的滤液则送回到预沉池再处理。

9.8.1 污泥浓缩

污泥浓缩的目的在于去除污泥颗粒间的空隙水，以减少污泥体积，为污泥的后续处理提供便利的条件。

污泥浓缩有重力浓缩、气浮浓缩、离心浓缩、微孔滤机浓缩及隔膜浓缩等方法。

重力浓缩根据运行方式不同分为连续式、间歇式，如图9-9、图9-10所示。前者适用于大、中型矿井水处理厂，后者应用于小型矿井水处理厂。

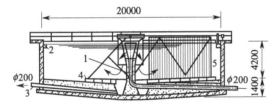

(a) 有刮泥机及搅动栅的连续式重力浓缩池

1—中心进泥管；2—上清液溢流堰；

3—排泥管；4—刮泥机；5—搅动栅

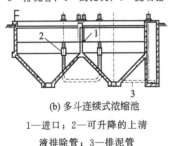

(b) 多斗连续式浓缩池

1—进口；2—可升降的上清

液排除管；3—排泥管

图9-9 连续式重力浓缩池（单位：mm）

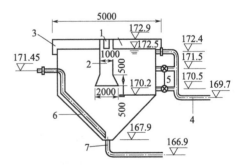

图9-10 带中心管间歇式重力浓缩池（单位：mm）

1—中心筒进泥口；2—中心筒；3—进泥槽；4—上清液排出管；5—上清液排出阀；6—排泥管；7—放空管

① 间歇式重力浓缩池进泥、排泥是间歇进行的。在池子的不同高度上设置上清液排出管。运行时，应先排除上清液，然后排除浓缩污泥，排空后再投入下一个循环。

② 连续式重力浓缩池可采用沉淀池形式，一般为竖流或辐流式，宜带有刮泥机和搅动栅。

③ 重力浓缩池面积应按污泥沉淀曲线试验数据确定的固体通量计算，当无试验数据和资料时，辐流式浓缩池的固体通量可取 0.5～1.0kg 干固体/(m² · h)，液面负荷不大于

$1.0 m^3/(m^2 \cdot h)$。

④ 污泥浓缩时间不宜小于 12h，有效水深宜为 4m 左右。

⑤ 浓缩池池底坡度为 8%～10%。

⑥ 刮泥机周边线速度不宜大于 2m/min。

9.8.2　污泥脱水

污泥脱水的主要目的是污泥减量，目前主要采用机械脱水。常用的污泥脱水机械有真空转鼓过滤机、自动板框压滤机、滚压带式压滤机、离心脱水机四种，见表 9-16。

表 9-16　机械脱水设备性能比较

性能指标	真空转鼓过滤机	板框压滤机	带式压滤机	离心脱水机
脱水泥饼含水率/%	75～80	65～70	70～80	75～80
运行情况	连续操作 自动控制	间歇操作 自动控制	连续操作 自动控制	连续操作 自动控制
附属设备	多	较多	较少	较少
操作管理工作量	小	大	小	小
投资费用	较高	高	较低	较高
运行费用	四种方式运行费用基本接近			
适用场合	中小型规模	中小型规模	各种规模水厂	各种规模水厂

近年来，浓缩脱水一体机得到广泛应用。浓缩脱水一体机的主要特点是将污泥的浓缩和脱水两个功能组合在一起完成，省去重力浓缩池，所需的停留时间短，占地面积小。矿井水处理站可根据实际需求选用。

9.9　人员编制和制水成本

9.9.1　人员编制

由于矿井水处理厂（站）所在公司企业、处理工艺和自动化程度等情况的不同，劳动定员人数往往出入较大。一般情况下，水厂定员数量应大致在表 9-17 所列范围内。

表 9-17　水处理厂（站）定员

建设规模/(×10⁴m³/d)	常规处理厂	预处理＋常规处理厂	常规处理＋深度处理厂	预处理＋常规处理＋深度处理厂
5～10	35～45	39～49	39～49	43～53
10～30	45～55	49～60	49～60	53～65

9.9.2　制水成本计算

矿井水处理站的单位制水成本是指处理工程建成后，全年内处理站单位制水量所需的经营费用。所以，应首先计算出年经营费用，然后除以年制水量，即为单位制水成本。

年经营费用是工程投产后生产产品的成本费用。矿井水处理厂（站）的年经营费用（E）主要包括原水费、动力费、药剂费、工资福利费、折旧提成费、检修维护费及其他费用。其计算方法程序如下。

① 原水费 $E_{水}$

$$E_{水}(元/年)=\frac{365QC}{K_d}$$

式中　Q——设计产品水生产规模，m^3/d；

$\quad\quad C$——原水费单价，元/m^3；

$\quad\quad K_d$——日变化系数。

②　动力费（电费）$E_{动}$

$$E_{动}(元/年)=\frac{hMd}{K_d}$$

式中　h——处理站设计年运行小时数；

$\quad\quad M$——处理站设计总用电负荷（有功功率），kW；

$\quad\quad d$——电费单价，元/kW·h。

③　药剂费 $E_{药}$

$$E_{药}(元/年)=\frac{365}{K_d}\sum A_iB_i$$

式中　A_i——某种药剂最高日用量，kg/d；

$\quad\quad B_i$——某种药剂单价，元/kg。

④　工资福利费 $E_{工}$

$$E_{工}(元/年)=Na$$

式中　N——处理站定员，人；

$\quad\quad a$——平均每人每年工资福利费，元/(人·年)。

⑤　折旧提成费 $E_{折}$

$$E_{折}(元/年)=SP$$

式中　S——处理站固定资产额，元；

$\quad\quad P$——年折旧费率，%。

⑥　检修维护费 $E_{检}$

$$E_{检}(元/年)=Sn$$

式中　n——处理站年检修维护费率，%。

⑦　其他费用 $E_{其}$（税款、行政管理费、辅助材料费等）

$$E_{其}(元/年)=(E_{水}+E_{动}+E_{药}+E_I+E_{折}+E_{检})\times10\%$$

⑧　年总成本费用 $E_{总}$

$$E_{总}(元/年)=E_{水}+E_{动}+E_{药}+E_I+E_{折}+E_{检}+E_{其}$$

所以，处理厂（站）的单位制水成本 T 应等于年总成本与年总制水量之比：

$$T(元/m^3)=\frac{E_{总}K_d}{365Q}$$

第10章
我国部分煤矿矿井水处理利用工程实例

Chapter 10

本章将我国各大区已建的部分煤矿矿井水处理利用的工程实例，以图表的形式予以归纳，主要列出了其矿井水水质、处理规模、出水用途、处理工艺流程、制水成本等资料。以供有关方面进行调研考察参观和设计建设参考，见表 10-1～表 10-6。

表 10-1　华北地区工程实例

序号	所在地区	煤矿名称	原水水质	工艺流程及工程概况
1	山西大同	燕子山矿	pH　　　　　7.34 COD_{Mn}　　25.6 硫酸盐　　　784 悬浮物　　　91 总硬度　　　405 铁　　　　　2.11 锰　　　　　0.167 溶解性总固体　2111.1	井下排水→混合器→预沉调节池→提升泵→管道混合器→气水混合器→全自动化学预沉器→中间水池1（加药） 排泥→污泥池→污泥浓缩池→离心脱水机（加药）→脱水煤泥→螺旋输送机→外运 反冲洗水池　滤液 用户←清水池←RO装置←高压泵←保安过滤器←UF超滤系统←中间水池2←锰砂过滤器（阻垢剂） 浓水→浓水池→浓水泵→矸石山灭火 处理规模:5000m³/d 出水可作为洗衣,洗浴,锅炉房,井下采煤机等用水 吨水处理经营成本为 1.91 元

序号	所在地区	煤矿名称	原水水质		工艺流程及工程概况

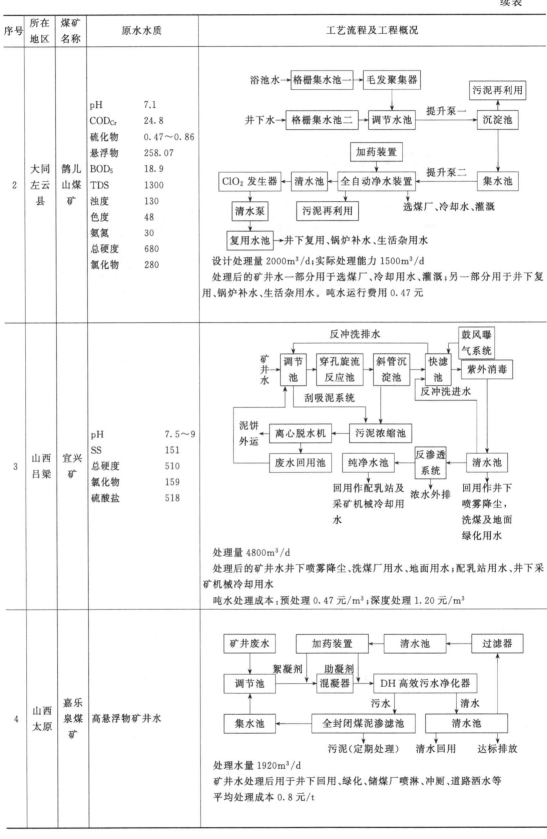

2	大同左云县	鹊儿山煤矿	pH COD$_{Cr}$ 硫化物 悬浮物 BOD$_5$ TDS 浊度 色度 氨氮 总硬度 氯化物	7.1 24.8 0.47~0.86 258.07 18.9 1300 130 48 30 680 280	设计处理量 2000m³/d;实际处理能力 1500m³/d 处理后的矿井水一部分用于选煤厂、冷却用水、灌溉;另一部分用于井下复用、锅炉补水、生活杂用水。吨水运行费用 0.47 元
3	山西吕梁	宜兴矿	pH SS 总硬度 氯化物 硫酸盐	7.5~9 151 510 159 518	处理量 4800m³/d 处理后的矿井水井下喷雾降尘、洗煤厂用水、地面用水;配乳站用水、井下采矿机械冷却用水 吨水处理成本:预处理 0.47 元/m³;深度处理 1.20 元/m³
4	山西太原	嘉乐泉煤矿	高悬浮物矿井水		处理水量 1920m³/d 矿井水处理后用于井下回用、绿化、储煤厂喷淋、冲厕、道路洒水等 平均处理成本 0.8 元/t

续表

序号	所在地区	煤矿名称	原水水质		工艺流程及工程概况
5	山西	屯兰煤矿	pH COD_{Cr} 硫酸盐 悬浮物 BOD_5 DO	6～9 50～350 784 500～3000 8.5 2.8	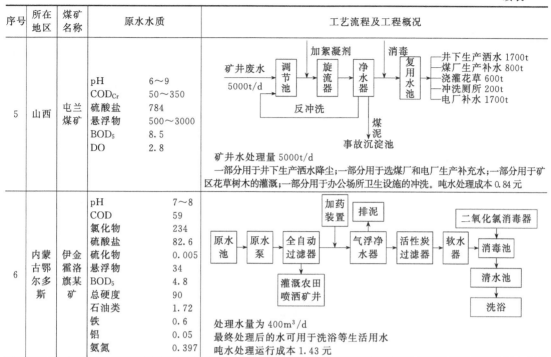 矿井水处理量 5000t/d 一部分用于井下生产洒水降尘；一部分用于选煤厂和电厂生产补充水；一部分用于矿区花草树木的灌溉；一部分用于办公场所卫生设施的冲洗。吨水处理成本 0.84 元
6	内蒙古鄂尔多斯	伊金霍洛旗某矿	pH COD 氯化物 硫酸盐 硫化物 悬浮物 BOD_5 总硬度 石油类 铁 铝 氨氮	7～8 59 234 82.6 0.005 34 4.8 90 1.72 0.6 0.05 0.397	处理水量为 400m³/d 最终处理后的水可用于洗浴等生活用水 吨水处理运行成本 1.43 元

注：浊度单位为 NTU，其余各指标单位为 mg/L，除 pH 值以外。

表 10-2　东北地区工程实例

序号	所在地区	煤矿名称	原水水质		工艺流程及工程概况
1	黑龙江鹤岗	南山煤矿	SS TSS 铁 锰 总 α 放射性 总 β 放射性	1532 2447 11.28 0.25 1.37 1.12	处理水量 8000m³/d 处理后矿井水一部分用于井下生产，一部分用于井上矿工洗浴和锅炉用水 总运行成本 0.21 元/m³
2	辽宁阜新	五龙矿	浊度 氟化物 硫酸盐 总溶解性固体 总硬度 铁 锰 细菌总数	100 1.6 270.0 1364 740.1 0.753 0.2 550	处理水量为 8×10^4 m³/d，远景为 14×10^4 m³/d 处理后矿井水用于井下生产，锅炉澡堂用水和生活饮用水

注：浊度单位为 NTU，总 α/β 放射性单位为 Bq/L，细菌总数单位为个/L，其余各指标单位为 mg/L，除 pH 值以外。

表 10-3　华东地区工程实例

序号	所在地区	煤矿名称	原水水质	工艺流程及工程概况
1	山东淄博	亭南煤矿	悬浮物矿井水 SS　　221~860 pH　　6.8~8.7 浊度　　130~535	矿井水→PAC投加装置　磁粉投加装置　PAM投加装置　　磁粉回收 预沉调节池→提升泵→混凝反应装置→磁分离机→清水池 排泥　　　　　　　　　　　排泥　磁分离磁鼓机 污泥浓缩池→污泥压滤系统→泥饼外运　　排放和回用 处理水量1000m³/h 矿井水处理的成本为0.45元/m³ 处理后的矿井水一部分用于生产,一部分达标后排放
2	山东淄博	西河矿	pH　　2.8~33 SS　　80 油　　0.7	井下排水→调节池→提升泵→中和处理机→沉降池→反应池→沉淀池→清水池→回用水泵→用户 处理水量2000m³/d 处理后的矿井水煤矿冲洗厕所、冲洗汽车和绿化用水 吨水处理成本0.33元
3	山东省济宁市	济宁三号煤矿	SS　　　　500~1000 总硬度　　216 硫酸盐　　765 总碱度　　533 溶解性固体含量1690 电导率　　2800	矿井水→预沉池→调节池→水泵→水力循环澄清池→中间水池　　煤泥水池→煤泥水泵→去选煤厂 煤泥水　煤泥水　　加混凝剂　加絮凝剂　消毒 电厂←电吸附←水泵←清水池←机械过滤器←中间水池←中间水泵 井下生产　　　　　　　　　　　　地面用水 处理量为8400~19200m³/d 经过预沉淀-混凝沉淀处理后,可直接用于地面生产辅助、消防、生态养护;机械过滤消毒后可用于井上下生产、小型设备冷却、喷雾降尘;电吸附除盐后出水优于电厂循环冷却水水质标准 地面用水处理成本0.543元/m³,经过滤消毒水处理成本0.616元/m³,电吸附除盐水处理总成本1.986元/m³
4	山东淄博	岱庄煤矿	高悬浮物,高胶结物,高泥沙矿井水 悬浮物　　1030~2360 pH　　7.98~8.27 COD　　982~1772 TDS　　1050	矿井水→格栅→沉砂池→混合池→旋流反应池→斜管沉淀池→水仓 斜管沉淀池下煤泥→污泥调节池→浓缩池→压滤机→泥饼外运 处理水量320m³/h 处理后的矿井水达到国家二级排放标准 吨水处理成本0.167元
5	山东省济宁市兖州	兴隆煤矿	SS　　300~600 pH　　6~9 石油类　　9.9	混凝剂→自动加药系统 矿井水→调节池→提升泵→水力循环澄清池 反冲水　　　　　　　　污泥池→送洗煤厂 →无阀滤池→清水池→清水排放 设计处理水量7000m³/d 煤泥电厂循环冷却补充用水;洗煤厂生产补充用水;消防及工业广场用水1000m³/d。吨水综合成本为0.153元

序号	所在地区	煤矿名称	原水水质	工艺流程及工程概况
6	山东省济宁市兖州	杨村煤矿	SS　　100～600 pH　　6.5～8.5	集水池(潜污泵) 矿井水→预沉调节池→原水泵→(混凝剂)水力循环澄清池→(絮凝剂)无阀滤池→(反冲洗水) 煤泥 煤泥浓缩池→污泥泵→压滤机房→泥饼外运 消毒 清水池→供水泵→矿区居民生活用水 清水池→井下防尘用水 处理量为 5500 m³/d 矿井水处理系统,出水水质指标均符合国家生活饮用水卫生标准,可作为于生活饮用水 矿井水处理吨水综合成本为 0.33 元
7	江苏徐州大屯煤电公司	徐庄煤矿	pH　　　　　　8.04 氯化物　　　　234 硫酸盐　　　　524 悬浮物　　　　10 溶解性固体　　1069 总碱度　　　　294 总硬度　　　　452 K⁺＋Na⁺　　273 可溶性 SiO_2　8	矿井水预处理出水→清水池→多介质滤器→活性炭滤器 →反渗透装置→成品水池→出水外供 处理后的矿井水作为煤矿生产和生活用水 徐庄煤矿矿井水脱盐处理成本为 1.78 元/t 水
8	江苏徐州大屯煤电公司	孔庄、徐庄、姚桥、龙东矿	项目　孔庄　徐庄 pH　7.54　7.95 悬浮物 200～1200 50～500 硫酸盐 1194 1249 氯化物 222 327 重碳酸盐200 219 总硬度 946 1169 溶解性总2471 2580 固体 项目　姚桥　龙东 pH　8.07　7.72 悬浮物 50～500 65～450 硫酸盐 1350 1570 氯化物 368 436 重碳酸盐238 240 总硬度 1251 1299 溶解性总2878 3121 固体	孔庄矿: 絮凝剂 矿井水→预沉调节池→提升泵→管式混合器→旋流反应斜管沉淀池 絮凝剂 →多介质滤池→清水池→供水泵→用户 处理后部分用于选煤厂补充水,净化后的矿井水再经深度处理后用于锅炉补充水源水 徐庄、姚桥、龙东矿: 絮凝剂 矿井水→预沉调节池→吸水井→提升泵→高效澄清池→ 消毒 多介质滤池→清水池→供水泵→用户 龙东煤矿矿井水净化处理后用于选煤厂、生活杂用、锅炉冲灰、洗车用水。深度处理回用作锅炉补充水源水 徐庄煤矿矿井水净化处理后主要用于风井下注浆和办公楼冲厕以及厂区绿化用水。由于井下涌水较洁净,采暖期时可将注浆用水直接以井下洁净矿井水替代,净化后的矿井水进行深度处理后供矿区澡堂洗浴用水和锅炉补水源水 深度处理流程: 姚桥煤矿 净化后的矿井水→清水池→提升泵→活性炭过滤器→ 精密过滤器→电渗析装置→成品水池→供水泵→用户 姚桥煤矿矿井水处理后用于井下注浆、皮带走廊防尘用水;深度处理后用于洗衣房用水、洗浴用水 孔庄、徐庄、龙东矿 净化后的矿井水→清水池→提升泵→多介质过滤器→ 活性炭过滤器→精密过滤器→保安过滤器→高压泵→ 反渗透装置→成品水池→供水泵→用户

续表

序号	所在地区	煤矿名称	原水水质		工艺流程及工程概况
9	浙江	长广六矿	含铁酸性矿井水 pH 色度 COD_{Cr} 总Fe SO_4^{2-} Zn S^{2-} Cr Cu^{2+} Hg^{2+} Pb^{2+} Ni^{2+}	2.66 250 296 270 4306 0.49 1.837 0.95 0.19 0.037 0.34 3.0	处理水量1000m³/d 吨水处理运行成本0.68元 处理后矿井水达标排放或作工业用水回用
10	安徽淮南	新集二矿	SS pH	300～600 7.0～8.5	实际排水量(3.8～4.0)×10⁴m³/d 处理后矿井水一部分作为工业用水,一部分处理后达到生活饮用水水质卫生标准,用于生活用水 吨水处理成本0.253元
11	安徽淮南	新集三矿	SS 石油类 pH	100～1000 ＜9 6～9	处理水量2400m³/d 处理后矿井水达标排放 吨水处理成本0.183元

续表

序号	所在地区	煤矿名称	原水水质	工艺流程及工程概况
12	安徽淮南矿业(颍上县)	谢桥矿	矿井水是含盐、氯离子严重超标的高矿化度水，矿井水中悬浮物质量浓度为 100～600mg/L，最大为 1800mg/L，可溶性总固体物质量浓度为 2727.9mg/L，总硬度质量浓度为(以 $CaCO_3$ 质量浓度计)198.34mg/L	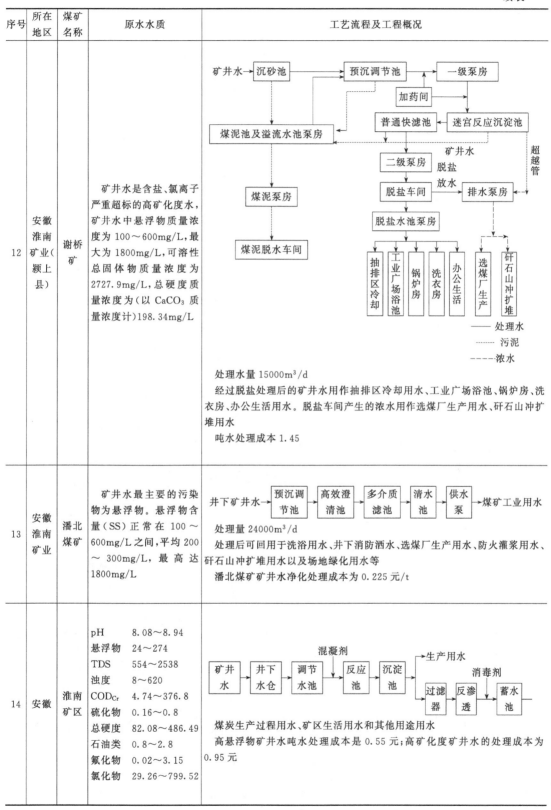 处理水量 15000m³/d 经过脱盐处理后的矿井水用作抽排区冷却用水、工业广场浴池、锅炉房、洗衣房、办公生活用水。脱盐车间产生的浓水用作选煤厂生产用水、矸石山冲扩堆用水 吨水处理成本 1.45
13	安徽淮南矿业	潘北煤矿	矿井水最主要的污染物为悬浮物。悬浮物含量(SS)正常在 100～600mg/L 之间，平均 200～300mg/L，最高达 1800mg/L	井下矿井水 → 预沉调节池 → 高效澄清池 → 多介质滤池 → 清水池 → 供水泵 → 煤矿工业用水 处理量 24000m³/d 处理后可回用于洗浴用水、井下消防洒水、选煤厂生产用水、防火灌浆用水、矸石山冲扩堆用水以及场地绿化用水等 潘北煤矿矿井水净化处理成本为 0.225 元/t
14	安徽	淮南矿区	pH　　　　8.08～8.94 悬浮物　　24～274 TDS　　　554～2538 浊度　　　8～620 COD_{Cr}　4.74～376.8 硫化物　　0.16～0.8 总硬度　　82.08～486.49 石油类　　0.8～2.8 氟化物　　0.02～3.15 氯化物　　29.26～799.52	矿井水 → 井下水仓 → 调节水池 → 反应池 → 沉淀池 → 过滤器 → 反渗透 → 蓄水池（混凝剂加入反应池；沉淀池出生产用水；消毒剂加入反渗透） 煤炭生产过程用水、矿区生活用水和其他用途用水 高悬浮物矿井水吨水处理成本是 0.55 元；高矿化度矿井水的处理成本为 0.95 元

注：浊度单位为 NTU，电导率单位为 μS/cm，其余各指标单位为 mg/L，除 pH 值以外。

表 10-4　中南地区工程实例

序号	所在地区	煤矿名称	原水水质		工艺流程及工程概况
1	湖南	湖南某矿区	pH	9.2	加"CH"混凝剂　　　　　　　　通入 CO_2 气体 矿井水→泵提升→混凝池→澄清池→清水池→pH值调节池→滤池→消毒→蓄水池→用户 　　　　　　　　　　　↓污泥回收 处理水量为 120～150m³/d 处理后的矿井水达到国家饮用水卫生标准,可作生活饮用水 吨水处理成本不超过 0.1 元
			浑浊度	436	
			色度	灰黑色	
			铁	2.5	
			锰	0.18	
			铅	0.054	
			细菌总数	36000	
			大肠菌群	＞2.38×10⁴	
2	河南	平顶山煤矿	pH	6.5～8	四矿、三环公司、六矿:采用一元化净水器处理 二矿、十一矿、五矿、七矿、大庄矿、高庄矿、八矿、十矿、六矿、一矿、十三矿:建矿井水处理厂 　　　　　　　　　加混凝剂 矿井水→井水中央水仓(简单沉淀)→沉砂(或调节池)→反应池 　　　　　加氯消毒 用户←清水池←过滤池←沉淀池 年涌水量 4800 多万吨 处理后矿井水用于煤场洒水降尘、冲矸和矸石山绿化,电厂冲灰补充水和洗煤厂洗煤补充水等
			总硬度	＜450	
			Cu	＜0.2	
			挥发酚	＜0.002	
			Cr	＜0.02	
			Pb	＜0.02	
			As	＜0.03	
			总碱度	＜300	
			氟化物	＜1	
3	河南	平顶山矿区	pH	7.0～8.5	加药(聚合氯化铝、石灰、苏打) 矿井涌水→井下提升泵站→自然充氧曝气→调节池→提升泵站 　　　　　　　　　　　　　　　　　　　加药(聚丙烯酰胺) 中水池←迷宫斜板沉淀池←正漩流网格反应池 →选煤厂、冷却用水　→沉淀污泥→污泥处理系统 →消防、市政杂用、农业灌溉 重力式无阀滤池→液氯→1号清水池→井下生产用水、澡堂用水 　　　　　　　　　　→2号清水池→生活供水管道 生活饮用水←　生活杂用水←办公楼、居住区电渗析器 处理水量 20000m³/d 处理后矿井水一部分用于井下生产,一部分用于生活饮用 工程总投资 120 万
			总硬度	742.1	
			浊度	100	
			TDS	1400	
			硫酸盐	268.0	
			总铁	0.7	
			锰	0.25	
			细菌总数	550	
			大肠菌群	150	
4	河南	鹤壁九矿	pH	7.48	聚合氯化铝　　　　　　　　二氧化氯 400m³/h 矿井水→调节池→提升泵→机械反应池→斜管沉淀池→锰砂无阀滤池 　　　　　　　　　　　　　　　　↓排泥 污泥池→去洗选厂 浓水池→供矿区防尘(75m³/h) 300m³/h 中间水池→加压泵→UF装置→RO装置→清水池→供电厂(325m³/h) 100m³/h　　　　　225m³/h 处理水量 400m³/h 矿井水处理后供矿区防尘和电厂使用 吨水处理运行成本 1.1435 元
			浊度	159	
			总硬度	888	
			溶解性固体	1286	
			总铁	32.1	
			二价铁	0	
			锰	2.35	
			溶解氧	9.3	
			COD	17.6	

续表

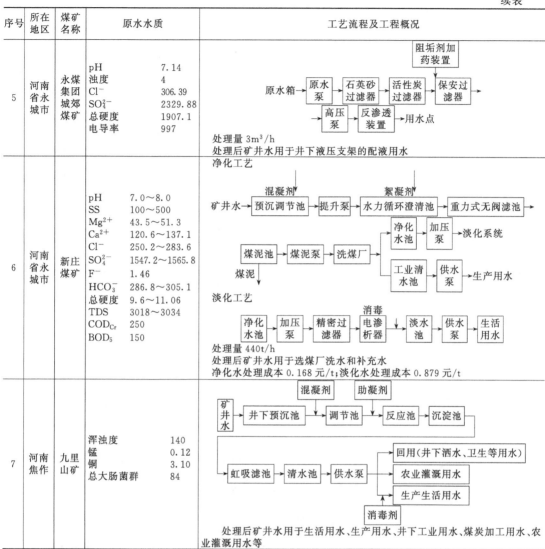

序号	所在地区	煤矿名称	原水水质	工艺流程及工程概况
5	河南省永城市	永煤集团城郊煤矿	pH　7.14 浊度　4 Cl^-　306.39 SO_4^{2-}　2329.88 总硬度　1907.1 电导率　997	原水箱→原水泵→石英砂过滤器→活性炭过滤器→保安过滤器（阻垢剂加药装置）→高压泵→反渗透装置→用水点 处理量3m³/h 处理后矿井水用于井下液压支架的配液用水
6	河南省永城市	新庄煤矿	pH　7.0～8.0 SS　100～500 Mg^{2+}　43.5～51.3 Ca^{2+}　120.6～137.1 Cl^-　250.2～283.6 SO_4^{2-}　1547.2～1565.8 F^-　1.46 HCO_3^-　286.8～305.1 总硬度　9.6～11.06 TDS　3018～3034 COD_{Cr}　250 BOD_5　150	净化工艺 矿井水→预沉调节池→提升泵→水力循环澄清池（混凝剂、絮凝剂）→重力式无阀滤池→净化水池→加压泵→淡化系统 煤泥池→煤泥泵→洗煤厂→工业清水池→供水泵→生产用水 淡化工艺 净化水池→加压泵→精密过滤器→消毒电渗析器→淡水池→供水泵→生活用水 处理量440t/h 处理后矿井水用于选煤厂洗水和补充水 净化水处理成本0.168元/t；淡化水处理成本0.879元/t
7	河南焦作	九里山矿	浑浊度　140 锰　0.12 铜　3.10 总大肠菌群　84	矿井水→井下预沉池→调节池→反应池（混凝剂、助凝剂）→沉淀池→虹吸滤池→清水池→供水泵→回用（井下洒水、卫生等用水）／农业灌溉用水／生产生活用水（消毒剂） 处理后矿井水用于生活用水、生产用水、井下工业用水、煤炭加工用水、农业灌溉用水等

注：浊度单位为NTU，电导率单位为μS/cm，总大肠菌群单位为个/L，其余各指标单位为mg/L，除pH值以外。

表 10-5　西南地区工程实例

序号	所在地区	煤矿名称	原水水质	工艺流程及工程概况
1	贵州省六盘水市	汪家寨煤矿	酸性矿井水 pH 值一般在 3.0～5.0 之间，除此之外，水中一般含有大量的 Fe（Fe^{2+}、Fe^{3+}）、SO_4^{2-}、Cl^-、HCO_3^- 等离子	工业用水→酸性矿井水→污水池→滚筒（石灰石、石灰）→反应池→沉淀池→达标排放 未达标矿井水 处理水量800m³/h 处理后矿井水用作工业用水
2	贵州六枝特区某矿		pH　6.2 SS　266 COD　73 Fe　5.4 Mn　0.58 As　0.0007 F^-　0.25 石油类　0.38	矿井水→调节沉淀池→澄清池（PAC、PAM）→锰砂过滤器→清水池→利用

序号	所在地区	煤矿名称	原水水质		工艺流程及工程概况
3	贵州	青龙矿井	高 SS		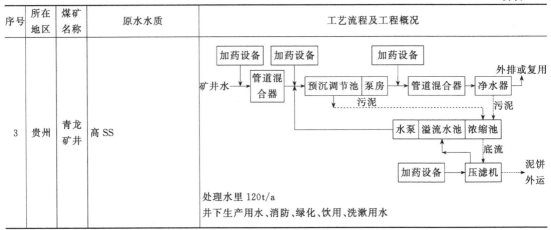 处理水里 120t/a 井下生产用水、消防、绿化、饮用、洗漱用水

注：浊度单位为 NTU，其余各指标单位为 mg/L，除 pH 值以外。

表 10-6 西北地区工程实例

序号	所在地区	煤矿名称	原水水质		工艺流程及工程概况
1	陕西榆林	金鸡滩矿井	SS 矿化度 总硬度 总碱度 硫酸根 氯离子 氟离子 TDS pH	400～1500 592.78 56.08 5.28 110.72 8.93 1.36 472 7.8	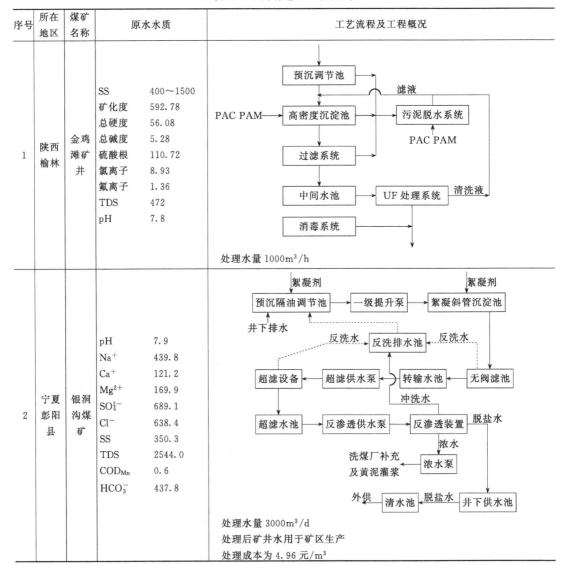 处理水量 1000m³/h
2	宁夏彭阳县	银洞沟煤矿	pH Na⁺ Ca⁺ Mg²⁺ SO₄²⁻ Cl⁻ SS TDS COD_Mn HCO₃⁻	7.9 439.8 121.2 169.9 689.1 638.4 350.3 2544.0 0.6 437.8	处理水量 3000m³/d 处理后矿井水用于矿区生产 处理成本为 4.96 元/m³

续表

序号	所在地区	煤矿名称	原水水质		工艺流程及工程概况
3	陕西云峰	彬东煤矿	主要污染物是悬浮物(SS)和COD,矿化度高 SS　　20～1000 总硬度　22.84 COD_{Cr}　40～100 矿化度　2.50 pH　　7.8		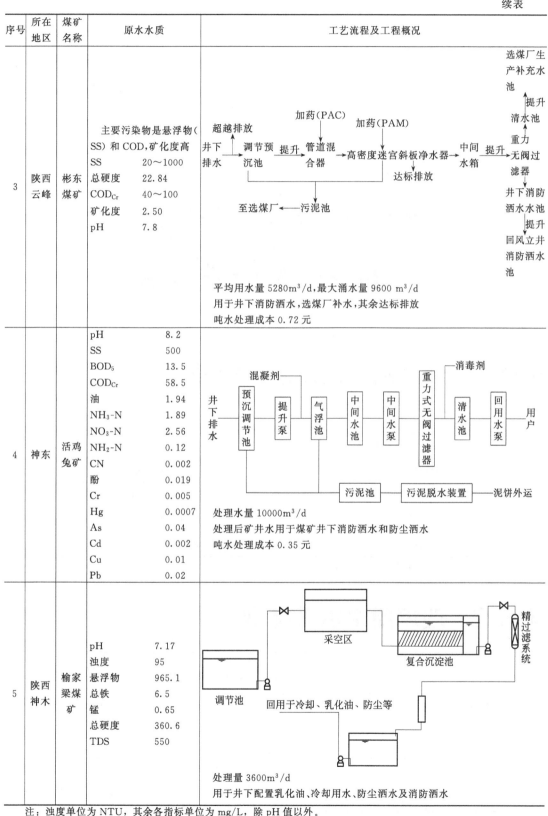 平均用水量 5280m³/d,最大涌水量 9600 m³/d 用于井下消防洒水,选煤厂补水,其余达标排放 吨水处理成本 0.72 元
4	神东	活鸡兔矿	pH SS BOD_5 COD_{Cr} 油 $NH_3\text{-}N$ $NO_3\text{-}N$ $NH_2\text{-}N$ CN 酚 Cr Hg As Cd Cu Pb	8.2 500 13.5 58.5 1.94 1.89 2.56 0.12 0.002 0.019 0.005 0.0007 0.04 0.002 0.01 0.02	处理水量 10000m³/d 处理后矿井水用于煤矿井下消防洒水和防尘洒水 吨水处理成本 0.35 元
5	陕西神木	榆家梁煤矿	pH 浊度 悬浮物 总铁 锰 总硬度 TDS	7.17 95 965.1 6.5 0.65 360.6 550	处理量 3600m³/d 用于井下配置乳化油、冷却用水、防尘洒水及消防洒水

注：浊度单位为 NTU，其余各指标单位为 mg/L，除 pH 值以外。

附录
煤矿矿井水利用
的相关水质标准

附录 1　洒水除尘用水水质标准

项　　目	标　　准
悬浮物含量/(mg/L)	≤30
悬浮物粒度/mm	<0.3
pH 值	6.5～8.5
总大肠菌群	每 100mL 水样中不得检出
粪大肠菌群	每 100mL 水样中不得检出

注：摘自《煤炭工业给排水设计规范》(GB 50810—2012)。

附录 2　选煤用水水质标准

项　　目		标　　准
悬浮物含量	洗煤生产补充水/(mg/L)	≤400
	循环水/(g/L)	50～100
悬浮物粒度/mm		<0.7
pH 值		6～9
总硬度(水洗工艺)/(mg/L)		<500

注：摘自《煤炭工业给排水设计规范》(GB 50810—2012)。

附录 3　水力采煤用水水质标准

用水设备		标　准		
		悬浮物/(mg/L)	pH 值	嗅和味
高压密封泵		≤10	≥7	不得有异嗅异味
高压供水泵	高转速	≤30	≥7	不得有异嗅异味
	低转速	≤150	≥7	不得有异嗅异味
	污水泵	≤500	≥7	不得有异嗅异味

注：摘自《煤炭工业给排水设计规范》(GB 50810—2012)。

附录 4　设备冷却用水水质标准

项　目	标　准	项　目	标　准
悬浮物含量/(mg/L)	100～150	BOD_5/(mg/L)	25
暂时硬度(以 $CaCO_3$ 计)/(mg/L)	≤214	进出水温差/℃	≤25
pH 值	6.5～9.5	排水温度/℃	≤40
油/(mg/L)	5		

注：摘自《煤炭工业给排水设计规范》(GB 50810—2012)。

附录 5　洗车及机修厂冲洗设备用水水质标准

项　目	标　准	项　目	标　准
pH 值	6.0～9.0	铁/(mg/L)	≤0.3
色度/度	≤30	锰/(mg/L)	≤0.1
浊度/NTU	≤5	溶解性总固体/(mg/L)	≤1000
悬浮物/(mg/L)	≤10	溶解氧/(mg/L)	≥1.0
嗅味	无不快感	总余氯/(mg/L)	接触 30min 后，≥1.0；管网末端，≥0.2
BOD_5/(mg/L)	≤10		
COD_{Cr}/(mg/L)	≤50	总大肠菌群/(个/L)	≤3
氨氮/(mg/L)	≤10	石油类/(mg/L)	<0.5
阴离子表面活性剂/(mg/L)	≤0.5		

注：摘自《煤炭工业给排水设计规范》(GB 50810—2012)。

附录 6　煤炭工业废水有毒污染物排放限值

序号	污染物	日最高允许排放浓度/(mg/L)	序号	污染物	日最高允许排放浓度/(mg/L)
1	总汞	0.05	6	总砷	0.5
2	总镉	0.1	7	总锌	2.0
3	总铬	1.5	8	氟化物	10
4	六价铬	0.5	9	总 α 放射性	1Bq/L
5	总铅	0.5	10	总 β 放射性	10Bq/L

注：摘自《煤炭工业污染物排放标准》(GB 20426—2006)。

附录 7　采煤废水污染物排放限值

序号	污染物	日最高允许排放浓度/(mg/L)(pH 值除外)	
		现有生产线	新建(扩、改)生产线
1	pH 值	6~9	6~9
2	总悬浮物	70	50
3	化学需氧量(COD$_{Cr}$)	70	50
4	石油类	10	5
5	总铁	7	6
6	总锰①	4	4

① 总锰限值仅适用于酸性采煤废水。

注：摘自《煤炭工业污染物排放标准》(GB 20426—2006)。

附录 8　污水综合排放标准

附表 8-1　第一类污染物最高允许排放浓度　　　　单位：mg/L

序号	污染物	最高允许排放浓度	序号	污染物	最高允许排放浓度
1	总汞	0.05	8	总镍	1.0
2	烷基汞	不得检出	9	苯并[a]芘	0.00003
3	总镉	0.1	10	总铍	0.005
4	总铬	1.5	11	总银	0.5
5	六价铬	0.5	12	总 α 放射性	1Bq/L
6	总砷	0.5	13	总 β 放射性	10Bq/L
7	总铅	1.0			

附表 8-2　第二类污染物最高允许排放浓度

(1997 年 12 月 31 日之前建设的单位)　　　　单位：mg/L

序号	污染物	适用范围	一级标准	二级标准	三级标准
1	pH	一切排污单位	6~9	6~9	6~9
2	色度(稀释倍数)	染料工业	50	180	—
		其他排污单位	50	80	—
3	悬浮物(SS)	采矿、选矿、选煤工业	100	300	—
		脉金选矿	100	500	—
		边远地区砂金选矿	100	800	—
		城镇二级污水处理厂	20	30	—
		其他排污单位	70	200	400
4	五日生化需氧量(BOD$_5$)	甘蔗制糖、苎麻脱胶、湿法纤维板工业	30	100	600
		甜菜制糖、酒精、味精、皮革、化纤浆粕工业	30	150	600
		城镇二级污水处理厂	20	30	—
		其他排污单位	30	60	300
5	化学需氧量(COD)	甜菜制糖、焦化、合成脂肪酸、湿法纤维板、染料、洗毛、有机磷农药工业	100	200	1000
		味精、酒精、医药原料药、生物制药、苎麻脱胶、皮革、化纤浆粕工业	100	300	1000
		石油化工工业(包括石油炼制)	100	150	500
		城镇二级污水处理厂	60	120	—
		其他排污单位	100	150	500

续表

序号	污染物	适用范围	一级标准	二级标准	三级标准
6	石油类	一切排污单位	10	10	30
7	动植物油	一切排污单位	20	20	100
8	挥发酚	一切排污单位	0.5	0.5	2.0
9	总氰化合物	电影洗片(铁氰化合物)	0.5	5.0	5.0
		其他排污单位	0.5	0.5	1.0
10	硫化物	一切排污单位	1.0	1.0	2.0
11	氨氮	医药原料药、染料、石油化工工业	15	50	—
		其他排污单位	15	25	—
12	氟化物	黄磷工业	10	20	20
		低氟地区(水体含氟量<0.5mg/L)	10	20	30
		其他排污单位	10	10	20
13	磷酸盐(以P计)	一切排污单位	0.5	1.0	—
14	甲醛	一切排污单位	1.0	2.0	5.0
15	苯胺类	一切排污单位	1.0	2.0	5.0
16	硝基苯类	一切排污单位	2.0	3.0	5.0
17	阴离子表面活性剂(LAS)	合成洗涤剂工业	5.0	15	20
		其他排污单位	5.0	10	20
18	总铜	一切排污单位	0.5	1.0	2.0
19	总锌	一切排污单位	2.0	5.0	5.0
20	总锰	合成脂肪酸工业	2.0	5.0	5.0
		其他排污单位	2.0	2.0	5.0
21	彩色显影剂	电影洗片	2.0	3.0	5.0
22	显影剂及氧化物总量	电影洗片	3.0	6.0	6.0
23	元素磷	一切排污单位	0.1	0.3	0.3
24	有机磷农药(以P计)	一切排污单位	不得检出	0.5	0.5
25	粪大肠菌群数	医院[①]、兽医院及医疗机构含病原体污水	500 个/L	1000 个/L	5000 个/L
		传染病、结核病医院污水	100 个/L	500 个/L	1000 个/L
26	总余氯(采用氯化消毒的医院污水)	医院[①]、兽医院及医疗机构含病原体污水	<0.5[②]	>3(接触时间≥1h)	>2(接触时间≥1h)
		传染病、结核病医院污水	<0.5[②]	>6.5(接触时间≥1.5h)	>5(接触时间≥1.5h)

① 指 50 个床位以上的医院。

② 加氯消毒后须进行脱氯处理，达到本标准。

附表 8-3　部分行业最高允许排水量

(1997 年 12 月 31 日之前建设的单位)

序号	行　业　类　别			最高允许排水量或最低允许水重复利用率
1	矿山工业	有色金属系统选矿		水重复利用率 75%
		其他矿山工业采矿、选矿、选煤等		水重复利用率 90%(选煤)
		脉金选矿	重选	16.0m³/t(矿石)
			浮选	9.0m³/t(矿石)
			氰化	8.0m³/t(矿石)
			碳浆	8.0m³/t(矿石)
2	焦化企业(煤气厂)			1.2m³/t(焦炭)
3	有色金属冶炼及金属加工			水重复利用率 80%

续表

序号	行 业 类 别		最高允许排水量或 最低允许水重复利用率	
4	石油炼制工业(不包括直排水炼油厂) 加工深度分类: 　A. 燃料型炼油厂 　B. 燃料＋润滑油型炼油厂 　C. 燃料＋润滑油型＋炼油化工型炼油厂 (包括加工高含硫原油页岩油和石油添加剂生产基地的炼油厂)		A	$>500×10^4$t,1.0m³/t(原油) $(250\sim500)×10^4$t,1.2m³/t(原油) $<250×10^4$t,1.5m³/t(原油)
			B	$>500×10^4$t,1.5m³/t(原油) $(250\sim500)×10^4$t,2.0m³/t(原油) $<250×10^4$t,2.0m³/t(原油)
			C	$>500×10^4$t,2.0m³/t(原油) $(250\sim500)×10^4$t,2.5m³/t(原油) $<250×10^4$t,2.5m³/t(原油)
5	合成 洗涤剂 工业	氯化法生产烷基苯		200.0m³/t(烷基苯)
		裂解法生产烷基苯		70.0m³/t(烷基苯)
		烷基苯生产合成洗涤剂		10.0m³/t(产品)
6	合成脂肪酸工业			200.0m³/t(产品)
7	湿法生产纤维板工业			30.0m³/t(板)
8	制糖 工业	甘蔗制糖		10.0m³/t(甘蔗)
		甜菜制糖		4.0m³/t(甜菜)
9	皮革 工业	猪盐湿皮		60.0m³/t(原皮)
		牛干皮		100.0m³/t(原皮)
		羊干皮		150.0m³/t(原皮)
10	发酵、 酿造 工业	酒精工业	以玉米为原料	100.0m³/t(酒精)
			以薯类为原料	80.0m³/t(酒精)
			以糖蜜为原料	70.0m³/t(酒精)
		味精工业		600.0m³/t(味精)
		啤酒工业(排水量不包括麦芽水部分)		16.0m³/t(啤酒)
11	铬盐工业			5.0m³/t(产品)
12	硫酸工业(水洗法)			15.0m³/t(硫酸)
13	苎麻脱胶工业			500m³/t(原麻)或750m³/t(精干麻)
14	化纤浆粕			本色:150m³/t(浆) 漂白:240m³/t(浆)
15	黏胶纤维工业 (单纯纤维)	短纤维(棉型中长纤维、毛型中长纤维)		300m³/t(纤维)
		长纤维		800m³/t(纤维)
16	铁路货车洗刷			5.0m³/辆
17	电影洗片			5m³/1000m(35mm 的胶片)
18	石油沥青工业			冷却池的水循环利用率95%

附表 8-4　第二类污染物最高允许排放浓度

(1998 年 1 月 1 日后建设的单位)　　　　　　单位：mg/L

序号	污染物	适用范围	一级标准	二级标准	三级标准
1	pH 值	一切排污单位	6～9	6～9	6～9
2	色度(稀释倍数)	一切排污单位	50	80	—
3	悬浮物(SS)	采矿、选矿、选煤工业	70	300	—
		脉金选矿	70	400	—
		边远地区砂金选矿	70	800	—
		城镇二级污水处理厂	20	30	—
		其他排污单位	70	150	400
4	五日生化需氧量 (BOD₅)	甘蔗制糖、苎麻脱胶、湿法纤维板、染料、洗毛工业	20	60	600
		甜菜制糖、酒精、味精、皮革、化纤浆粕工业	20	100	600
		城镇二级污水处理厂	20	30	—
		其他排污单位	20	30	300

续表

序号	污染物	适用范围	一级标准	二级标准	三级标准
5	化学需氧量（COD）	甜菜制糖、合成脂肪酸、湿法纤维板、染料、洗毛、有机磷农药工业	100	200	1000
		味精、酒精、医药原料药、生物制药、苎麻脱胶、皮革、化纤浆粕工业	100	300	1000
		石油化工工业（包括石油炼制）	60	120	500
		城镇二级污水处理厂	60	120	—
		其他排污单位	100	150	500
6	石油类	一切排污单位	5	10	20
7	动植物油	一切排污单位	10	15	100
8	挥发酚	一切排污单位	0.5	0.5	2.0
9	总氰化合物	一切排污单位	0.5	0.5	1.0
10	硫化物	一切排污单位	1.0	1.0	1.0
11	氨氮	医药原料药、染料、石油化工工业	15	50	—
		其他排污单位	15	25	—
12	氟化物	黄磷工业	10	15	20
		低氟地区（水体含氟量<0.5mg/L）	10	20	30
		其他排污单位	10	10	20
13	磷酸盐（以 P 计）	一切排污单位	0.5	1.0	—
14	甲醛	一切排污单位	1.0	2.0	5.0
15	苯胺类	一切排污单位	1.0	2.0	5.0
16	硝基苯类	一切排污单位	2.0	3.0	5.0
17	阴离子表面活性剂（LAS）	一切排污单位	5.0	10	20
18	总铜	一切排污单位	0.5	1.0	2.0
19	总锌	一切排污单位	2.0	5.0	5.0
20	总锰	合成脂肪酸工业	2.0	5.0	5.0
		其他排污单位	2.0	2.0	5.0
21	彩色显影剂	电影洗片	1.0	2.0	3.0
22	显影剂及氧化物总量	电影洗片	3.0	3.0	6.0
23	元素磷	一切排污单位	0.1	0.1	0.3
24	有机磷农药（以 P 计）	一切排污单位	不得检出	0.5	0.5
25	乐果	一切排污单位	不得检出	1.0	2.0
26	对硫磷	一切排污单位	不得检出	1.0	2.0
27	甲基对硫磷	一切排污单位	不得检出	1.0	2.0
28	马拉硫磷	一切排污单位	不得检出	5.0	10
29	五氯酚及五氯酚钠（以五氯酚计）	一切排污单位	5.0	8.0	10
30	可吸附有机卤化物（AOX）（以 Cl 计）	一切排污单位	1.0	5.0	8.0
31	三氯甲烷	一切排污单位	0.3	0.6	1.0
32	四氯化碳	一切排污单位	0.03	0.06	0.5
33	三氯乙烯	一切排污单位	0.3	0.6	1.0
34	四氯乙烯	一切排污单位	0.1	0.2	0.5
35	苯	一切排污单位	0.1	0.2	0.5
36	甲苯	一切排污单位	0.1	0.2	0.5
37	乙苯	一切排污单位	0.4	0.6	1.0
38	邻-二甲苯	一切排污单位	0.4	0.6	1.0
39	对-二甲苯	一切排污单位	0.4	0.6	1.0
40	间-二甲苯	一切排污单位	0.4	0.6	1.0
41	氯苯	一切排污单位	0.2	0.4	1.0

续表

序号	污染物	适用范围	一级标准	二级标准	三级标准
42	邻-二氯苯	一切排污单位	0.4	0.6	1.0
43	对-二氯苯	一切排污单位	0.4	0.6	1.0
44	对-硝基氯苯	一切排污单位	0.5	1.0	5.0
45	2,4-二硝基氯苯	一切排污单位	0.5	1.0	5.0
46	苯酚	一切排污单位	0.3	0.4	1.0
47	间-甲酚	一切排污单位	0.1	0.2	0.5
48	2,4-二氯酚	一切排污单位	0.6	0.8	1.0
49	2,4,6-三氯酚	一切排污单位	0.6	0.8	1.0
50	邻苯二甲酸二丁酯	一切排污单位	0.2	0.4	2.0
51	邻苯二甲酸二辛酯	一切排污单位	0.3	0.6	2.0
52	丙烯腈	一切排污单位	2.0	5.0	5.0
53	总硒	一切排污单位	0.1	0.2	0.5
54	粪大肠菌群数	医院[①]、兽医院及医疗机构含病原体污水	500 个/L	1000 个/L	5000 个/L
		传染病、结核病医院污水	100 个/L	500 个/L	1000 个/L
55	总余氯(采用氯化消毒的医院污水)	医院[①]、兽医院及医疗机构含病原体污水	<0.5[②]	>3(接触时间≥1h)	>2(接触时间≥1h)
		传染病、结核病医院污水	<0.5[②]	>6.5(接触时间≥1.5h)	>5(接触时间≥1.5h)
56	总有机碳(TOC)	合成脂肪酸工业	20	40	—
		苎麻脱胶工业	20	60	—
		其他排污单位	20	30	—

① 指 50 个床位以上的医院。

② 加氯消毒后须进行脱氯处理,达到本标准。

注:1. 其他排污单位指除在该控制项目中所列行业以外的一切排污单位。

2. 摘自《污水综合排放标准》(GB 8978—1996)。

附录9 农田灌溉用水水质标准

城市污水再生处理后用于农田灌溉,水质基本项目和选择控制项目及其指标最大限值应符合附表 9-1、附表 9-2 的规定。

附表 9-1 基本控制项目及水质指标最大限值　　　　　单位:mg/L

序号	基本控制项目	灌溉作物类型			
		纤维作物	旱地谷物油料作物	水田谷物	露地蔬菜
1	生化需氧量(BOD_5)	100	80	60	40
2	化学需氧量(COD_{Cr})	200	180	150	100
3	悬浮物(SS)	100	90	80	60
4	溶解氧(DO)　　　≥	0.5			
5	pH 值(无量纲)	5.5~8.5			
6	溶解性总固体(TDS)	非盐碱地区 1000,盐碱地地区 2000			1000
7	氯化物	350			
8	硫化物	1.0			
9	余氯	1.5		1.0	
10	石油类	10		5.0	1.0
11	挥发酚	1.0			
12	阴离子表面活性剂(LAS)	8.0		5.0	
13	汞	0.001			

续表

序号	基本控制项目	灌溉作物类型			
		纤维作物	旱地谷物 油料作物	水田谷物	露地蔬菜
14	镉	0.01			
15	砷		0.1	0.05	
16	铬(六价)	0.1			
17	铅	0.2			
18	粪大肠菌群数/(个/L)		40000		20000
19	蛔虫卵数/(个/L)	2			

附表 9-2　选择控制项目及水质指标最大限值　　　　单位：mg/L

序　号	选择控制项目	限　值	序　号	选择控制项目	限　值
1	铍	0.002	10	锌	2.0
2	钴	1.0	11	硼	1.0
3	铜	1.0	12	钒	0.1
4	氟化物	2.0	13	氰化物	0.5
5	铁	1.5	14	三氯乙醛	0.5
6	锰	0.3	15	丙烯醛	0.5
7	钼	0.5	16	甲醛	1.0
8	镍	0.1	17	苯	2.5
9	硒	0.02			

注：摘自《城市污水再生利用　农田灌溉用水水质》(GB 20922—2007)。

附录 10　景观环境用水水质标准

附表 10-1　景观环境用水的再生水水质指标　　　　单位：mg/L

序号	项　　目		观赏性景观环境用水			娱乐性景观环境用水		
			河道类	湖泊类	水景类	河道类	湖泊类	水景类
1	基本要求		无飘浮物,无令人不愉快的嗅和味					
2	pH 值(无量纲)		6～9					
3	五日生化需氧量(BOD$_5$)	≤	10	6		6		
4	悬浮物(SS)	≤	20	10		—①		
5	浊度(NTU)	≤	—①			5.0		
6	溶解氧	≥	1.5			2.0		
7	总磷(以 P 计)	≤	1.0	0.5		1.0	0.5	
8	总氮	≤	15					
9	氨氮(以 N 计)	≤	5					
10	粪大肠菌群/(个/L)	≤	10000	2000		500		不得检出
11	余氯②	≥	0.05					
12	色度(度)	≤	30					
13	石油类	≤	1.0					
14	阴离子表面活性剂	≤	0.5					

① "—"表示对此项无要求。

② 氯接触时间不应低于30min 的余氯。对于非加氯消毒方式无此项要求。

注：1. 对于需要通过管道输送再生水的非现场回用情况采用加氯消毒方式；而对于现场回用情况不限制消毒方式。

2. 若使用未经过除磷脱氮的再生水作为景观环境用水，鼓励使用本标准的各方在回用地点积极探索通过人工培养具有观赏价值水生植物的方法，使景观水体的氮磷满足附表 10-1 的要求，使再生水中的水生植物有经济合理的出路。

附表 10-2 选择控制项目最高允许排放浓度（以日均值计）   单位：mg/L

序　号	选择控制项目	标准值	序　号	选择控制项目	标准值
1	总汞	0.01	26	甲基对硫磷	0.2
2	烷基汞	不得检出	27	五氯酚	0.5
3	总镉	0.05	28	三氯甲烷	0.3
4	总铬	1.5	29	四氯化碳	0.03
5	六价铬	0.5	30	三氯乙烯	0.3
6	总砷	0.5	31	四氯乙烯	0.1
7	总铅	0.5	32	苯	0.1
8	总镍	0.5	33	甲苯	0.1
9	总铍	0.001	34	邻-二甲苯	0.4
10	总银	0.1	35	对-二甲苯	0.4
11	总铜	1.0	36	间-二甲苯	0.4
12	总锌	2.0	37	乙苯	0.1
13	总锰	2.0	38	氯苯	0.3
14	总硒	0.1	39	对-二氯苯	0.4
15	苯并[a]芘	0.00003	40	邻-二氯苯	1.0
16	挥发酚	0.1	41	对硝基氯苯	0.5
17	总氰化物	0.5	42	2,4-二硝基氯苯	0.5
18	硫化物	1.0	43	苯酚	0.3
19	甲醛	1.0	44	间-甲酚	0.1
20	苯胺类	0.5	45	2,4-二氯酚	0.6
21	硝基苯类	2.0	46	2,4,6-三氯酚	0.6
22	有机磷农药（以 P 计）	0.5	47	邻苯二甲酸二丁酯	0.1
23	马拉硫磷	1.0	48	邻苯二甲酸二辛酯	0.1
24	乐果	0.5	49	丙烯腈	2.0
25	对硫磷	0.05	50	可吸附有机卤化物（以 Cl 计）	1.0

注：摘自《城市污水再生利用 景观环境用水水质》（GB/T 18921—2002）。

附录 11　绿地灌溉水质标准

参考城市污水再生利用于绿地灌溉水质标准控制，水质基本控制项目和选择控制项目及其指标最大限值应分别符合附表 11-1 和附表 11-2 的规定。

附表 11-1　基本控制项目及限值   单位：mg/L

序　号	控制项目	单　位	限　值
1	浊度	NTU	≤5(非限制性绿地)，10(限制性绿地)
2	嗅	—	无不快感
3	色度	度	≤30
4	pH 值	—	6.0～9.0
5	溶解性总固体（TDS）	mg/L	≤1000
6	五日生化需氧量（BOD_5）	mg/L	≤20
7	总余氯	mg/L	0.2≤管网末端≤0.5
8	氯化物	mg/L	≤250
9	阴离子表面活性剂（LAS）	mg/L	≤1.0
10	氨氮	mg/L	≤20
11	粪大肠菌群[①]	个/L	≤200(非限制性绿地)，≤1000(限制性绿地)
12	蛔虫卵数	个/L	≤1(非限制性绿地)，≤2(限制性绿地)

① 粪大肠菌群的限值为每周连续 7 日测试样品的中间道。

附表 11-2　选择控制项目及限值　　　　单位：mg/L

序号	控制项目	限值	序号	控制项目	限值
1	钠吸收率(SAR)[①]	≤9	12	钼	≤0.5
2	镉	≤0.01	13	镍	≤0.05
3	砷	≤0.05	14	硒	≤0.02
4	汞	≤0.001	15	锌	≤1.0
5	铬(六价)	≤0.1	16	硼	≤1.0
6	铅	≤0.2	17	钒	≤0.1
7	铍	≤0.002	18	铁	≤1.5
8	钴	≤1.0	19	氰化物	≤0.5
9	铜	≤0.5	20	三氯乙醛	≤0.5
10	氟化物	≤2.0	21	甲醛	≤1.0
11	锰	≤0.3	22	苯	≤2.5

① $SAR = \dfrac{Na^+}{\sqrt{\dfrac{Ca^{2+} + Mg^{2+}}{2}}}$，式中，钠、钙、镁离子浓度单位均为 mmol/L。

注：1. 除第 1 项外，其他项目的单位为 mg/L。

2. 摘自《城市污水再生利用　绿地灌溉水泵》(GB/T 25499—2010)。

附录 12　地下水回灌水质标准

参考城市污水再生利用地下水回灌水质标准进行控制。进行地下水回灌时，应根据回灌区水文地质条件确定回灌方式。其回灌区入水口水质控制项目分为基本控制项目和选择控制项目两类。

附表 12-1　城市污水再生水地下水回灌基本控制项目及限值

序号	基本控制项目	单位	地表回灌[①]	井灌
1	色度	稀释倍数	30	15
2	浊度	NTU	10	5
3	pH 值	—	6.5～8.5	6.5～8.5
4	总硬度(以 $CaCO_3$ 计)	mg/L	450	450
5	溶解性总固体	mg/L	1000	1000
6	硫酸盐	mg/L	250	250
7	氯化物	mg/L	250	250
8	挥发酚类(以苯酚计)	mg/L	0.5	0.002
9	阴离子表面活性剂	mg/L	0.3	0.3
10	化学需氧量(COD)	mg/L	40	15
11	五日生化需氧量(BOD_5)	mg/L	10	4
12	硝酸盐(以 N 计)	mg/L	15	15
13	亚硝酸盐(以 N 计)	mg/L	0.02	0.02
14	氨氮(以 N 计)	mg/L	1.0	0.2
15	总磷(以 P 计)	mg/L	1.0	1.0
16	动植物油	mg/L	0.5	0.05
17	石油类	mg/L	0.5	0.05
18	氰化物	mg/L	0.05	0.05
19	硫化物	mg/L	0.2	0.2
20	氟化物	mg/L	1.0	1.0
21	粪大肠菌群数	个/L	1000	3

① 表层黏性土厚度不宜小于 1m，若小于 1m 按井灌要求执行。

附表 12-2　城市污水再生水地下水回灌选择控制项目及限值

序号	选择控制项目	限值	序号	选择控制项目	限值
1	总汞	0.001	27	三氯乙烯	0.07
2	烷基汞	不得检出	28	四氯乙烯	0.04
3	总镉	0.01	29	苯	0.01
4	六价铬	0.05	30	甲苯	0.7
5	总砷	0.05	31	二甲苯①	0.5
6	总铅	0.05	32	乙苯	0.3
7	总镍	0.05	33	氯苯	0.3
8	总铍	0.0002	34	1,4-二氯苯	0.3
9	总银	0.05	35	1,2-二氯苯	1.0
10	总铜	1.0	36	硝基氯苯②	0.05
11	总锌	1.0	37	2,4-二硝基氯苯	0.5
12	总锰	0.1	38	2,4-二氯苯酚	0.093
13	总硒	0.01	39	2,4,6-三氯苯酚	0.2
14	总铁	0.3	40	邻苯二甲酸二丁酯	0.003
15	总钡	1.0	41	邻苯二甲酸二(2-乙基己基)酯	0.008
16	苯并[a]芘	0.00001	42	丙烯腈	0.1
17	甲醛	0.9	43	滴滴涕	0.001
18	苯胺	0.1	44	六六六	0.005
19	硝基苯	0.017	45	六氯苯	0.05
20	马拉硫磷	0.05	46	七氯	0.0004
21	乐果	0.08	47	林丹	0.002
22	对硫磷	0.003	48	三氯乙醛	0.01
23	甲基对硫磷	0.002	49	丙烯醛	0.1
24	五氯酚	0.009	50	醚	0.5
25	三氯甲烷	0.06	51	总 α 放射性	0.1
26	四氯化碳	0.002	52	总 β 放射性	1

① 二甲苯：指对-二甲苯、间-二甲苯、邻-二甲苯。

② 硝基氯苯：指对-硝基氯苯、间-硝基氯苯、邻-硝基氯苯。

注：1. 除 51、52 项的单位是 Bq/L 外，其他项目的单位均为 mg/L。

2. 摘自《城市污水再生利用　地下水回灌水质》(GB/T 19772—2005)。

附录 13　冷却用水的水质标准

序号	项目 \ 标准值 \ 分类		直流冷却水	循环冷却系统补充水
1	pH 值		6.0～9.0	6.5～9.0
2	SS/(mg/L)	≤	30	—
3	浊度/NTU	≤	—	5
4	BOD$_5$/(mg/L)	≤	30	10
5	COD$_{Cr}$/(mg/L)	≤	—	60
6	铁/(mg/L)	≤	—	0.3
7	锰/(mg/L)	≤	—	0.2
8	Cl$^-$/(mg/L)	≤	300	250
9	总硬度/(以 CaCO$_3$ 计,mg/L)	≤	850	450
10	总碱度/(以 CaCO$_3$ 计,mg/L)	≤	500	350
11	氨氮/(mg/L)	≤	—	10①

续表

序号	项目 标准值 分类		直流冷却水	循环冷却系统补充水
12	总磷/(以 P 计,mg/L)	≤	—	1
13	溶解性总固体/(mg/L)	≤	1000	1000
14	游离余氯/(mg/L)		末端 0.1～0.2	末端 0.1～0.2
15	粪大肠菌群/(个/L)	≤	2000	2000

① 当循环冷却系统为铜材换热器时,循环冷却系统水中的氨氮指标应小于 1mg/L。

注:摘自《再生水用作冷却用水的水质控制指标》(GB 50335—2002)。

附录 14 工业用水水源的水质标准

序号	控 制 项 目		冷却用水		洗涤用水	锅炉补给水	工艺与产品用水
			直流冷却水	敞开式循环冷却水系统补充水			
1	pH 值		6.5～9.0	6.5～8.5	6.5～9.0	6.5～8.5	6.5～8.5
2	悬浮物(SS)/(mg/L)	≤	30	—	30	—	—
3	浊度/NTU	≤	—	5	—	5	5
4	色度/度	≤	30	30	30	30	30
5	生化需氧量(BOD$_5$)/(mg/L)	≤	30	10	30	10	10
6	化学需氧量(COD$_{Cr}$)/(mg/L)	≤	—	60	—	60	60
7	铁/(mg/L)	≤	—	0.3	0.3	0.3	0.3
8	锰/(mg/L)	≤	—	0.1	0.1	0.1	0.1
9	氯离子/(mg/L)	≤	250	250	250	250	250
10	二氧化硅(SiO$_2$)	≤	50	50	—	30	30
11	总硬度/(以 CaCO$_3$ 计,mg/L)	≤	450	450	450	450	450
12	总碱度/(以 CaCO$_3$ 计,mg/L)	≤	350	350	350	350	350
13	硫酸盐/(mg/L)	≤	600	250	250	250	250
14	氨氮/(以 N 计,mg/L)	≤	—	10①	—	10	10
15	总磷/(以 P 计,mg/L)	≤	—	1	—	1	1
16	溶解性总固体/(mg/L)	≤	1000	1000	1000	1000	1000
17	石油类/(mg/L)	≤	—	1	—	1	1
18	阴离子表面活性剂/(mg/L)	≤	—	0.5	—	0.5	0.5
19	余氯②/(mg/L)	≥	0.05	0.05	0.05	0.05	0.05
20	粪大肠菌群/(个/L)	≤	2000	2000	2000	2000	2000

① 当敞开式循环冷却水系统换热器为铜质时,循环冷却系统中循环水的氨氮指标应小于 1mg/L。

② 加氯消毒时管末梢值。

注:摘自《城市污水再生利用工业用水水质标准》(GB/T 19923—2005)。

附录 15 城镇杂用水水质控制指标

序号	项目 指标		冲厕	道路清扫消防	城市绿化	车辆冲洗	建筑施工
1	pH 值		6.0～9.0				
2	色度/度	≤	30				
3	嗅		无不快感				
	浊度/NTU	≤	5	10	10	5	20
4	溶解性总固体/(mg/L)	≤	1500	1500	1000	1000	—

续表

序号	项目 指标		冲厕	道路清扫 消防	城市 绿化	车辆冲洗	建筑 施工
5	五日生化需氧量(BOD₅)/(mg/L)	≤	10	15	20	10	15
6	氨氮/(mg/L)	≤	10	10	20	10	20
7	阴离子表面活性剂/(mg/L)	≤	1.0	1.0	1.0	0.5	1.0
8	铁/(mg/L)	≤	0.3	—	—	0.3	—
9	锰/(mg/L)	≤	0.1	—	—	0.1	—
10	溶解氧/(mg/L)	≥	1.0				
11	总余氯/(mg/L)		接触30min后≥1.0,管网末端≥0.2				
12	总大肠菌群/(个/L)	≤	3				

注：1. 混凝土拌合用水还应符合 JGJ 63 的有关规定。

2. 摘自《城镇杂用水水质控制标准》(GB/T 10920—2002)。

附录 16　生活饮用水水源水质标准值

本标准适用于城乡集中式生活饮用水的水源水质（包括各单位自备生活饮用水的水源），分散式生活饮用水水源的水质亦应参照使用。

生活饮用水水源水质分为二级，其两极标准的限值如下。

项　目	标　准　限　值	
	一级	二级
色	色度不超过15度， 并不得呈现其他异色	不应有明显的其他异色
浑浊度/度	≤3	
嗅和味	不得有异臭、异味	不应有明显的异臭、异味
pH 值	6.5～8.5	6.5～8.5
总硬度(以碳酸钙计)/(mg/L)	≤350	≤450
溶解铁/(mg/L)	≤0.3	≤0.5
锰/(mg/L)	≤0.1	≤0.1
铜/(mg/L)	≤1.0	≤1.0
锌/(mg/L)	≤1.0	≤1.0
挥发酚(以苯酚计)/(mg/L)	≤0.002	≤0.004
阴离子合成洗涤剂/(mg/L)	≤0.3	≤0.3
硫酸盐/(mg/L)	<250	<250
氯化物/(mg/L)	<250	<250
溶解性总固体/(mg/L)	<1000	<1000
氟化物/(mg/L)	≤1.0	≤1.0
氰化物/(mg/L)	≤0.05	≤0.05
砷/(mg/L)	≤0.05	≤0.05
硒/(mg/L)	≤0.01	≤0.01
汞/(mg/L)	≤0.001	≤0.001
镉/(mg/L)	≤0.01	≤0.01
铬(六价)/(mg/L)	≤0.05	≤0.05
铅/(mg/L)	≤0.05	≤0.07
银/(mg/L)	≤0.05	≤0.05
铍/(mg/L)	≤0.0002	≤0.0002
氨氮(以氮计)/(mg/L)	≤0.5	≤1.0
硝酸盐(以氮计)/(mg/L)	≤10	≤20
耗氧量(KMnO₄法)/(mg/L)	≤3	≤6

续表

项　目	标　准　限　值	
	一级	二级
苯并[a]芘/(μg/L)	≤0.01	≤0.01
滴滴涕/(μg/L)	≤1	≤1
六六六/(μg/L)	≤5	≤5
百菌清/(mg/L)	≤0.01	≤0.01
总大肠菌群/(个/L)	≤1000	≤10000
总α放射性 /(bq/L)	≤0.1	≤0.1
总β放射性 /(bq/L)	≤1	≤1

注：摘自《生活饮用水水源水质标准》(CJ/3020—93)。

一级水源水：水质良好。地下水只需消毒处理，地附表水经简易净化处理（如过滤）、消毒后即可供生活饮用者。

二级水源水：水质受轻度污染。经常规净化处理（如絮凝、沉淀、过滤、消毒等），其水质即可达到 GB 5749 规定，可供生活饮用者。

水质浓度超过二级标准限值的水源水，不宜作为生活饮用水的水源。若限于条件需加以利用时，应采用相应的净化工艺进行处理。处理后的水质应符合 GB 5749 规定，并取得省、市、自治区卫生厅（局）及主管部门批准。

生活饮用水水源的水质，不应超过附表 10-1 所规定的限值。水源水中如含有附表 10-1 中未列入的有害物质时，应按有关规定执行。

附录 17　生活饮用水卫生标准

本标准适用于城乡各类集中式供水的生活饮用水，也适用于分散式供水的生活饮用水。

生活饮用水水质应符合附表 17-1 和附表 17-3 卫生要求。集中式供水出厂水中消毒剂限值、出厂水和管网末梢水中消毒剂余量均应符合附表 17-2 要求。

小型集中式供水和分散式供水的水质因条件限制，水质部分指标可暂按照附表 17-4 执行，其余指标仍按附表 17-1～附表 17-3 执行。

当发生影响水质的突发性公共事件时，经市级以上人民政府批准，感官性状和一般化学指标可适当放宽。

当饮用水中含有附表 17-5 所列指标时，可参考此附表限值评价。

附表 17-1　水质常规指标及限值

指　标	限　值
1. 微生物指标[①]	
总大肠菌群/(MPN/100mL 或 CFU/100mL)	不得检出
耐热大肠菌群/(MPN/100mL 或 CFU/100mL)	不得检出
大肠埃希氏菌/(MPN/100mL 或 CFU/100mL)	不得检出
菌落总数/(CFU/mL)	100
2. 毒理指标	
砷/(mg/L)	0.01
镉/(mg/L)	0.005
铬(六价)/(mg/L)	0.05
铅/(mg/L)	0.01
汞/(mg/L)	0.001
硒/(mg/L)	0.01
氰化物/(mg/L)	0.05

续表

指　标	限　值
氟化物/(mg/L)	1.0
硝酸盐(以 N 计)/(mg/L)	10 地下水源限制时为20
三氯甲烷/(mg/L)	0.06
四氯化碳/(mg/L)	0.002
溴酸盐(使用臭氧时)/(mg/L)	0.01
甲醛(使用臭氧时)/(mg/L)	0.9
亚氯酸盐(使用二氧化氯消毒时)/(mg/L)	0.7
氯酸盐(使用复合二氧化氯消毒时)/(mg/L)	0.7
3. 感官性状和一般化学指标	
色度(铂钴色度单位)	15
浑浊度(散射浑浊度单位)/NTU	1 水源与净水技术条件限制时为3
臭和味	无异臭、异味
肉眼可见物	无
pH 值	不小于 6.5 且不大于 8.5
铝/(mg/L)	0.2
铁/(mg/L)	0.3
锰/(mg/L)	0.1
铜/(mg/L)	1.0
锌/(mg/L)	1.0
氯化物/(mg/L)	250
硫酸盐/(mg/L)	250
溶解性总固体/(mg/L)	1000
总硬度(以 $CaCO_3$ 计)/(mg/L)	450
耗氧量(COD_{Mn}法,以 O_2 计)/(mg/L)	3 水源限制,原水耗氧量＞6mg/L 时为 5
挥发酚类(以苯酚计)/(mg/L)	0.002
阴离子合成洗涤剂/(mg/L)	0.3
4. 放射性指标[②]	指导值
总 α 放射性/(Bq/L)	0.5
总 β 放射性/(Bq/L)	1

① MPN 附表示最可能数;CFU 附表示菌落形成单位。当水样检出总大肠菌群时,应进一步检验大肠埃希菌或耐热大肠菌群;水样未检出总大肠菌群,不必检验大肠埃希菌或耐热大肠菌群。

② 放射性指标超过指导值,应进行核素分析和评价,判定能否饮用。

注:摘自《生活饮用水卫生标准》(GB 5749—2006)。

附表 17-2　饮用水中消毒剂常规指标及要求

消毒剂名称	与水接触时间	出厂水中限值 /(mg/L)	出厂水中余量 /(mg/L)	管网末梢水中 余量/(mg/L)
氯气及游离氯制剂(游离氯)	至少 30min	4	≥0.3	≥0.05
一氯胺(总氯)	至少 120min	3	≥0.5	≥0.05
臭氧(O_3)	至少 12min	0.3	—	0.02 如加氯,总氯≥0.05
二氧化氯(ClO_2)	至少 30min	0.8	≥0.1	≥0.02

附表 17-3　水质非常规指标及限值

指　标	限　值	指　标	限　值
1. 微生物指标		百菌清/(mg/L)	0.01
贾第鞭毛虫(个/10L)	<1	呋喃丹/(mg/L)	0.007
隐孢子虫(个/10L)	<1	林丹/(mg/L)	0.002
2. 毒理指标		毒死蜱/(mg/L)	0.03
锑/(mg/L)	0.005	草甘膦/(mg/L)	0.7
钡/(mg/L)	0.7	敌敌畏/(mg/L)	0.001
铍/(mg/L)	0.002	莠去津/(mg/L)	0.002
硼/(mg/L)	0.5	溴氰菊酯/(mg/L)	0.02
钼/(mg/L)	0.07	2,4-滴/(mg/L)	0.03
镍/(mg/L)	0.02	滴滴涕/(mg/L)	0.001
银/(mg/L)	0.05	乙苯/(mg/L)	0.3
铊/(mg/L)	0.0001	二甲苯/(mg/L)	0.5
氯化氰(以 CN⁻ 计)/(mg/L)	0.07	1,1-二氯乙烯/(mg/L)	0.03
一氯二溴甲烷/(mg/L)	0.1	1,2-二氯乙烯/(mg/L)	0.05
二氯一溴甲烷/(mg/L)	0.06	1,2-二氯苯/(mg/L)	1
二氯乙酸/(mg/L)	0.05	1,4-二氯苯/(mg/L)	0.3
1,2-二氯乙烷/(mg/L)	0.03	三氯乙烯/(mg/L)	0.07
二氯甲烷/(mg/L)	0.02	三氯苯(总量)/(mg/L)	0.02
三卤甲烷(三氯甲烷、一氯二溴甲烷、二氯一溴甲烷、三溴甲烷的总和)	该类化合物中各种化合物的实测浓度与其各自限值的比值之和不超过 1	六氯丁二烯/(mg/L)	0.0006
		丙烯酰胺/(mg/L)	0.0005
		四氯乙烯/(mg/L)	0.04
		甲苯/(mg/L)	0.7
1,1,1-三氯乙烷/(mg/L)	2	邻苯二甲酸二(2-乙基己基)酯/(mg/L)	0.008
三氯乙酸/(mg/L)	0.1		
三氯乙醛/(mg/L)	0.01	环氧氯丙烷/(mg/L)	0.0004
2,4,6-三氯酚/(mg/L)	0.2	苯/(mg/L)	0.01
三溴甲烷/(mg/L)	0.1	苯乙烯/(mg/L)	0.02
七氯/(mg/L)	0.0004	苯并[a]芘/(mg/L)	0.00001
马拉硫磷/(mg/L)	0.25	氯乙烯/(mg/L)	0.005
五氯酚/(mg/L)	0.009	氯苯/(mg/L)	0.3
六六六(总量,mg/L)	0.005	微囊藻毒素-LR/(mg/L)	0.001
六氯苯/(mg/L)	0.001	3. 感官性状和一般化学指标	
乐果/(mg/L)	0.08	氨氮(以 N 计)/(mg/L)	0.5
对硫磷/(mg/L)	0.003	硫化物/(mg/L)	0.02
灭草松/(mg/L)	0.3	钠/(mg/L)	200
甲基对硫磷/(mg/L)	0.02		

附表 17-4　农村小型集中式供水和分散式供水部分水质指标及限值

指　标	限　值	指　标	限　值
1. 微生物指标		pH 值	不小于 6.5 且不大于 9.5
菌落总数/(CFU/mL)	500		
2. 毒理指标		溶解性总固体/(mg/L)	1500
砷/(mg/L)	0.05	总硬度（以 CaCO₃ 计)/(mg/L)	550
氟化物/(mg/L)	1.2	耗氧量(CODₘₙ法,以 O₂ 计)/(mg/L)	5
硝酸盐(以 N 计)/(mg/L)	20		
3. 感官性状和一般化学指标		铁/(mg/L)	0.5
色度(铂钴色度单位)	20	锰/(mg/L)	0.3
浑浊度(散射浊度单位)/NTU	3 水源与净水技术条件限制时为 5	氯化物/(mg/L)	300
		硫酸盐/(mg/L)	300

附表 17-5 生活饮用水水质参考指标及限值

指　标	限　值	指　标	限　值
肠球菌/(CFU/100mL)	0	石油类(总量)/(mg/L)	0.3
产气荚膜梭状芽孢杆菌/(CFU/100mL)	0	石棉(>10 μm)/(万个/L)	700
二(2-乙基己基)己二酸酯/(mg/L)	0.4	亚硝酸盐/(mg/L)	1
二溴乙烯/(mg/L)	0.00005	多环芳烃(总量)/(mg/L)	0.002
二噁英(2,3,7,8-TCDD)/(mg/L)	0.00000003	多氯联苯(总量)/(mg/L)	0.0005
土臭素(二甲基萘烷醇)/(mg/L)	0.00001	邻苯二甲酸二乙酯/(mg/L)	0.3
五氯丙烷/(mg/L)	0.03	邻苯二甲酸二丁酯/(mg/L)	0.003
双酚 A/(mg/L)	0.01	环烷酸/(mg/L)	1.0
丙烯腈/(mg/L)	0.1	苯甲醚/(mg/L)	0.05
丙烯酸/(mg/L)	0.5	总有机碳(TOC)/(mg/L)	5
丙烯醛/(mg/L)	0.1	萘酚-β/(mg/L)	0.4
四乙基铅/(mg/L)	0.0001	黄原酸丁酯/(mg/L)	0.001
戊二醛/(mg/L)	0.07	氯化乙基汞/(mg/L)	0.0001
甲基异莰醇-2/(mg/L)	0.00001	硝基苯/(mg/L)	0.017

参 考 文 献

[1] 崔玉川，艾亚民．煤炭矿井水处理回用技术．太原工业大学学报，1990．

[2] 崔玉川等．煤炭矿井水处理回用技术进展．工业用水与废水，2000．

[3] 桂和荣等著．矿井水资源化技术研究．徐州：中国矿业大学出版社，2011．

[4] 国家发展改革委，国家能源局．矿井水利用发展规划【发改环资（2013）118 号】．2013．

[5] 胡文容．煤矿矿井水处理技术．上海：同济大学出版社，1996．

[6] 胡文容编．煤矿矿井水及废水处理利用技术．北京：煤炭工业出版社，1998．

[7] 崔玉川．给水厂处理设施设计计算．第二版．北京：化学工业出版社，2013．

[8] 何绪文，贾建丽著．矿井水处理及资源化的理论与实践．北京：煤炭工业出版社，2009．

[9] 胡益之等译．煤炭工业企业废水的净化及利用．太原：山西科学教育出版社，1987．

[10] 陈永春等．含特殊悬浮物矿井水正交混凝试验研究．能源环境保护，2013，(1)．

[11] 崔玉川．工业用水处理设施设计计算．北京：化学工业出版社，2003．

[12] 陈维维等．全国重点煤矿矿井水和饮用水中总 α、总 β 放射性水平的监测与评价．煤矿环境保护，1998，(6)．

[13] 崔玉川等．RO 法在高矿化度矿井水处理回用中的应用．净水技术，2006．

[14] 张跃林，李福勤．柳江煤矿矿井水资源化技术方案研究．河北企业，2011，(4)．

[15] 崔玉川．水的除盐方法与工程应用．化学工业出版社，2009．

[16] 李圭白，刘超著．地下水除铁除锰．北京：中国建筑工业出版社，1989．

[17] 姚枫．浅论新疆煤矿矿井排水的处理问题．新疆环境保护，2002，(2)．

[18] 许保玖著．给水处理理论．北京：中国建筑工业出版社，2000．

[19] 崔玉川．饮水·水质·健康．第二版．北京：中国建筑工业出版社，2009．

[20] 崔玉川．城市污水厂处理设施设计计算．第二版．北京：化学工业出版社，2011．

[21] 吴钢等．我国大型煤炭基地建设的生态恢复技术研究综述．生态学报，2014，11．

[22] 白晓慧，王宝贞，余敏，聂梅生．人工湿地污水处理技术及其发展应用．哈尔滨建筑大学学报，1999，(6)．

[23] 楼静，马兴冠，景长勇，李敬苗．PRB 在酸性矿井水处理中的应用分析．矿业安全与环保，2008，(3)．

[24] 束善治，袁勇．污染地下水原位处理方法：可渗透反应墙．环境污染治理技术与设备，2002，(1)．

[25] 陈政彬．煤矿碱性矿井水处理新工艺的研究．煤矿环境保护，1993，(1)．

[26] 戚鹏，武强，李晓翔，吴晓利．矿井水处理工艺及治理效益分析．水处理技术，2010，(4)．

[27] 谢韦，杨红云．曝气混凝沉淀过滤技术在煤矿矿井废水处理中的运用．贵州化工，2011，(3)．

[28] 王水远，何玲芳，胡承伟．赤泥治理酸性煤矿废水的机理分析．环保科技，2009，(1)．

[29] 刘红丽，崔东锋．重介质加载磁分离矿井水净化技术在亭南煤矿的应用．能源环境保护，2014，(5)．

[30] 唐运平．国外湿地处理煤矿酸性矿井水金属离子的研究综述．煤矿环境保护，1992，(5)．

[31] 于华通等．用赤泥去除酸性矿井水中重金属污染物的初步研究．岩矿测试，2006，(1)．

[32] 莫樊等．煤矿矿井水资源化及综合利用．煤炭工程，2009，(6)．

[33] 袁航，石辉．矿井水资源利用的研究进展与展望．水资源与水工程学报，2008，(5)．

[34] 李建红．煤矿矿井水井下处理就地复用工艺研究．河北工程大学，2012 年硕士论文．

[35] 李福勤等．煤矿矿井水井下处理新技术及工程应用．煤炭科学技术，2014，(1)．

[36] 宋柯．煤矿矿井水处理工程中常见的问题与对策．中国高新技术企业，2014，(10)．

[37] 崔玉川．城市与工业节约用水手册．北京：化学工业出版社，2002．

[38] 蒋群．煤矿酸性矿井水特征、机理实验及防治研究．安徽理工大学，2007．

[39] 郑阳华．重庆市典型矿区环境放射性水平研究．重庆大学，2007．硕士论文．

[40] 黄国军，董守华，李东会．矿井水处理方法与综合利用．矿业快报，2007，(4)．

[41] 王玖明．煤炭行业清洁生产与矿井水资源化利用．煤炭加工与综合利用，2006，(6)．

[42] 张宗新，刘心中，董风芝．煤矿酸性废水处理方法研究．淄博学院学报（自然科学与工程版）．2000，(3)．

[43] 刘腾飞，蒋德林，汪芸．西部中小煤矿矿井水处理一体化技术探讨．煤炭工程，2010，(11)．

[44] 徐大勇，蔡昌凤，廖斌．掺粉煤灰多孔混凝土处理模拟酸性矿井水的试验研究．安徽工程大学学报，2013，(2)．

[45] 徐亮．白云石过滤中和硫酸型酸性废水工艺技术研究．江苏大学学报（自然科学版），1998，(5)．

[46] 吴东升. 高盐高铁酸性矿井水处理研究. 煤炭科学技术, 2008, (8).

[47] 杨鹏民. 煤矿酸性矿井水处理利用研究的现状和进展. 科技创新导报, 2009, (1).

[48] Laura Santona, Paola Castaldi, Pietro Melis. Evaluation of the interaction mechanisms between red muds and heavy metals. Journal of Hazardous Materials, 2006, (136).

[49] 丁建础, 姚珺. 利用钡渣处理煤矿酸性废水的实验研究. 矿业安全与环保, 2005, (3).

[50] 徐友宁, 袁汉春, 刘瑞平. 酸性矿井水治理方案灰局势决策择优法. 环境工程学报, 2007, (3).

[51] 郭亚鸣, 朱健卫, 缪旭光. 生化法处理酸性矿井水 (AMD) 及处理后沉积物综合利用的研究. 煤矿环境保护, 1994, (6).

[52] 李亚新, 药宝宝. 微生物法处理含硫酸盐酸性矿山废水. 煤矿环境保护, 2000, (1).

[53] 毕大园, 尹国勋. 酸性矿井水防治现状与发展趋势. 焦作工学院学报 (自然科学版), 2003, (1).

[54] 吴晓磊. 人工湿地废水处理机理. 环境科学, 1995, (3).

[55] 李喜林, 王来贵, 刘浩. 矿井水资源评价——以阜新矿区为例. 煤田地质与勘探, 2012, (4).

[56] 何世德, 李锐, 张占梅, 刘启东. 生物接触氧化预处理工艺在煤矿矿井水处理中应用. 能源环境保护, 2010, (3).

[57] 王立艳, 王璐, 张云剑, 张欣. 微生物在酸性矿井水形成过程中的作用. 洁净煤技术, 2010, (3).

[58] 尹国勋, 王宇, 许华, 欧睿. 煤矿酸性矿井水的形成及主要处理技术. 环境科学与管理, 2008, (9).

[59] 朱晓玉. 淮北矿区矿井水处理技术与应用研究. 合肥工业大学, 2012, 硕士论文.

[60] 高建国, 王大州, 贵州煤矿区矿井水水质特点及处理工艺探讨. 中国煤炭地质, 2014, (5).

[61] R Haberl, R Perfler, H Mayer, Constructed wetlands in Europe. Water Science and Technology, 1995, 32 (3).

[62] HANS BRIX. Use constructed wetlands in water pollutioncontrol: Historical development, present status, and futureperspectives. 1994, 30 (8): 209-223.

[63] EPA U S. Guiding principles for constructed treatment wetlands: providing for water quality and wikdlife habit. Washington DC: U S EPA, Office of Wetlands, Oceans and Watershed, 2000.

[64] SG Benner, David W Blowes, W Douglas Gould, et al. Geochemistry of a permeable reactive barrier for metals and acid mine drainage. Environmental Science & Technology, 1999, 33 (16).

[65] James L Conca, Judith Wright, An Apatite Ⅱ permeable reactive barrier to remediate groundwater containing Zn, Pb and Cd. Applied Geochemistry, 2006, 21 (8).

[66] LI Bowden, A Jarvis, P Orme. Construction of a novel Permeable Reactive Barrier (PRB) at Shilbottle, Northumberland, UK: engineering design considerations and preliminary performance assessment. Proceedings of the 9th International Mine Water Association Congress. Oviedo. Spain. 2005.

[67] Katsutaka, Nakamura, 王根林. 生物法处理含金属的矿井水. 煤矿环境保护, 1990, (2).

[68] 郭亚鸣, 朱健卫, 缪旭光. 生化法处理酸性矿井水 (AMD) 及处理后沉积物综合利用的研究. 煤矿环境保护, 1994, (6).

[69] 中国煤炭建设协会勘察设计委员会等主编. 煤炭工业给水排水设计规范 (GB 50810—2012). 北京: 中国计划出版社, 2012.

[70] 上海市建设和交通委员会主编. 室外给水设计规范 (GB 50013—2006). 北京: 中国计划出版社, 2006.

[71] 城市给排水紫外线消毒设备 (GB/T 19837—2005). 北京: 中国标准出版社, 2005.

[72] 上海市政工程设计院主编. 给水排水设计手册·城镇给水. 第二版. 第 3 册. 北京: 中国建筑工业出版社, 2004.

[73] 中国市政工程华北设计研究院主编. 给水排水设计手册·器材与装置. 第二版. 第 12 册. 北京: 中国建筑工业出版社, 2001.

[74] 陆泗进, 王红旗, 杜琳娜. 污染地下水原位治理技术——透水性反应墙法. 环境污染与防治, 2006, (6).

后 记

《煤矿矿井水处理利用工艺技术与设计》一书是我的第二个圆梦之作，它的出版使我的梦想成真了，我十分高兴。

在 20 世纪的 90 年代初期，我曾打算要编写两本书：《城市（工业）节约用水技术与管理》，《煤炭矿井水处理回用技术》。这是因为，山西是我的第二故乡，但山西之长在于煤，山西之短在于水，同时，中国也是一个水资源短缺的国家。我是学给水排水工程专业的，上述两方面的书与我关系密切，我想自己有责任承担这个义不容辞的任务。

实际上，在 20 世纪 80 年代初，我就开始关注城市节水问题，并于 1986 年 1 月出版了一本城市节水科普性专著，1988 年 8 月在全国率先成立了城市节水技术研究所（联合体），进行了数个有关课题的研究。又于 1990 年 4 月开始对"山西能源基地煤炭矿井水处理回用的技术可行性和环境经济效益"课题进行了研究。

对上述的第一本书，1992 年我曾组织人力，制订了编写大纲和计划，开始了编写工作，但此后因有变故，未能事成。对第二本书，也因 1996 年看到有新书《煤矿矿井水处理技术》的出版而取消了我要编写的打算。

我是 1996 年退休的。在 2001 年 3 月，化学工业出版社邀请我编写节水书籍。开始时我断然推辞了，因为我已马放南山、刀枪入库了，书也出过几本了，何况写书是件很费心、很辛苦的事，认为退休人过安度晚年的生活才是正理。因此不想重上阵、再辛苦了。后来又经几次对我说劝，终于又激发出了我当年的那种殷切想法和兴致。所以，在化学工业出版社的积极倡导和推动下，于 2001 年 5 月再次启动，重新组织力量，终于在 2002 年 2 月编写出版了《城市与工业节约用水手册》（102.4 万字，后荣获中国石油和化学工业优秀出版物奖（图书奖），圆了我多年的一个梦想。并在之后的几年中，又连续主编出版了数本专业技术著作。

2014 年 3 月，又是在化学工业出版社的热情推动下，我们开始编写这本《煤矿矿井水处理利用工艺技术与设计》。所以，这是我的第二个圆梦之作，我由衷地高兴，并真诚地感谢化学工业出版社使我圆梦成真。

光阴如流水，岁月似行云。今年，我已正式步入到高龄老年人"80 后"的行列中了。抚今思昔，我深深感到，我这一生中在事业、生活与精神上，是给水排水专业使我受益匪浅。所以，不仅要崇尚它，尊爱它，学习它，还应努力回报它才是。只是由于自己的知识和能力所限，总是对它欠账太多。

　　近些年来，我虽年事已高，但我想不应消极地过安度晚年的退休生活，还应在不碍健康、不受压力的前提下，与年轻同志一道，尽量做一些喜欢做又力所能及的专业技术工作，以发挥余热量、加添正能量。同时还要合理地进行一些走亲访友性的旅游参观活动，以使心情愉悦、体质增强。2014 年我就是这样安排度过的，这一年，虽然仍是一个平凡之年，但也是一个笔耕未辍之年，是情意融融、健康快乐的一年。

　　最后，我想借此一角大声地说：衷心感谢祖国、人民和老师们对我的培养和教育，真诚感谢家人、朋友和学子们给我的关爱与支持，深深感谢给水排水专业使我成了它的部分载体，给了我俸养自我与回报社会的本领！

崔玉川

2015 年 6 月于太原